高等职业教育“十二五”规划教材

线性代数

陈克东　主　编
王　锋　陈　超　陈秋颖　副主编

中国铁道出版社
CHINA RAILWAY PUBLISHING HOUSE

内 容 提 要

本教材是针对高等职业教育基本要求，根据作者多年教学、教改经验和成果编写的，其特点是注意渗透数学思想和方法。本书内容包括行列式、矩阵及其运算，向量与线性方程组，矩阵相似对角化，二次型以及线性代数实验等内容。全书取材深广度适合高职高专学生，编写思路清晰，论证严谨，例题丰富，可读性强，便于教学，有利于读者学习知识、启迪思维、培养素质、提高能力。全书有一定数量且难度各异的习题，书末附有习题答案或提示。

本书适合作为高等职业技术学院理工类和经济管理类各专业教材，也可作为普通大专、成人大专教材或参考书。

图书在版编目(CIP)数据

线性代数/陈克东主编．—北京：中国铁道出版社，2012.2

高等职业教育"十二五"规划教材

ISBN 978-7-113-14171-4

Ⅰ．①线…　Ⅱ．①陈…　Ⅲ．①线性代数—高等职业教育—教材　Ⅳ．①O151.2

中国版本图书馆 CIP 数据核字(2012)第 012718 号

书　　名：线性代数

作　　者：陈克东　主编

策　　划：李小军　　　　**读者热线：**400－668－0820

责任编辑：李小军

封面设计：付　巍

封面制作：白　雪

责任印制：李　佳

出版发行：中国铁道出版社(北京市宣武区右安门西街 8 号　　**邮政编码：**100054)

印　　刷：三河市华丰印刷厂

开　　本：720mm×960mm　1/16　**印张：**12.25　**字数：**229 千

版　　次：2012 年 2 月第 1 版　　2012 年 2 月第 1 次印刷

书　　号：ISBN 978-7-113-14171-4

定　　价：22.00 元

前　言

线性代数是代数学的理论基础之一，它以变量之间的线性关系作为主要研究对象，以向量和线性变换以及与之相联系的矩阵理论作为中心内容，是高等学校和高职高专各专业（非数学专业）的一门必修的基础课。

线性代数作为大学数学的一门基础课程，由于其结构严谨、理论严密、逻辑严格，具有一套特有的理论体系、思维方法与解题技巧，因而使得其抽象性、严密性、逻辑性等特点分外突出。该课程对于培养学生的数学素质、训练学生的逻辑推理能力、提高学生的抽象思维能力有着不可或缺的作用。一句话：线性代数对于提升学生的数学总体水平有着相当重要的作用。

随着21世纪知识经济时代的到来，由于科学技术的不断创新与发展，市场经济对科技人才的知识结构与科技素质，尤其是对数学素质的要求也越来越高。基于线性问题广泛存在于自然科学、工程技术乃至社会科学的诸多领域，而且某些非线性问题在一定条件下也可以转化为线性问题予以研究。因此，在计算机科学技术的飞速发展，尤其是计算机普及应用的今天，线性代数的理论与方法，已经成为人们从事自然科学、工程技术和经济管理工作必不可少的工具，从而对线性代数课程的教学也提出了更高的要求。

本书是根据编者多年教授高职数学各门课程，尤其是在线性代数课程教学实践中的探索、改革、经验、体会编写的。在编写过程中，我们博采国内诸多同类教材之所长，吸纳编者所在学校数学同仁们在该课程教学中不少有益的尝试与见解，力求在教材中**渗透现代数学思想，体现我们率先提出的“数学思想方法是数学教学的灵魂”的改革创新理念，促进线性代数与解析几何、微积分学以及其他数学课程的结合，突出线性代数的基本思想、基本理论与基本方法**。基于此，本书在每一章开始都撰写了“思想方法与内容提要”，期盼读者在学习时，对该章内容，尤其是数学思想方法有一个总体的认识和了解。同时，为了培育学习使用计算机解决数学问题的意识和能力，本书还编写了若干个具有应用背景的有关线性代数内容的数学实验，以推进线性代数理论与计算机技术的有机结合。总之，本书将追求教材编写上思想性、科学性、启发性、应用性与可读性的相互渗透与有机结合，着力体现《教育部关于全面提高等职业教育教学质量的若干意见》的精神。

本书由陈克东主编,王锋、陈超、陈秋颖副主编。全书共五章,第 1 章由陈克东编写,第 2 章和第 5 章由王锋和陈超编写,第 3 章和第 4 章由陈秋颖编写。全书配置了一定数量且深广度较为合适的习题,书末附有习题答案或提示。全书由陈克东统稿、修正、定稿。

本书适合作为高等职业教育理工类各专业与经济管理类有关专业线性代数课程的教材或教学参考书,也可作为成人、自考本科或大专教材和参考书。使用本书的参考学时为25～40学时。

本书在编写过程中得到桂林电子科技大学教务处、数学与计算科学学院的大力支持。在此我们表示衷心感谢。

限于编者的水平,书中难免存在不妥之处,诚望读者批评指正。

编 者

2011 年 11 月

目　录

第1章 矩 阵

思想方法与内容提要

矩阵是近代数学中一个非常重要的概念，在自然科学和工程技术乃至经管类学科中具有广泛的应用．矩阵是线性代数的一个主要研究对象．由于其表示的简洁性、灵活性和直观性，在当今知识经济时代，越来越被广大科技工作者、管理工作者所重视，并作为一种有效的数学工具，深入应用于国民经济的各个领域．

作为代数学的一个重要概念，“矩阵”这个词是由英国数学家、剑桥大学教授希尔维斯特(1814—1897)于1850年首先提出来的．由于矩阵是把一组相互独立的数，用一张数表的形式联系在一起，并将其看作一个整体，用一个数学符号表示，并以此参与运算，这就使得原来一批庞大且杂乱无章的数据变得简明有序．数学发展的历史告诉我们，正是由于矩阵及其运算的引入，形成了线性代数，并且推动了线性代数以及其他数学分支理论的发展．

近数十年来，由于计算机技术的发展和计算机应用的普及，矩阵理论及其计算方法发展更加迅速，应用更加广泛．矩阵已经在工程数学的实际应用与计算机科学技术之间架设了一条“高速公路”，成为现代工程技术人员和经济管理人员必须具备的数学基础知识．

本章介绍矩阵的基本理论．先以直捷的方式定义矩阵，然后引入相关概念与运算，包括矩阵的加法、数乘、乘法及转置矩阵等基本运算．其后，从 n 阶矩阵入手，定义线性代数中另一个重要概念——行列式，同时介绍行列式的性质及其计算方法，解线性方程组的克拉默法则．由于矩阵乘法一般不可逆，因而单独用一节来讨论可逆矩阵及其性质与计算方法．在此基础上，介绍求矩阵的秩、行阶梯型、行最简型、标准型的方法．最后介绍分块矩阵及其运算．

本章介绍的内容，是线性代数最基本的概念和方法，要求读者熟练掌握．

1.1 矩阵的概念

1.1.1 矩阵的概念

定义 1 将 $m\times n$ 个元素,排成 m 行 n 列的一个矩形阵列

$$\begin{pmatrix} a_{11} & a_{12} & \cdots & a_{1n} \\ a_{21} & a_{22} & \cdots & a_{2n} \\ \vdots & \vdots & & \vdots \\ a_{m1} & a_{m2} & \cdots & a_{mn} \end{pmatrix}, \tag{1-1}$$

称为一个 m 行 n 列的**矩阵**,简称为 $m\times n$ 矩阵,常用大写黑体字母 $\boldsymbol{A},\boldsymbol{B},\boldsymbol{C},\cdots$表示. 其中 a_{ij}表示第 i 行第 j 列的**元素**,i 称为 a_{ij}的**行指标**,j 称为 a_{ij}的**列指标**. 必要时也可以用下标来区分不同的矩阵,如 $\boldsymbol{A}_1,\boldsymbol{A}_2,\boldsymbol{A}_3,\cdots$. 另外,在不致于引起混淆的情况下,可将式(1-1)简记为

$$\boldsymbol{A}=(a_{ij})_{m\times n} \tag{1-2}$$

或

$$\boldsymbol{A}=(a_{ij}). \tag{1-3}$$

比如,下面矩阵

$$\boldsymbol{A}=\begin{pmatrix} 3 & 5 & 8 & -1 \\ 2 & 14 & 0 & 4 \\ 7 & -2 & 1 & 9 \end{pmatrix}$$

是 3×4 矩阵,其中元素 $a_{24}=4,a_{32}=-2$ 等.

1.1.2 一些特殊的矩阵

矩阵(1-1)中的元素全都是实数,称之为**实矩阵**;矩阵(1-1)中的元素至少有一个是复数,称之为**复矩阵**;矩阵(1-1)中的元素本身是矩阵或其他更一般的数学对象,称之为**超矩阵**.

除非特殊说明,本书所讨论的矩阵都是实矩阵.

如果矩阵(1-1)中的 $m=n$,称之为 n **阶矩阵**或 n **阶方阵**,记为 $\boldsymbol{A}_n$;只有一列的矩阵

$$\boldsymbol{B}=\begin{pmatrix} b_1 \\ b_2 \\ \vdots \\ b_m \end{pmatrix}$$

称为**列矩阵**,又称为**列向量**. 作为列向量,也可以用小写黑体字母 $\boldsymbol{\beta}_1,\boldsymbol{\beta}_2,\cdots$表示;只有一行的矩阵

$$A=(a_1\ a_2\cdots\ a_n)$$

称为**行矩阵**，又称为**行向量**. 为避免元素间的混淆，行矩阵也记为

$$A=(a_1,a_2,\cdots,a_n).$$

作为行向量，也可以用小写黑体字母 $\boldsymbol{\alpha}_1^{\mathrm{T}},\boldsymbol{\alpha}_2^{\mathrm{T}},\cdots$ 表示；元素全都是零的矩阵，称为**零矩阵**，记为 $\boldsymbol{O}_{m\times n}$，简记为 $\boldsymbol{O}$.

对于式(1-1)中的 $m\times n$ 矩阵 $\boldsymbol{A}$，记 $k=\min\{m,n\}$，称元素 $a_{11},a_{22},\cdots,a_{kk}$ 构成矩阵 $\boldsymbol{A}$ 的主对角线，并称 $a_{ii}(1\leqslant i\leqslant k)$ 为 $\boldsymbol{A}$ 的第 i 个对角线元素.

对于方阵，主对角线就是从左上角到右下角的那一条连线.

对于方阵，如果其非零元素只出现在主对角线及其上方，则称之为**上三角形方阵**；类似地，如果其非零元素只出现在主对角线及其下方，则称之为**下三角形方阵**. 比如

$$\boldsymbol{A}_1=\begin{pmatrix}3&7&8&1\\0&2&4&5\\0&0&6&-1\\0&0&0&9\end{pmatrix},\qquad \boldsymbol{A}_2=\begin{pmatrix}5&0&0&0&0\\2&1&0&0&0\\-4&3&8&0&0\\0&9&6&7&0\\2&1&-5&4&3\end{pmatrix}$$

分别称为四阶上三角形方阵与五阶下三角形方阵.

特别地，称 n 阶方阵

$$\boldsymbol{A}=\begin{pmatrix}a_{11}&&&\\&a_{22}&&\\&&\ddots&\\&&&a_{nn}\end{pmatrix}$$

为**对角阵**，其中 $a_{11},a_{22},\cdots,a_{nn}$ 位于方阵的主对角线上，称为**主对角线元素**，其他未标注的部分全都为零. 对角阵是非主对角线元素全为零的方阵，简记为 $\boldsymbol{A}=\mathrm{diag}(a_{11},a_{22},\cdots,a_{nn})$. 比如

$$\mathrm{diag}(2,-4,5)=\begin{pmatrix}2&0&0\\0&-4&0\\0&0&5\end{pmatrix}.$$

如果对角阵中的元素 $a_{11}=a_{22}=\cdots=a_{nn}=c$($c$ 是常数)，即

$$\boldsymbol{A}=\begin{pmatrix}c&&&\\&c&&\\&&\ddots&\\&&&c\end{pmatrix},$$

称之为**纯量矩阵**，简记为 $\boldsymbol{A}=\mathrm{diag}(c,c,\cdots,c)$. 更为特别的是，如果纯量矩阵中的常数

$c=1$，即

$$\begin{pmatrix} 1 & & & \\ & 1 & & \\ & & \ddots & \\ & & & 1 \end{pmatrix}$$

称之为**单位矩阵**，简称为**单位阵**，记为 $\boldsymbol{E}$ 或 $\boldsymbol{I}$. 单位阵在矩阵运算中有着十分重要的作用. 有时为了区分不同阶的单位阵，拟用下标说明，如

$$\boldsymbol{E}_2=\begin{pmatrix} 1 & 0 \\ 0 & 1 \end{pmatrix}, \qquad \boldsymbol{E}_4=\begin{pmatrix} 1 & 0 & 0 & 0 \\ 0 & 1 & 0 & 0 \\ 0 & 0 & 1 & 0 \\ 0 & 0 & 0 & 1 \end{pmatrix}$$

就分别表示二阶单位阵与四阶单位阵.

如果矩阵 $\boldsymbol{A}$ 和 $\boldsymbol{B}$ 的行数、列数分别相等，则称 $\boldsymbol{A}$ 和 $\boldsymbol{B}$ 为**同型矩阵**. 两个同型矩阵 $\boldsymbol{A}=(a_{ij})_{m\times n}$，$\boldsymbol{B}=(b_{ij})_{m\times n}$，若 $a_{ij}=b_{ij}(i=1,2,\cdots,m;j=1,2,\cdots,n)$，则称矩阵 $\boldsymbol{A}$ 和 $\boldsymbol{B}$ **相等**，记为 $\boldsymbol{A}=\boldsymbol{B}$.

1.1.3 矩阵问题实例

矩阵的应用十分广泛，下面举几个实际例题.

例 1 某厂向四个商店供应三种产品，其供应产品的品种及数量可列成如下矩阵：

$$\boldsymbol{A}=\begin{pmatrix} a_{11} & a_{12} & a_{13} \\ a_{21} & a_{22} & a_{23} \\ a_{31} & a_{32} & a_{33} \\ a_{41} & a_{42} & a_{43} \end{pmatrix},$$

其中 $a_{ij}(i=1,2,3,4;j=1,2,3)$ 为工厂向第 i 个商店供应第 j 种产品的数量.

例 2 n 个变量 $x_1,x_2,\cdots,x_n$ 与 m 个变量 $y_1,y_2,\cdots,y_m$ 之间的关系式

$$\begin{cases} y_1=a_{11}x_1+a_{12}x_2+\cdots+a_{1n}x_n \\ y_2=a_{21}x_1+a_{22}x_2+\cdots+a_{2n}x_n \\ \qquad\cdots\cdots\cdots\cdots \\ y_m=a_{m1}x_1+a_{m2}x_2+\cdots+a_{mn}x_n \end{cases} \tag{1-4}$$

表示一个从变量 $x_1,x_2,\cdots,x_n$ 到变量 $y_1,y_2,\cdots,y_m$ 的线性变换，其中 a_{ij} 为常数. 线性变换(1-4)的系数 a_{ij} 所构成的矩阵 $\boldsymbol{A}=(a_{ij})_{m\times n}$ 称为**系数矩阵**，即为式(1-1).

事实上，给定了一个线性变换，它的系数所构成的矩阵就被唯一确定；反之，给定了一个矩阵作为线性变换的系数矩阵，线性变换也被唯一确定，因此线性变换和矩阵

之间存在着一一对应的关系.

特别地,线性变换

$$\begin{cases} y_1 = x_1 \\ y_2 = x_2 \\ \cdots\cdots \\ y_n = x_n \end{cases}$$

称之为**恒等变换**,其对应的系数矩阵就是一个 n 阶单位阵,即

$$\boldsymbol{E}_n = \begin{pmatrix} 1 & 0 & \cdots & 0 \\ 0 & 1 & \cdots & 0 \\ \vdots & \vdots & & \vdots \\ 0 & 0 & \cdots & 1 \end{pmatrix}.$$

例 3 图 1-1 表示了 d 国三个城市,e 国三个城市和 f 国两个城市之间的航班飞行线路.这三个国家中的任何两国城市之间的航班飞行线路情况,都可以用通路矩阵表示.

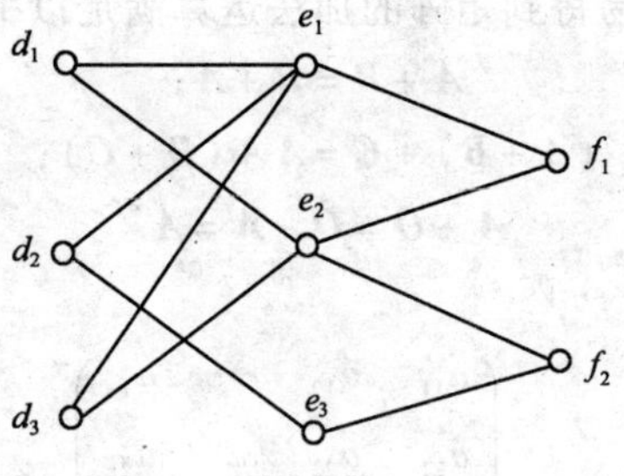

图 1-1

其中在 d 国与 e 国城市之间航班飞行线路的通路矩阵为

$$\begin{array}{c} \\ d_1 \\ d_2 \\ d_3 \end{array}\begin{array}{c} \begin{matrix} e_1 & e_2 & e_3 \end{matrix} \\ \begin{pmatrix} 1 & 1 & 0 \\ 1 & 0 & 1 \\ 1 & 1 & 0 \end{pmatrix} \end{array}.$$

在 e 国与 f 国城市之间航班飞行线路以及在 d 国与 f 国城市之间航班飞行线路的通路矩阵可分别表示为

$$\begin{array}{c} \\ e_1 \\ e_2 \\ e_3 \end{array}\begin{array}{c} \begin{matrix} f_1 & f_2 \end{matrix} \\ \begin{pmatrix} 1 & 0 \\ 1 & 1 \\ 0 & 1 \end{pmatrix} \end{array}; \quad \begin{array}{c} \\ d_1 \\ d_2 \\ d_3 \end{array}\begin{array}{c} \begin{matrix} f_1 & f_2 \end{matrix} \\ \begin{pmatrix} 2 & 1 \\ 1 & 1 \\ 2 & 1 \end{pmatrix} \end{array}.$$

上述三个通路矩阵中的数字2、1和0,分别表示相应城市之间航班飞行线路的情况.

1.2 矩阵的运算

1.2.1 矩阵的加法

定义1 设矩阵

$$\boldsymbol{A}=\begin{pmatrix}a_{11} & a_{12} & \cdots & a_{1n}\\ a_{21} & a_{22} & \cdots & a_{2n}\\ \vdots & \vdots & & \vdots\\ a_{m1} & a_{m2} & \cdots & a_{mn}\end{pmatrix},\qquad \boldsymbol{B}=\begin{pmatrix}b_{11} & b_{12} & \cdots & b_{1n}\\ b_{21} & b_{22} & \cdots & b_{2n}\\ \vdots & \vdots & & \vdots\\ b_{m1} & b_{m2} & \cdots & b_{mn}\end{pmatrix}$$

是两个同型矩阵,则矩阵 $\boldsymbol{A}$ 和 $\boldsymbol{B}$ 可以相加,且规定其和为

$$\boldsymbol{A}+\boldsymbol{B}=\begin{pmatrix}a_{11}+b_{11} & a_{12}+b_{12} & \cdots & a_{1n}+b_{1n}\\ a_{21}+b_{21} & a_{22}+b_{22} & \cdots & a_{2n}+b_{2n}\\ \vdots & \vdots & & \vdots\\ a_{m1}+b_{m1} & a_{m2}+b_{m2} & \cdots & a_{mn}+b_{mn}\end{pmatrix}. \tag{1-5}$$

由矩阵加法的定义,容易得到矩阵的加法运算满足以下运算规律:

(1)交换律 $\boldsymbol{A}+\boldsymbol{B}=\boldsymbol{B}+\boldsymbol{A}$;

(2)结合律 $(\boldsymbol{A}+\boldsymbol{B})+\boldsymbol{C}=\boldsymbol{A}+(\boldsymbol{B}+\boldsymbol{C})$;

(3)零和律 $\boldsymbol{A}+\boldsymbol{O}=\boldsymbol{O}+\boldsymbol{A}=\boldsymbol{A}$.

定义2 设矩阵

$$\boldsymbol{A}=\begin{pmatrix}a_{11} & a_{12} & \cdots & a_{1n}\\ a_{21} & a_{22} & \cdots & a_{2n}\\ \vdots & \vdots & & \vdots\\ a_{m1} & a_{m2} & \cdots & a_{mn}\end{pmatrix},$$

如果将它的每一个元素都换成其相反数,得到矩阵

$$-\boldsymbol{A}=\begin{pmatrix}-a_{11} & -a_{12} & \cdots & -a_{1n}\\ -a_{21} & -a_{22} & \cdots & -a_{2n}\\ \vdots & \vdots & & \vdots\\ -a_{m1} & -a_{m2} & \cdots & -a_{mn}\end{pmatrix}, \tag{1-6}$$

称矩阵 $-\boldsymbol{A}$ 为 $\boldsymbol{A}$ 的**负矩阵**.

对于负矩阵,显然有以下等式:

$$\boldsymbol{A}+(-\boldsymbol{A})=\boldsymbol{O};$$

$$\boldsymbol{A}-\boldsymbol{B}=\boldsymbol{A}+(-\boldsymbol{B}).$$

1.2.2　数与矩阵相乘

定义 3　设 k 是一个实数，$\boldsymbol{A}=(a_{ij})_{m\times n}$，称矩阵

$$\boldsymbol{B}=\begin{pmatrix} ka_{11} & ka_{12} & \cdots & ka_{1n} \\ ka_{21} & ka_{22} & \cdots & ka_{2n} \\ \vdots & \vdots & & \vdots \\ ka_{m1} & ka_{m2} & \cdots & ka_{mn} \end{pmatrix} \tag{1-7}$$

为数 k 与矩阵 $\boldsymbol{A}$ 的**乘积**，简称为**数乘**，记为 $\boldsymbol{B}=k\boldsymbol{A}$，也可记为 $\boldsymbol{B}=\boldsymbol{A}k$.

由数乘矩阵的定义，不难得出其运算满足以下运算规律：

(1)分配律　$k(\boldsymbol{A}+\boldsymbol{B})=k\boldsymbol{A}+k\boldsymbol{B}$；

$(k+l)\boldsymbol{A}=k\boldsymbol{A}+l\boldsymbol{A}$；

(2)结合律　$(kl)\boldsymbol{A}=k(l\boldsymbol{A})=l(k\boldsymbol{A})$；

(3)零一律　$1\boldsymbol{A}=\boldsymbol{A}$；

$0\boldsymbol{A}=\boldsymbol{O}$；

$k\boldsymbol{O}=\boldsymbol{O}$；

$(-1)\boldsymbol{A}=1(-\boldsymbol{A})=-\boldsymbol{A}$.

例 1　设 $\boldsymbol{A},\boldsymbol{B}$ 是两个同型矩阵：

$$\boldsymbol{A}=\begin{pmatrix} 1 & -2 & 3 \\ 2 & 5 & 7 \end{pmatrix},\qquad \boldsymbol{B}=\begin{pmatrix} 3 & 1 & 0 \\ 4 & -1 & 8 \end{pmatrix}.$$

求：(1)$3\boldsymbol{A}$；(2)$3\boldsymbol{A}-2\boldsymbol{B}$.

解　(1)$3\boldsymbol{A}=\begin{pmatrix} 3\times 1 & 3\times(-2) & 3\times 3 \\ 3\times 2 & 3\times 5 & 3\times 7 \end{pmatrix}=\begin{pmatrix} 3 & -6 & 9 \\ 6 & 15 & 21 \end{pmatrix}$；

(2)$3\boldsymbol{A}-2\boldsymbol{B}=\begin{pmatrix} 3 & -6 & 9 \\ 6 & 15 & 21 \end{pmatrix}-\begin{pmatrix} 6 & 2 & 0 \\ 8 & -2 & 16 \end{pmatrix}=\begin{pmatrix} -3 & -8 & 9 \\ -2 & 17 & 5 \end{pmatrix}$.

例 2　设 $k\boldsymbol{A}=\boldsymbol{O}$，则 $k=0$ 或 $\boldsymbol{A}=\boldsymbol{O}$.

证　设 $\boldsymbol{A}=(a_{ij})_{m\times n}$，因为 $k\boldsymbol{A}=\boldsymbol{O}$，所以 $ka_{ij}=0\quad(i=1,2,\cdots,m;j=1,2,\cdots,n)$. 于是有 $k=0$ 或 $a_{ij}=0\quad(i=1,2,\cdots,m;\quad j=1,2,\cdots,n)$.

当 $k=0$ 时，即得证.

当 $k\neq 0$ 时，用数 $\frac{1}{k}$ 乘

$$k\boldsymbol{A}=\boldsymbol{O}$$

的两端，左端有

$$\frac{1}{k}(k\boldsymbol{A})=\left(\frac{1}{k}\times k\right)\boldsymbol{A}=1\boldsymbol{A}=\boldsymbol{A},$$

右端有

$$\frac{1}{k}\boldsymbol{O}=\boldsymbol{O},$$

所以得　$\boldsymbol{A}=\boldsymbol{O}$.

1.2.3　矩阵与矩阵相乘

定义 4　设矩阵 $\boldsymbol{A}=(a_{ij})_{m\times n}$,$\boldsymbol{B}=(b_{ij})_{n\times s}$,则由元素

$$c_{ij}=a_{i1}b_{1j}+a_{i2}b_{2j}+\cdots+a_{in}b_{nj}=\sum_{k=1}^{n}a_{ik}b_{kj}\qquad(1\text{-}8)$$

$(i=1,2,\cdots,m;j=1,2,\cdots,s)$组成的 $m\times s$ 矩阵 $\boldsymbol{C}$

$$\boldsymbol{C}=(c_{ij})_{m\times s}=\begin{pmatrix}c_{11}&c_{12}&\cdots&c_{1s}\\c_{21}&c_{22}&\cdots&c_{2s}\\\vdots&\vdots&&\vdots\\c_{m1}&c_{m2}&\cdots&c_{ms}\end{pmatrix}\qquad(1\text{-}9)$$

称为矩阵 $\boldsymbol{A}$ 与 $\boldsymbol{B}$ 的**乘积**,记为 $\boldsymbol{C}=\boldsymbol{AB}$.

从矩阵乘法的定义可知,左乘矩阵 $\boldsymbol{A}$ 的列数与右乘矩阵 $\boldsymbol{B}$ 的行数必须相等,两个矩阵 $\boldsymbol{A}$ 与 $\boldsymbol{B}$ 才能相乘,乘积 $\boldsymbol{AB}$ 才有意义;否则 $\boldsymbol{A}$ 与 $\boldsymbol{B}$ 不能相乘,乘积 $\boldsymbol{AB}$ 没有意义.矩阵 $\boldsymbol{A}$ 与 $\boldsymbol{B}$ 的乘积有意义时,其乘积 $\boldsymbol{C}$ 的行数与列数分别等于 $\boldsymbol{A}$ 的行数与 $\boldsymbol{B}$ 的列数.矩阵 $\boldsymbol{C}$ 中第 i 行第 j 列的元素 c_{ij}是由 $\boldsymbol{A}$ 的第 i 行的元素和 $\boldsymbol{B}$ 的第 j 列的相应元素分别相乘后再相加得到的,即

$$\begin{pmatrix}a_{11}&\cdots&a_{1n}\\\vdots&&\vdots\\a_{i1}&\cdots&a_{in}\\\vdots&&\vdots\\a_{m1}&\cdots&a_{mn}\end{pmatrix}\begin{pmatrix}b_{11}&\cdots&b_{1j}&\cdots&b_{1s}\\\vdots&&\vdots&&\vdots\\b_{n1}&\cdots&b_{nj}&\cdots&b_{sc}\end{pmatrix}=\begin{pmatrix}c_{11}&&\cdots&&c_{1s}\\\vdots&&&&\vdots\\c_{i1}&\cdots&\boxed{c_{ij}}&&c_{1s}\\\vdots&&&&\vdots\\c_{m1}&&\cdots&&c_{ms}\end{pmatrix}$$

例 3　设

$$\boldsymbol{A}=\begin{pmatrix}1&-2&3\\0&2&-1\end{pmatrix},\qquad \boldsymbol{B}=\begin{pmatrix}1&1\\2&-1\\0&3\end{pmatrix}.$$

求 $\boldsymbol{AB}$,$\boldsymbol{BA}$.

解　本例 $\boldsymbol{AB}$,$\boldsymbol{BA}$ 均有意义.

$$AB=\begin{pmatrix}1&-2&3\\0&2&-1\end{pmatrix}\begin{pmatrix}1&1\\2&-1\\0&3\end{pmatrix}=\begin{pmatrix}-3&12\\4&-5\end{pmatrix},$$

$$BA=\begin{pmatrix}1&1\\2&-1\\0&3\end{pmatrix}\begin{pmatrix}1&-2&3\\0&2&-1\end{pmatrix}=\begin{pmatrix}1&0&2\\2&-6&7\\0&6&-3\end{pmatrix}.$$

例 4 设

$$A=\begin{pmatrix}-2&4\\1&-2\end{pmatrix},\qquad B=\begin{pmatrix}2&4\\-3&-6\end{pmatrix}.$$

求 AB,BA.

解 本例 AB,BA 均有意义.

$$AB=\begin{pmatrix}-2&4\\1&-2\end{pmatrix}\begin{pmatrix}2&4\\-3&-6\end{pmatrix}=\begin{pmatrix}-16&-32\\8&16\end{pmatrix},$$

$$BA=\begin{pmatrix}2&4\\-3&-6\end{pmatrix}\begin{pmatrix}-2&4\\1&-2\end{pmatrix}=\begin{pmatrix}0&0\\0&0\end{pmatrix}.$$

特别指出,从例 3 与例 4 我们可以发现关于矩阵与矩阵相乘两个必须引起读者关注的结论:

1. 矩阵的乘法一般不满足交换律.

这个结论可以分三个层面来理解.其一,当矩阵 A 与 B 可以相乘时,矩阵 B 与 A 不一定可以相乘;其二,即使当矩阵 A 与 B 可以相乘,且矩阵 B 与 A 也可以相乘时,AB 与 BA 的阶数一般也不相等;其三,即使矩阵 A 与 B 可以相乘,矩阵 B 与 A 也可以相乘,而且 AB 与 BA 的阶数也相等,在一般情况下 AB 与 BA 仍可能不相等.

2. 当两个矩阵 A、B 都不是零矩阵时,它们的乘积 AB 可能是零矩阵.

换句话说,仅由 $AB=O$,在一般情况下,不能推导出 $A=O$ 或者 $B=O$.由此可以得出消去律在矩阵运算中一般也不成立,即由 $AB=AC$,不能推导出 $B=C$ 这个结果.

上述两个结论都是与读者熟知的有关实数的乘积运算规律完全不同的,值得大家高度重视,以免在矩阵乘法运算中产生错误.

关于矩阵的乘法运算,尚有以下运算规则.

定理 1 设 A、B、C、E、O 等矩阵在相应的加法和乘法运算都能进行的情形下,则

(1) $AO=O,OA=O$;

(2) $EA=A,AE=A$;

(3) $k(AB)=(kA)B=A(kB)$(其中 k 为数);

(4) $A(BC)=(AB)C$(结合律);

(5) $A(B+C)=AB+AC$(左分配律),

$(\boldsymbol{B}+\boldsymbol{C})\boldsymbol{A}=\boldsymbol{BA}+\boldsymbol{CA}$(右分配律).

证 (1),(2),(3),(5)都容易证明,请读者自行完成.这里只证明(4).

设 $\boldsymbol{A}=(a_{ij})_{m\times r}$,$\boldsymbol{B}=(b_{ij})_{r\times s}$,$\boldsymbol{C}=(c_{ij})_{s\times n}$,于是 $\boldsymbol{A}(\boldsymbol{BC})$ 和 $(\boldsymbol{AB})\boldsymbol{C}$ 都有意义,且 $\boldsymbol{A}(\boldsymbol{BC})$ 和 $(\boldsymbol{AB})\boldsymbol{C}$ 都是同型的 $m\times n$ 矩阵.

根据矩阵相等的定义,只需证明等式两端两个矩阵相应元素相等即可.左端 $\boldsymbol{A}(\boldsymbol{BC})$ 中第 i 行第 j 列的元素是 $\boldsymbol{A}$ 的第 i 行与 $(\boldsymbol{BC})$ 的第 j 列的对应元素相乘再相加得到的,即

$$\sum_{k=1}^{r}a_{ik}\left(\sum_{l=1}^{s}b_{kl}c_{lj}\right)=\sum_{k=1}^{r}\sum_{l=1}^{s}a_{ik}b_{kl}c_{lj}. \tag{1-10}$$

而右端 $(\boldsymbol{AB})\boldsymbol{C}$ 中第 i 行第 j 列的元素是 $(\boldsymbol{AB})$ 的第 i 行与 $\boldsymbol{C}$ 的第 j 列的对应元素相乘再相加得到的,即

$$\sum_{l=1}^{s}\left(\sum_{k=1}^{r}a_{ik}b_{kl}\right)c_{lj}=\sum_{l=1}^{s}\sum_{k=1}^{r}a_{ik}b_{kl}c_{lj}=\sum_{k=1}^{r}\sum_{l=1}^{s}a_{ik}b_{kl}c_{li}. \tag{1-11}$$

式(1-10)与式(1-11)两者相等,故结合律(4)得证.

对于单位矩阵 E,容易验证

$$\boldsymbol{E}_m\boldsymbol{A}_{m\times n}=\boldsymbol{A}_{m\times n},$$
$$\boldsymbol{A}_{m\times n}\boldsymbol{E}_n=\boldsymbol{A}_{m\times n},$$

上面两式可简记为

$$\boldsymbol{EA}=\boldsymbol{AE}=\boldsymbol{A}.$$

根据矩阵乘法的定义,可以定义 n 阶方阵的幂.

定义 5 设 $\boldsymbol{A}$ 是 n 阶方阵,规定

$$\boldsymbol{A}^0=\boldsymbol{E},\boldsymbol{A}^1=\boldsymbol{A},\boldsymbol{A}^2=\boldsymbol{A}^1\boldsymbol{A}^1,\cdots,\boldsymbol{A}^{k+1}=\boldsymbol{A}^k\boldsymbol{A}^1,\cdots\cdots \tag{1-12}$$

其中 k 为正整数.

由定义 5 可知,$\boldsymbol{A}^k$ 就是 k 个 $\boldsymbol{A}$ 连乘.显然,只有方阵的幂才有意义.

因为矩阵的乘法满足结合律,所以方阵的幂满足以下规律:

$$\boldsymbol{A}^k\boldsymbol{A}^l=\boldsymbol{A}^{k+l}, \tag{1-13}$$
$$(\boldsymbol{A}^k)^l=\boldsymbol{A}^{kl}, \tag{1-14}$$

其中 k、l 均为正整数.

又因为矩阵乘法一般不满足交换律,所以,对于两个同阶的方阵 $\boldsymbol{A}$ 与 $\boldsymbol{B}$,一般来说

$$(\boldsymbol{AB})^k\neq\boldsymbol{A}^k\boldsymbol{B}^k.$$

这也是与普通数的幂运算规律不同之处,读者仍需特别予以关注,以免产生错误.

例 5 求解矩阵方程

$$\begin{pmatrix}2&1\\1&2\end{pmatrix}\boldsymbol{X}=\begin{pmatrix}1&2\\-1&4\end{pmatrix}.$$

其中 $\boldsymbol{X}$ 为二阶方阵.

解 设 $\boldsymbol{X}=\begin{pmatrix}x_{11} & x_{12}\\ x_{21} & x_{22}\end{pmatrix}$,由题设,有

$$\begin{pmatrix}2 & 1\\ 1 & 2\end{pmatrix}\begin{pmatrix}x_{11} & x_{12}\\ x_{21} & x_{22}\end{pmatrix}=\begin{pmatrix}1 & 2\\ -1 & 4\end{pmatrix},$$

于是有

$$\begin{pmatrix}2x_{11}+x_{21} & 2x_{12}+x_{22}\\ x_{11}+2x_{21} & x_{12}+2x_{22}\end{pmatrix}=\begin{pmatrix}1 & 2\\ -1 & 4\end{pmatrix}.$$

由矩阵相等的条件,得到以下两个方程组

(1) $$\begin{cases}2x_{11}+x_{21}=1\\ x_{11}+2x_{21}=-1\end{cases},$$

(2) $$\begin{cases}2x_{12}+x_{22}=2\\ x_{12}+2x_{22}=4\end{cases}.$$

分别解方程组(1)、(2),得其解分别为

$$\begin{cases}x_{11}=1\\ x_{21}=-1\end{cases},\qquad \begin{cases}x_{12}=0\\ x_{22}=2\end{cases}.$$

所以该矩阵方程的解为

$$\boldsymbol{X}=\begin{pmatrix}1 & 0\\ -1 & 2\end{pmatrix}.$$

例6 证明

$$\begin{pmatrix}\cos\theta & -\sin\theta\\ \sin\theta & \cos\theta\end{pmatrix}^n=\begin{pmatrix}\cos n\theta & -\sin n\theta\\ \sin n\theta & \cos n\theta\end{pmatrix},$$

其中 n 是正整数.

证 由数学归纳法予以证明.

当 $n=1$ 时,等式显然成立.设 $n=k$ 时,等式成立,即

$$\begin{pmatrix}\cos\theta & -\sin\theta\\ \sin\theta & \cos\theta\end{pmatrix}^k=\begin{pmatrix}\cos k\theta & -\sin k\theta\\ \sin k\theta & \cos k\theta\end{pmatrix}.$$

往证 $n=k+1$ 时等式成立.这时,有

$$\begin{pmatrix}\cos\theta & -\sin\theta\\ \sin\theta & \cos\theta\end{pmatrix}^{k+1}=\begin{pmatrix}\cos\theta & -\sin\theta\\ \sin\theta & \cos\theta\end{pmatrix}^k\begin{pmatrix}\cos\theta & -\sin\theta\\ \sin\theta & \cos\theta\end{pmatrix}=\begin{pmatrix}\cos k\theta & -\sin k\theta\\ \sin k\theta & \cos k\theta\end{pmatrix}\begin{pmatrix}\cos\theta & -\sin\theta\\ \sin\theta & \cos\theta\end{pmatrix}$$

$$=\begin{pmatrix}\cos k\theta\cos\theta-\sin k\theta\sin\theta & -\cos k\theta\sin\theta-\sin k\theta\cos\theta\\ \sin k\theta\cos\theta+\cos k\theta\sin\theta & -\sin k\theta\sin\theta+\cos k\theta\cos\theta\end{pmatrix}$$

$$=\begin{pmatrix}\cos(k+1)\theta & -\sin(k+1)\theta\\ \sin(k+1)\theta & \cos(k+1)\theta\end{pmatrix}.$$

于是等式得到证明.

定义 6 设

$$f(x)=a_0x^n+a_1x^{n-1}+\cdots+a_{n-1}x+a_n(a_0\neq 0) \tag{1-15}$$

为 x 的 n 次多项式, $\boldsymbol{A}$ 是方阵,则

$$f(\boldsymbol{A})=a_0\boldsymbol{A}^n+a_1\boldsymbol{A}^{n-1}+\cdots+a_{n-1}\boldsymbol{A}+a_n\boldsymbol{E} \tag{1-16}$$

称为**方阵 $\boldsymbol{A}$ 的 n 次多项式**,其中单位方阵 $\boldsymbol{E}$ 与 $\boldsymbol{A}$ 同阶.

由定义 6 可知, $\boldsymbol{A}$ 的 n 次多项式 $f(\boldsymbol{A})$ 是和 $\boldsymbol{A}$ 同阶的方阵.

例 7 设 $f(x)=x^2-2x+3$,且

$$\boldsymbol{A}=\begin{pmatrix}1&0&2\\-1&2&1\\0&3&1\end{pmatrix},$$

求 $f(\boldsymbol{A})$.

解

$$\begin{aligned}f(\boldsymbol{A})&=\boldsymbol{A}^2-2\boldsymbol{A}+3\boldsymbol{E}\\&=\begin{pmatrix}1&0&2\\-1&2&1\\0&3&1\end{pmatrix}^2-2\begin{pmatrix}1&0&2\\-1&2&1\\0&3&1\end{pmatrix}+3\begin{pmatrix}1&0&0\\0&1&0\\0&0&1\end{pmatrix}\\&=\begin{pmatrix}1&6&4\\-3&7&1\\-3&9&4\end{pmatrix}-\begin{pmatrix}2&0&4\\-2&4&2\\0&6&2\end{pmatrix}+\begin{pmatrix}3&0&0\\0&3&0\\0&0&3\end{pmatrix}\\&=\begin{pmatrix}2&6&0\\-1&6&-1\\-3&3&5\end{pmatrix}.\end{aligned}$$

如果 $f(x)$, $g(x)$都是 x 的一个多项式, $\boldsymbol{A}$ 为方阵,容易验证

$$f(\boldsymbol{A})g(\boldsymbol{A})=g(\boldsymbol{A})f(\boldsymbol{A}).$$

1.2.4 矩阵的转置

定义 7 将矩阵 $\boldsymbol{A}$ 的行换成同序数的列得到的矩阵,称为矩阵 $\boldsymbol{A}$ 的**转置矩阵**,记为 $\boldsymbol{A}^{\mathrm{T}}$. 若

$$\boldsymbol{A}=\begin{pmatrix}a_{11}&a_{12}&\cdots&a_{1n}\\a_{21}&a_{22}&\cdots&a_{2n}\\\vdots&\vdots&&\vdots\\a_{m1}&a_{m2}&\cdots&a_{mn}\end{pmatrix},$$

则

$$A^{\mathrm{T}} = \begin{pmatrix} a_{11} & a_{21} & \cdots & a_{m1} \\ a_{12} & a_{22} & \cdots & a_{m2} \\ \vdots & \vdots & & \vdots \\ a_{1n} & a_{2n} & \cdots & a_{mn} \end{pmatrix}.$$

比如,设矩阵

$$A = \begin{pmatrix} 1 & 0 & 3 & -2 \\ 4 & 7 & -1 & 5 \end{pmatrix},$$

则转置矩阵

$$A^{\mathrm{T}} = \begin{pmatrix} 1 & 4 \\ 0 & 7 \\ 3 & -1 \\ -2 & 5 \end{pmatrix}.$$

矩阵的转置也是一种运算,它满足以下运算规律(假设运算都是有意义的):

(1) $(A^{\mathrm{T}})^{\mathrm{T}} = A$;

(2) $(A+B)^{\mathrm{T}} = A^{\mathrm{T}} + B^{\mathrm{T}}$;

(3) $(kA)^{\mathrm{T}} = kA^{\mathrm{T}}$(其中 k 为数);　　(1-17)

(4) $(AB)^{\mathrm{T}} = B^{\mathrm{T}}A^{\mathrm{T}}$.

式(1-17)之(4)值得读者注意,以免产生错误.

式(1-17)之(1),(2),(3)都容易证明,这里只证明(4):$(AB)^{\mathrm{T}} = B^{\mathrm{T}}A^{\mathrm{T}}$. 设 $A = (a_{ij})_{m\times s}$,$B = (b_{ij})_{s\times n}$,记 $AB = C = (c_{ij})_{m\times n}$,且记 $B^{\mathrm{T}}A^{\mathrm{T}} = D = (d_{ij})_{n\times m}$. 由矩阵乘法的定义,有

$$c_{ji} = \sum_{k=1}^{s} a_{jk}b_{ki},$$

而 B^{T} 的第 i 行为 $(b_{1i}, b_{2i}, \cdots, b_{si})$,$A^{\mathrm{T}}$ 的第 j 列为 $(a_{j1}, a_{j2}, \cdots, a_{js})$. 于是

$$d_{ij} = \sum_{k=1}^{s} b_{ki}a_{jk} = \sum_{k=1}^{s} a_{jk}b_{ki},$$

所以

$$d_{ij} = c_{ji} \quad (i = 1,2,\cdots,n;\ j = 1,2,\cdots,m),$$

即

$$D = C^{\mathrm{T}},$$

亦即

$$B^{\mathrm{T}}A^{\mathrm{T}} = (AB)^{\mathrm{T}}.$$

式(1-17)之(4)得证.

例 8　设

$$A=\begin{pmatrix}1&2&3\\2&0&-1\end{pmatrix},\qquad B=\begin{pmatrix}2&1&5\\3&2&-1\\4&0&6\end{pmatrix}.$$

求$(AB)^T$.

解法1 因为

$$AB=\begin{pmatrix}1&2&3\\2&0&-1\end{pmatrix}\begin{pmatrix}2&1&5\\3&2&-1\\4&0&6\end{pmatrix}=\begin{pmatrix}20&5&21\\0&2&4\end{pmatrix},$$

所以

$$(AB)^T=\begin{pmatrix}20&0\\5&2\\21&4\end{pmatrix}.$$

解法2 因为$(AB)^T=B^TA^T$,
所以

$$B^TA^T=\begin{pmatrix}2&3&4\\1&2&0\\5&-1&6\end{pmatrix}\begin{pmatrix}1&2\\2&0\\3&-1\end{pmatrix}=\begin{pmatrix}20&0\\5&2\\21&4\end{pmatrix}.$$

定义8 设A为n阶方阵,若满足$A^T=A$,即

$$a_{ij}=a_{ji}\quad(i,j=1,2,\cdots,n)$$

则称A为n阶**对称方阵**,简称**对称阵**.

对称阵的特点是:它的元素以主对角线为对称轴对应相等.

定义9 设A为n阶方阵,若满足$A^T=-A$,即

$$a_{ij}=-a_{ji}\quad(i,j=1,2,\cdots,n),$$

则称A为n阶**反对称方阵**,简称**反对称阵**.

例9 设A为任一方阵,证明:AA^T,A^TA都是对称阵.

证 因为$(AA^T)^T=(A^T)^TA^T=AA^T$,即

$$(AA^T)^T=AA^T.$$

所以AA^T为对称阵.

类似可证明A^TA也是对称阵.

例10 设A为任一方阵,证明:$A+A^T$是对称阵.

证 因为

$$(A+A^T)^T=A^T+(A^T)^T=A^T+A=A+A^T$$

即

$$(A+A^T)^T=A+A^T$$

所以 $A+A^{T}$ 为对称阵.

例 11 设 A 是 n 阶反对称阵, B 是 n 阶对称阵,证明 $AB-BA$ 是对称阵.

证 因为

$$(AB-BA)^{T}=(AB)^{T}-(BA)^{T}=B^{T}A^{T}-A^{T}B^{T}.$$

由题设,有

$$A^{T}=-A, B^{T}=B,$$

于是

$$\begin{aligned}B^{T}A^{T}-A^{T}B^{T}&=B(-A)-(-A)B\\&=-BA+AB=AB-BA,\end{aligned}$$

所以得

$$(AB-BA)^{T}=AB-BA.$$

故知 $AB-BA$ 为对称阵.

1.3 矩阵的初等变换与初等矩阵

矩阵的初等变换源自于用消元法解线性方程组.矩阵的初等变换在矩阵求逆以及解线性方程组等问题中,有着重要的作用.

1.3.1 矩阵的初等变换

定义 1 矩阵的**初等行变换**是指对矩阵进行以下这三种变换:

(1)对调两行(若对调 i,j 两行,记为 $r_i\leftrightarrow r_j$);

(2)以非零的常数 k 乘以某一行的全部元素(若以 $k\neq 0$ 乘第 i 行,记为 $k\times r_i$,或 kr_i);

(3)将某一行的全部元素的 k 倍加到另一行对应的元素上去(若将第 i 行的 k 倍加到第 j 行上,记为 $k\times r_i+r_j$,或 kr_i+r_j).

如果将定义中的"行"换成"列",就给出了矩阵的**初等列变换**的定义,只要将所用的记号"r"换成"c"即可.

矩阵的初等行变换与初等列变换,统称为**矩阵的初等变换**.

当矩阵 A 经初等变换化为矩阵 B 时,可简记为 $A\to B$.所用的初等行变换写在箭头符号的上方,而所用的初等列变换写在箭头符号的下方.

例 1 设

$$A=\begin{pmatrix}1&0&2&1\\2&1&0&2\\-1&2&1&3\end{pmatrix},$$

试对 A 作初等变换化为上三角形矩阵.

解

$$\begin{pmatrix}1&0&2&1\\2&1&0&2\\-1&2&1&3\end{pmatrix}\xrightarrow{r_1\leftrightarrow r_3}\begin{pmatrix}-1&2&1&3\\2&1&0&2\\1&0&2&1\end{pmatrix}$$

$$\xrightarrow{2\times r_1+r_2}\begin{pmatrix}-1&2&1&3\\0&5&2&8\\1&0&2&1\end{pmatrix}\xrightarrow{1\times r_1+r_3}\begin{pmatrix}-1&2&1&3\\0&5&2&8\\0&2&3&4\end{pmatrix}$$

$$\xrightarrow[2\times c_1+c_2]{}\begin{pmatrix}-1&0&1&3\\0&5&2&8\\0&2&3&4\end{pmatrix}\xrightarrow[1\times c_1+c_3]{}\begin{pmatrix}-1&0&0&3\\0&5&2&8\\0&2&3&4\end{pmatrix}$$

$$\xrightarrow[3\times c_1+c_4]{}\begin{pmatrix}-1&0&0&0\\0&5&2&8\\0&2&3&4\end{pmatrix}\xrightarrow{-1\times r_1}\begin{pmatrix}1&0&0&0\\0&5&2&8\\0&2&3&4\end{pmatrix}$$

$$\xrightarrow{\frac{1}{5}\times r_2}\begin{pmatrix}1&0&0&0\\0&1&\frac{2}{5}&\frac{8}{5}\\0&2&3&4\end{pmatrix}\xrightarrow{-2\times r_2+r_3}\begin{pmatrix}1&0&0&0\\0&1&\frac{2}{5}&\frac{8}{5}\\0&0&\frac{11}{5}&\frac{4}{5}\end{pmatrix}$$

$$\xrightarrow{\frac{5}{11}\times r_3}\begin{pmatrix}1&0&0&0\\0&1&\frac{2}{5}&\frac{8}{5}\\0&0&1&\frac{4}{11}\end{pmatrix}.$$

若记

$$\boldsymbol{B}=\begin{pmatrix}1&0&0&0\\0&1&\frac{2}{5}&\frac{8}{5}\\0&0&1&\frac{4}{11}\end{pmatrix},$$

则有

$$\boldsymbol{A}\to\boldsymbol{B}.$$

定义 2 若矩阵 $\boldsymbol{A}$ 经过有限次初等变换化为矩阵 $\boldsymbol{B}$，就称矩阵 $\boldsymbol{A}$ 与 $\boldsymbol{B}$ 等价，记为 $\boldsymbol{A}\cong\boldsymbol{B}$.

由定义 1 可知，矩阵的三种初等行（列）变换都是可逆的，而且其逆变换也是同一类型的初等行（列）变换：

（1）互换变换 $r_i\leftrightarrow r_j$ 的逆变换为 $r_j\leftrightarrow r_i$，它仍为互换变换；

（2）倍法变换 $k\times r_i$ 的逆变换为 $\frac{1}{k}\times r_i(k\neq0)$，它仍为倍法变换；

（3）消去变换 $k\times r_i+r_j$ 的逆变换为 $(-k)\times r_i+r_j$，它仍为消去变换.

矩阵的等价关系，满足以下三个性质：

（1）自反性：$\boldsymbol{A}\cong\boldsymbol{A}$；

（2）对称性：若 $\boldsymbol{A}\cong\boldsymbol{B}$，则 $\boldsymbol{B}\cong\boldsymbol{A}$；

(3)传递性:若 $\boldsymbol{A}\cong\boldsymbol{B}$,且 $\boldsymbol{B}\cong\boldsymbol{C}$,则 $\boldsymbol{A}\cong\boldsymbol{C}$.

这三个性质的证明并不困难,请读者予以证明.

1.3.2 初等矩阵

矩阵的初等变换是矩阵的一种最基本的运算,也是最重要的一类运算,具有极其广泛的应用.然而,如果矩阵的初等变换只能用语言文字加以说明,而不能用数学符号来表示其运算,那么它将不能成为一种有效的数学方法.因此,有必要进一步研究如何把矩阵的初等变换,表示成矩阵的运算.为此,先介绍初等矩阵的概念.

定义3 由单位矩阵 $\boldsymbol{E}$ 经过一次初等变换得到的矩阵,称为**初等矩阵(初等方阵)**.

由上述定义,三种初等变换分别对应以下三种初等矩阵.

1. 对调两行或对调两列

将单位矩阵 $\boldsymbol{E}$ 中的第 i 行、第 j 行两行对调,即 $r_i\leftrightarrow r_j$(或第 i 列、第 j 行两列对调,即 $c_i\leftrightarrow c_j$),得初等矩阵

$$\boldsymbol{E}(i,j)=\begin{pmatrix}1 & & & & & & & & \\ & \ddots & & & & & & & \\ & & 1 & & & & & & \\ & & & 0 & \cdots & 1 & & & \\ & & & & 1 & & & & \\ & & & \vdots & \ddots & \vdots & & & \\ & & & & & 1 & & & \\ & & & 1 & \cdots & 0 & & & \\ & & & & & & 1 & & \\ & & & & & & & \ddots & \\ & & & & & & & & 1\end{pmatrix}\begin{matrix}\\ \\ \\ 第i行\\ \\ \\ \\ 第j行\\ \\ \\ \\ \end{matrix}$$

可以验证,若以 m 阶初等方阵 $\boldsymbol{E}_m(i,j)$ 左乘矩阵 $\boldsymbol{A}=(a_{ij})_{m\times n}$,得

$$\boldsymbol{E}_m(i,j)\boldsymbol{A}=\begin{pmatrix}a_{11} & a_{12} & \cdots & a_{1n}\\ \vdots & \vdots & & \vdots\\ a_{j1} & a_{j2} & \cdots & a_{jn}\\ \vdots & \vdots & & \vdots\\ a_{i1} & a_{i2} & \cdots & a_{in}\\ \vdots & \vdots & & \vdots\\ a_{m1} & a_{m2} & \cdots & a_{mn}\end{pmatrix}\begin{matrix}\\ \\ 第\ i\ 行\\ \\ 第\ j\ 行\\ \\ \\ \end{matrix}$$

其结果相当于对矩阵 $\boldsymbol{A}$ 施行第一种初等行变换,即将 $\boldsymbol{A}$ 的第 i 行与第 j 行进行对调(即 $r_i\leftrightarrow r_j$).

类似地,若以 n 阶初等矩阵 $\boldsymbol{E}_n(i,j)$ 右乘矩阵 $\boldsymbol{A}$,其结果相当于对矩阵 $\boldsymbol{A}$ 施行第一种初等列变换,即将 $\boldsymbol{A}$ 的第 i 列与第 j 列进行对调(即 $c_i \leftrightarrow c_j$).

2. 以非零常数 k 乘以某一行(某一列)

以数 $k\neq0$ 乘单位矩阵 E 的第 i 行,即 $k\times r_i$,得初等矩阵

$$\boldsymbol{E}(i(k))=\begin{pmatrix}1 & & & & & & \\ & \ddots & & & & & \\ & & 1 & & & & \\ & & & k & & & \\ & & & & 1 & & \\ & & & & & \ddots & \\ & & & & & & 1\end{pmatrix}\text{第 } i \text{ 行}$$

可以验证,若以 $\boldsymbol{E}_m(i(k))$ 左乘矩阵 $\boldsymbol{A}=(a_{ij})_{m\times n}$,其结果相当于以数 $k\neq0$ 乘 A 的第 i 行(即 $k\times r_i$).

类似地,若以 $\boldsymbol{E}_n(i(k))$ 右乘矩阵 $\boldsymbol{A}=(a_{ij})_{m\times n}$,其结果相当于以数 $k\neq0$ 乘 $\boldsymbol{A}$ 的第 i 列(即 $k\times c_i$).

3. 以数 k 乘以某一行(列)加到另一行(列)上去

以数 k 乘单位矩阵 $\boldsymbol{E}$ 的第 i 行加到第 j 行上去,即 $k\times r_i+r_j$(或以 k 乘单位矩阵 $\boldsymbol{E}$ 的第 j 列加到第 i 列上去,即 $k\times c_j+c_i$),得初等矩阵.

$$\boldsymbol{E}(i(k),j)=\begin{pmatrix}1 & & & & & \\ & \ddots & & & & \\ & & 1 & & & \\ & & \vdots & \ddots & & \\ & & k & \cdots & 1 & \\ & & & & & \ddots & \\ & & & & & & 1\end{pmatrix}\begin{matrix}\\ \\ \text{第}i\text{行}\\ \\ \text{第}j\text{行}\\ \\ \\ \end{matrix}$$

同样可以验证,若以 $\boldsymbol{E}_m(i(k),j)$ 左乘矩阵 $\boldsymbol{A}=(a_{ij})_{m\times n}$,其结果相当于将 $\boldsymbol{A}$ 的第 i 行乘以数 k 加到第 j 行上去(即 $k\times r_i+r_j$).

类似地,若以 $\boldsymbol{E}_n(i(k),j)$ 右乘矩阵 $\boldsymbol{A}$,其结果相当于将 $\boldsymbol{A}$ 的第 j 列乘以数 k 加到第 i 列上去(即 $k\times c_j+c_i$).

综上所述,可以得到下述定理.

定理 设 $\boldsymbol{A}$ 是一个 $m\times n$ 矩阵,对 $\boldsymbol{A}$ 施行一次初等行变换,相当于在 $\boldsymbol{A}$ 的左边乘以相应的 m 阶初等矩阵;对 $\boldsymbol{A}$ 施行一次初等列变换,相当于在 $\boldsymbol{A}$ 的右边乘以相应的 n 阶初等矩阵.

因为初等变换对应初等矩阵,由于初等变换可逆,所以初等矩阵也可逆,而且此初等变换的逆变换也就对应此初等矩阵的逆矩阵.有关这方面的内容,将在本章 1.6 节

进行详细的讨论.

1.4 行列式的定义、性质及计算

行列式是一种基本的数学工具.行列式理论是由求解 n 元线性方程组的实际需要建立、发展起来的.行列式的研究开始于18世纪中叶以前.矩阵论的创立者,英国数学家凯莱(1821—1895)于1885年发表的一篇论文中指出,在逻辑上,矩阵概念先于行列式概念.然而在数学发展史上,次序刚好相反.

行列式不仅在线性代数中,而且在数学的其它学科分支中,都有着极其广泛的应用.

1.4.1 二阶和三阶行列式

定义1 将4个数排成两行两列的正方形数表

$$\begin{matrix} a_{11} & a_{12} \\ a_{21} & a_{22} \end{matrix}$$

则数 $a_{11}a_{22}-a_{12}a_{21}$ 称为对应于这个数表的**二阶行列式**,用符号

$$\begin{vmatrix} a_{11} & a_{12} \\ a_{21} & a_{22} \end{vmatrix} \tag{1-18}$$

表示,即

$$\begin{vmatrix} a_{11} & a_{12} \\ a_{21} & a_{22} \end{vmatrix} = a_{11}a_{22}-a_{12}a_{21}. \tag{1-19}$$

数 $a_{11},a_{12},a_{21},a_{22}$ 称为行列式(1-18)的**元素**.横排称为行,竖排称为列.元素 a_{ij} 中的第一个下标 i 称为**行标**,第二个下标 j 称为**列标**,依次表示该元素所在的行数和列数.

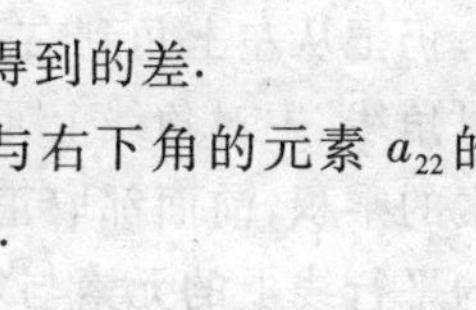

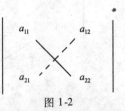

图1-2

上述二阶行列式的定义,可以用对角线法则加以记忆.如图1-2所示,把 a_{11} 到 a_{22} 的实连线称为**主对角线**,把 a_{12} 到 a_{21} 的虚连线称为**副对角线**.于是二阶行列式就是主对角线上的两个元素的乘积减去副对角线上的两个元素的乘积所得到的差.

容易看出,二阶行列式的主对角线是其左上角的元素 a_{11} 与右下角的元素 a_{22} 的连线;副对角线是其右上角的元素 a_{12} 与左下角的元素 a_{21} 的连线.

类似地,可以定义三阶行列式.

定义2 将9个数排成三行三列的正方形数表

$$\begin{matrix} a_{11} & a_{12} & a_{13} \\ a_{21} & a_{22} & a_{23} \end{matrix}$$

$$a_{31} \quad a_{32} \quad a_{33}$$

则数 $a_{11}a_{22}a_{33}+a_{12}a_{23}a_{31}+a_{13}a_{21}a_{32}-a_{13}a_{22}a_{31}-a_{12}a_{21}a_{33}-a_{11}a_{23}a_{32}$ 称为对应于这个数表的**三阶行列式**,用符号

$$\begin{vmatrix} a_{11} & a_{12} & a_{13} \\ a_{21} & a_{22} & a_{23} \\ a_{31} & a_{32} & a_{33} \end{vmatrix} \tag{1-20}$$

表示,即

$$\begin{vmatrix} a_{11} & a_{12} & a_{13} \\ a_{21} & a_{22} & a_{23} \\ a_{31} & a_{32} & a_{33} \end{vmatrix} = a_{11}a_{22}a_{33}+a_{12}a_{23}a_{31}+a_{13}a_{21}a_{32}-a_{13}a_{22}a_{31}-a_{12}a_{21}a_{33}-a_{11}a_{23}a_{32} \tag{1-21}$$

关于三阶行列式的元素以及行、列等概念,与二阶行列式的相应概念完全类似,这里就不再重复了.

由于式(1-21)的右端较为复杂,且不容易记忆.为此,我们仍用对角线法则加以记忆.

定义 2 表明三阶行列式包含 6 项,每项均为不同行不同列的三个元素的乘积再冠之以正负号.如图 1-3 所示.

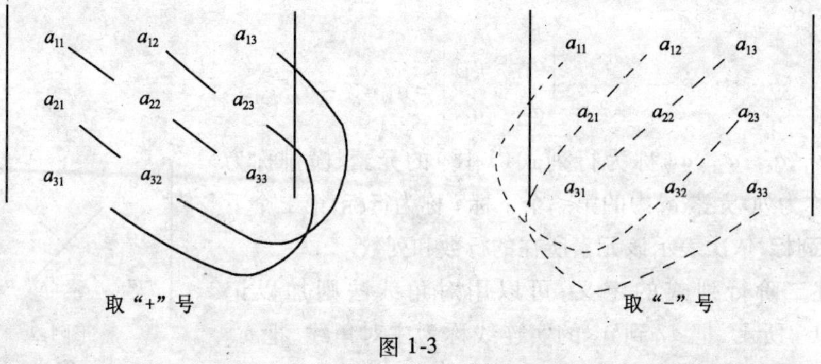

图 1-3

仍把从左上角到右下角的实连线称为主对角线,从右上角到左下角的虚连线称为副对角线.主对角线上元素的乘积,以及位于主对角线的平行线上的元素与对角上的元素的乘积,前面都取正号(均以实线表示).副对角线上元素的乘积以及位于副对角线的平行线上的元素与对角上的元素的乘积,前面都取负号(均以虚线表示).

例 1 计算三阶行列式

$$D=\begin{vmatrix}2 & 1 & 3\\4 & 3 & -1\\2 & 5 & 6\end{vmatrix}.$$

解　按对角线法则,有

$$\begin{aligned}D&=2\times3+6+1\times(-1)\times2+3\times4\times5-3\times3\times2-1\times4\times6-2\times(-1)\times5\\&=36-2+60-18-24+10=62.\end{aligned}$$

例2　求解方程

$$\begin{vmatrix}1 & 1 & 1\\1 & 2 & x\\6 & 4 & x^2\end{vmatrix}=0.$$

解　方程左端的三阶行列式

$$\begin{aligned}D&=2x^2+6x+4-12-x^2-4x\\&=x^2+2x-8,\end{aligned}$$

于是得

$$x^2+2x-8=0,$$

解之,得

$$x=2,x=-4.$$

特别强调指出,对角线法则只适用于二阶与三阶行列式,对于四阶以及四阶以上的所谓高阶行列式就不适用了.读者必须予以关注,以免产生错误.

为此,有必要介绍 n 阶行列式的概念.

1.4.2　*n* 阶行列式的定义

为了介绍 n 阶行列式,先引进余子式与代数余子式的概念.在三阶行列式(1-20)中,将元素 a_{ij}所在的第 i 行和第 j 列划去后,剩下来的元素按原次序构成的二阶行列式,称为元素 a_{ij}的**余子式**,记为 M_{ij}.将 a_{ij}的余子式再冠之以符号$(-1)^{i+j}$,就称为元素 a_{ij}的**代数余子式**,记为A_{ij},即

$$A_{ij}=(-1)^{i+j}M_{ij}. \tag{1-22}$$

例如,三阶行列式

$$\begin{vmatrix}a_{11} & a_{12} & a_{13}\\a_{21} & a_{22} & a_{23}\\a_{31} & a_{32} & a_{33}\end{vmatrix}$$

中元素 a_{23}的余子式为

$$M_{23}=\begin{vmatrix}a_{11} & a_{12}\\a_{31} & a_{32}\end{vmatrix},$$

而其代数余子式为

$$A_{23}=(-1)^{2+3}M_{23}=-\begin{vmatrix}a_{11} & a_{12}\\ a_{31} & a_{32}\end{vmatrix}.$$

定理 三阶行列式

$$D=\begin{vmatrix}a_{11} & a_{12} & a_{13}\\ a_{21} & a_{22} & a_{23}\\ a_{31} & a_{32} & a_{33}\end{vmatrix}$$

的值，等于该行列式的任意一行（或任意一列）的所有元素与它们所对应的代数余子式乘积之和，即

$$\begin{aligned}D&=a_{11}A_{11}+a_{12}A_{12}+a_{13}A_{13}\\&=a_{21}A_{21}+a_{22}A_{22}+a_{23}A_{23}\\&=a_{31}A_{31}+a_{32}A_{32}+a_{33}A_{33}.\end{aligned}\tag{1-23}$$

或

$$\begin{aligned}D&=a_{11}A_{11}+a_{21}A_{21}+a_{31}A_{31}\\&=a_{12}A_{12}+a_{22}A_{22}+a_{32}A_{32}\\&=a_{13}A_{13}+a_{23}A_{23}+a_{33}A_{33}.\end{aligned}\tag{1-24}$$

式(1-23)和式(1-24)可简记为

$$\begin{aligned}D&=\sum_{j=1}^{3}a_{ij}A_{ij}\quad(i=1,2,3)\\&=\sum_{i=1}^{3}a_{ij}A_{ij}\quad(j=1,2,3).\end{aligned}\tag{1-25}$$

证 只要证明式(1-23)中的第一个等式，其余证明方法完全相同.为此，按对角线法则有

$$\begin{aligned}D&=a_{11}a_{22}a_{33}+a_{12}a_{23}a_{31}+a_{13}a_{21}a_{32}-a_{13}a_{22}a_{31}-a_{12}a_{21}a_{33}-a_{11}a_{23}a_{33}\\&=a_{11}(a_{22}a_{33}-a_{23}a_{32})+a_{12}(a_{23}a_{31}-a_{21}a_{33})+a_{13}(a_{21}a_{32}-a_{22}a_{31})\\&=a_{11}\begin{vmatrix}a_{22} & a_{23}\\ a_{32} & a_{33}\end{vmatrix}-a_{12}\begin{vmatrix}a_{21} & a_{23}\\ a_{31} & a_{33}\end{vmatrix}+a_{13}\begin{vmatrix}a_{21} & a_{22}\\ a_{31} & a_{32}\end{vmatrix}\\&=a_{11}A_{11}+a_{12}A_{12}+a_{13}A_{13}.\end{aligned}$$

这个定理称为**拉普拉斯定理**，式(1-23)与(1-24)称为**拉普拉斯展开式**.这个定理给出了计算行列式的一个很好的方法，就是通过计算三个二阶行列式达到计算三阶行列式的目的.事实上，拉普拉斯定理对于 n 阶行列式都是成立的.

有了拉普拉斯定理，就可以给出 n 阶行列式的定义.这是由于行列式任一元素的代数余子式总是比原行列式降低一阶的.因为二阶、三阶行列式是有明确定义的，同时行列式某一元素的余子式与代数余子式也是有明确定义的，于是可以由三阶行列式的定义出发，应用拉普拉斯展开式的方法，定义四阶行列式；同样可以由四阶行列式定义

五阶行列式,…….依此类推,假设定义了 $n-1$ 阶行列式,就可以给出 n 阶行列式的定义.

定义3 将 n^2(n 是正整数)个数组成 n 行 n 列构成的符号

$$D=\begin{vmatrix} a_{11} & a_{12} & \cdots & a_{1n} \\ a_{21} & a_{22} & \cdots & a_{2n} \\ \vdots & \vdots & & \vdots \\ a_{n1} & a_{n2} & \cdots & a_{nn} \end{vmatrix}, \tag{1-26}$$

称为 n **阶行列式**,其中数 a_{ij} 为行列式 D 的 (i,j) 元.行列式 D 是一个算式,其值定义为

$$\begin{aligned} D &= a_{i1}A_{i1}+a_{i2}A_{i2}+\cdots+a_{in}A_{in} \\ &= \sum_{j=1}^{n} a_{ij}A_{ij} \quad (i=1,2,\cdots,n). \end{aligned} \tag{1-27}$$

或

$$\begin{aligned} D &= a_{1j}A_{1j}+a_{2j}A_{2j}+\cdots+a_{nj}A_{nj} \\ &= \sum_{i=1}^{n} a_{ij}A_{ij} \quad (j=1,2,\cdots,n). \end{aligned} \tag{1-28}$$

其中 A_{ij} 是数 $a_{ij}(i,j=1,2,\cdots,n)$ 的代数余子式,它们都是 $n-1$ 阶行列式.

按此定义的二阶、三阶行列式,与用对角线法则定义的二阶、三阶行列式,显然是一致的.特别地,当 $n=1$ 时,一阶行列式 $|a_{11}|=a_{11}$,读者不要将它与绝对值记号相混淆.

1.4.3 行列式的性质

设 n 阶行列式

$$D=\begin{vmatrix} a_{11} & a_{12} & \cdots & a_{1n} \\ a_{21} & a_{22} & \cdots & a_{2n} \\ \vdots & \vdots & & \vdots \\ a_{n1} & a_{n2} & \cdots & a_{nn} \end{vmatrix},$$

称

$$D^{\mathrm{T}}=\begin{vmatrix} a_{11} & a_{21} & \cdots & a_{n1} \\ a_{12} & a_{22} & \cdots & a_{n2} \\ \vdots & \vdots & & \vdots \\ a_{1n} & a_{2n} & \cdots & a_{nn} \end{vmatrix} \tag{1-29}$$

为 D 的转置行列式.

下面,介绍行列式的性质.

性质1 行列式与它的转置行列式相等,即

$$D^{\mathrm{T}}=D.$$

由性质 1 可知,行列式中的行与列具有同等的地位.行列式的性质凡是对行成立的,对列也同样成立;反之亦然.

性质 2 互换行列式的两行(列),行列式变号.

设

$$D_1=\begin{vmatrix} a_{11} & a_{12} & \cdots & a_{1n} \\ \vdots & \vdots & & \vdots \\ a_{j1} & a_{j2} & \cdots & a_{jn} \\ \vdots & \vdots & & \vdots \\ a_{i1} & a_{i2} & \cdots & a_{in} \\ \vdots & \vdots & & \vdots \\ a_{n1} & a_{n2} & \cdots & a_{nn} \end{vmatrix}$$

是将 D 的第 i 行与第 j 行互换所得到的 n 阶行列式,则

$$D_1=-D.$$

推论 如果行列式有两行(列)完全相同,则此行列式等于零.

性质 3 行列式的某一行(列)中的所有元素乘以同一数 k,等于用数 k 乘此行列式.

若 D 的第 i 行乘以数 k,记为 $k\times r_i$,或 kr_i;类似地,若 D 的第 j 列乘以数 k,记为 $k\times c_j$,或 kc_j.

推论 行列式中某一行(列)的所有元素的公因子可以提到行列式记号的外面.

若 D 的第 i 行提出公因子 k,记为 $r_i\div k$,或$\dfrac{r_i}{k}$;类似地,若 D 的第 j 列提出公因子 k,记为$c_j\div k$,或$\dfrac{c_j}{k}$.

性质 4 行列式中如果有两行(列)元素成比例,则此行列式等于零.

性质 5 如果行列式的某一行(列)的所有元素都是两数之和,则此行列式等于两个行列式之和,这两个行列式除了这一行(列)以外其余各行(列)的元素与原来行列式相应各行(列)的元素相同.若记

$$D=\begin{vmatrix} a_{11} & a_{12} & \cdots & (a_{1i}+a'_{1i}) & \cdots & a_{1n} \\ a_{21} & a_{22} & \cdots & (a_{2i}+a'_{2i}) & \cdots & a_{2n} \\ \vdots & \vdots & & \vdots & & \vdots \\ a_{n1} & a_{n2} & \cdots & (a_{ni}+a'_{ni}) & \cdots & a_{nn} \end{vmatrix},$$

及

$$D_1=\begin{vmatrix} a_{11} & a_{12} & \cdots & a_{1i} & \cdots & a_{1n} \\ a_{21} & a_{22} & \cdots & a_{2i} & \cdots & a_{2n} \\ \vdots & \vdots & & \vdots & & \vdots \\ a_{n1} & a_{n2} & \cdots & a_{ni} & \cdots & a_{nn} \end{vmatrix},$$

$$D_2=\begin{vmatrix} a_{11} & a_{12} & \cdots & a'_{1i} & \cdots & a_{1n} \\ a_{21} & a_{22} & \cdots & a'_{2i} & \cdots & a_{2n} \\ \vdots & \vdots & & \vdots & & \vdots \\ a_{n1} & a_{n2} & \cdots & a'_{ni} & \cdots & a_{nn} \end{vmatrix}.$$

则

$$D=D_1+D_2.$$

性质6 把行列式的某一行(列)的各元素乘以同一数 k,然后加到另一行(列)对应的元素上去,行列式不变.即

$$D=\begin{vmatrix} a_{11} & \cdots & a_{1i} & \cdots & a_{1j} & \cdots & a_{1n} \\ a_{21} & \cdots & a_{2i} & \cdots & a_{2j} & \cdots & a_{2n} \\ \vdots & & \vdots & & \vdots & & \vdots \\ a_{n1} & \cdots & a_{ni} & \cdots & a_{nj} & \cdots & a_{nn} \end{vmatrix} \xlongequal[k\times c_i+c_j]{}$$

$$\begin{vmatrix} a_{11} & \cdots & a_{1i} & \cdots & (ka_{1i}+a_{1j}) & \cdots & a_{1n} \\ a_{21} & \cdots & a_{2i} & \cdots & (ka_{2i}+a_{2j}) & \cdots & a_{2n} \\ \vdots & & \vdots & & \vdots & & \vdots \\ a_{n1} & \cdots & a_{ni} & \cdots & (ka_{ni}+a_{nj}) & \cdots & a_{nn} \end{vmatrix} \quad (i\neq j)$$

性质7 行列式某一行(列)的元素与另一行(列)对应的元素的代数余子式乘积之和等于零.即

$$a_{i1}A_{j1}+a_{i2}A_{j2}+\cdots+a_{in}A_{jn}=0 \quad (i\neq j,i,j=1,2,\cdots,n),$$

或

$$a_{1i}A_{1j}+a_{2i}A_{2j}+\cdots+a_{ni}A_{nj}=0 \quad (i\neq j,i,j=1,2,\cdots,n).$$

以上几个性质,请读者证明之.

关于 n 阶行列式,不少教材用位于不同行不同列的 n 个数的乘积、且冠之以由这 n 个数的第一个下标排列的逆序数与第二个下标排列的逆序数所决定的符号,所得到的 $n!$ 项的代数和加以定义.限于篇幅,本书就不详述了.

利用上述性质,可以大大简化行列式,尤其是高阶行列式的计算.为此,先介绍几个特殊的 n 阶行列式.

一个 n 阶行列式 ,若主对角线元素分别为 $\lambda_1,\lambda_2,\cdots,\lambda_n$,且 $\lambda_i\neq 0(i=1,2,\cdots,n)$,其余$n^2-n$个元素均为零,称此行列式为**主对角行列式**,即

$$D_1=\begin{vmatrix}\lambda_1 & & & 0\\ & \lambda_2 & & \\ & & \ddots & \\ 0 & & & \lambda_n\end{vmatrix}.$$

一个 n 阶行列式,若主对角线下方的元素全部为零,称此行列式为**上三角形行列式**,即

$$D_2=\begin{vmatrix}a_{11} & a_{12} & \cdots & a_{1n}\\ & a_{22} & \cdots & a_{2n}\\ & 0 & \ddots & \vdots\\ & & & a_{nn}\end{vmatrix}$$

一个 n 阶行列式,若主对角线上方的元素全部为零,称此行列式为**下三角形行列式**,即

$$D_3=\begin{vmatrix}a_{11} & & & \\ a_{21} & a_{22} & 0 & \\ \vdots & \vdots & \ddots & \\ a_{n1} & a_{n2} & \cdots & a_{nn}\end{vmatrix}$$

由行列式的性质,容易得到这三个特殊的 n 阶行列式的值分别为:

$$D_1=\lambda_1\lambda_2\cdots\lambda_n,$$
$$D_2=a_{11}a_{22}\cdots a_{nn},$$
$$D_3=a_{11}a_{22}\cdots a_{nn}.$$

另外,还有副对角行列式、副上三角形行列式、副下三角形行列式等特殊行列式,这里就不一一予以介绍了.

由此可知,若能利用行列式的性质,把所给的行列式化为上述某一种形式的特殊行列式,那么行列式的计算就可以大大简化了.

例 3 计算四阶行列式

$$D=\begin{vmatrix}4 & 1 & 1 & 1\\ 1 & 4 & 1 & 1\\ 1 & 1 & 4 & 1\\ 1 & 1 & 1 & 4\end{vmatrix}.$$

解 这个行列式有一个特点,其各行或各列 4 个数相加之和都是 7. 于是,如果把第二、三、四行同时加到第一行上去,并且提出公因子 7,然后第二、三、四行分别减去第一行,这样就可以化为上三角形行列式了. 即

$$D\xlongequal{\substack{r_2\\r_3\\r_4}+r_1}\begin{vmatrix}7&7&7&7\\1&4&1&1\\1&1&4&1\\1&1&1&4\end{vmatrix}\xlongequal{r_1\div 7}7\begin{vmatrix}1&1&1&1\\1&4&1&1\\1&1&4&1\\1&1&1&4\end{vmatrix}$$

$$\xlongequal[r_4-r_1]{\substack{r_2-r_1\\r_3-r_1}}7\begin{vmatrix}1&1&1&1\\0&3&0&0\\0&0&3&0\\0&0&0&3\end{vmatrix}=7\times 3^3=189.$$

例4　计算四阶行列式

$$D=\begin{vmatrix}a&b&c&d\\a&a+b&a+b+c&a+b+c+d\\a&2a+b&3a+2b+c&4a+3b+2c+d\\a&3a+b&6a+3b+c&10a+6b+3c+d\end{vmatrix}.$$

解　从第四行开始,后一行分别减前一行,得

$$D\xlongequal[r_2-r_1]{\substack{r_4-r_3\\r_3-r_2}}\begin{vmatrix}a&b&c&d\\0&a&a+b&a+b+c\\0&a&2a+b&3a+2b+c\\0&a&3a+b&6a+3b+c\end{vmatrix}$$

$$\xlongequal[r_3-r_2]{r_4-r_3}\begin{vmatrix}a&b&c&d\\0&a&a+b&a+b+c\\0&0&a&2a+b\\0&0&a&3a+b\end{vmatrix}$$

$$\xlongequal{r_4-r_3}\begin{vmatrix}a&b&c&d\\0&a&a+b&a+b+c\\0&0&a&2a+b\\0&0&0&a\end{vmatrix}=a^4.$$

例5　解方程

$$\begin{vmatrix}1&1&1&1\\1&x&2&2\\2&2&x&3\\3&3&3&x\end{vmatrix}=0.$$

解　因为

$$\begin{vmatrix}1&1&1&1\\1&x&2&2\\2&2&x&3\\3&3&3&x\end{vmatrix}\xlongequal[-3r_1+r_4]{\substack{-r_1+r_2\\-2r_1+r_3}}\begin{vmatrix}1&1&1&1\\0&x-1&1&1\\0&0&x-2&1\\0&0&0&x-3\end{vmatrix}$$

$$=(x-1)(x-2)(x-3),$$

所以得
$$(x-1)(x-2)(x-3)=0,$$
该方程的解为
$$x=1,x=2,x=3.$$

例 6 计算 n 阶行列式

$$D=\begin{vmatrix}b&a&\cdots&a\\a&b&\cdots&a\\\vdots&\vdots&&\vdots\\a&a&\cdots&b\end{vmatrix}.$$

解 这个 n 阶行列式的特点是:各行或各列的 n 个元素相加均等于 $b+(n-1)a$. 于是,有

$$D\xlongequal[\substack{c_2\\c_3\\\vdots\\c_n}\}+c_1]{}\begin{vmatrix}b+(n-1)a&a&\cdots&a\\b+(n-1)a&b&\cdots&a\\\vdots&\vdots&&\vdots\\b+(n-1)a&a&\cdots&b\end{vmatrix}$$

$$\xlongequal[c_1\div[b+(n-1)a]]{}[b+(n-1)a]\begin{vmatrix}1&a&\cdots&a\\1&b&\cdots&a\\\vdots&\vdots&&\vdots\\1&a&\cdots&b\end{vmatrix}$$

$$\xlongequal{\substack{r_2-r_1\\r_3-r_1\\\cdots\cdots\\r_n-r_1}}[b+(n-1)a]\begin{vmatrix}1&a&\cdots&a\\0&b-a&\cdots&0\\\vdots&\vdots&&\vdots\\0&0&\cdots&b-a\end{vmatrix}$$

$$=[(n-1)a+b](b-a)^{n-1}.$$

读者可能已经发现,例 3 是本例的特殊情况.

例 7 具有如下形状的行列式

$$D=\begin{vmatrix} 0 & a_{12} & a_{13} & \cdots & a_{1n} \\ -a_{12} & 0 & a_{23} & \cdots & a_{2n} \\ -a_{13} & -a_{23} & 0 & \cdots & a_{3n} \\ \vdots & \vdots & \vdots & & \vdots \\ -a_{1n} & -a_{2n} & -a_{3n} & \cdots & 0 \end{vmatrix}$$

称为**反对称行列式**. 试证:奇数阶的反对称行列式等于零.

证 设 D 为奇数阶的反对称行列式,由性质 1,得

$$D^{\mathrm{T}}=\begin{vmatrix} 0 & -a_{12} & -a_{13} & \cdots & -a_{1n} \\ a_{12} & 0 & -a_{23} & \cdots & -a_{2n} \\ a_{13} & a_{23} & 0 & \cdots & -a_{3n} \\ \vdots & \vdots & \vdots & & \vdots \\ a_{1n} & a_{2n} & a_{3n} & \cdots & 0 \end{vmatrix}$$

$$\xlongequal[r_n\div(-1)]{\substack{r_1\div(-1)\\ r_2\div(-1)\\ \cdots\quad\cdots}}(-1)^n\begin{vmatrix} 0 & a_{12} & a_{13} & \cdots & a_{1n} \\ -a_{12} & 0 & a_{23} & \cdots & a_{2n} \\ -a_{13} & -a_{23} & 0 & \cdots & a_{3n} \\ \vdots & \vdots & \vdots & & \vdots \\ -a_{1n} & -a_{2n} & -a_{3n} & \cdots & 0 \end{vmatrix}$$

$$=(-1)^nD,$$

由于 n 是奇数,所以有 $D^{\mathrm{T}}=-D$. 又因为 $D^{\mathrm{T}}=D$,得 $D=-D$,故 $D=0$.

1.5 克拉默法则

在初等代数中,利用消元法可以求解二元线性方程组和三元线性方程组. 在学习了 n 阶行列式及其性质以后,就可以讨论含有 n 个未知量 $x_1,x_2,\cdots,x_n$ 的 n 个线性方程的方程组

$$\begin{cases} a_{11}x_1+a_{12}x_2+\cdots+a_{1n}x_n=b_1 \\ a_{21}x_1+a_{22}x_2+\cdots+a_{2n}x_n=b_2 \\ \qquad\cdots\cdots \\ a_{n1}x_1+a_{n2}x_2+\cdots+a_{nn}x_n=b_n \end{cases} \tag{1-30}$$

的求解问题.

线性方程组(1-30)右端的 $b_1,b_2,\cdots,b_n$ 称为**自由项**. 特别地,当 $b_1,b_2,\cdots,b_n$ 都等于零时,方程组(1-30)变为

$$\begin{cases} a_{11}x_1 + a_{12}x_2 + \cdots + a_{1n}x_n = 0 \\ a_{21}x_1 + a_{22}x_2 + \cdots + a_{2n}x_n = 0 \\ \cdots\cdots \\ a_{nn}x_1 + a_{n2}x_2 + \cdots + a_{nn}x_n = 0 \end{cases} \quad (1\text{-}30)'$$

称线性方程组(1-30)′为齐次线性方程组,因此又称线性方程组(1-30)为非齐次线性方程组.非齐次线性方程组(1-30)的解可以用 n 阶行列式表示.其求解公式就是下面介绍的**克拉默法则**.

定理 （克拉默法则）如果线性方程组(1-30)的系数行列式

$$D = \begin{vmatrix} a_{11} & a_{12} & \cdots & a_{1n} \\ a_{21} & a_{22} & \cdots & a_{2n} \\ \vdots & \vdots & & \vdots \\ a_{n1} & a_{n2} & \cdots & a_{nn} \end{vmatrix} \neq 0,$$

则线性方程组(1-30)有唯一解:

$$x_1 = \frac{D_1}{D}, x_2 = \frac{D_2}{D}, \cdots, x_n = \frac{D_n}{D}. \quad (1\text{-}31)$$

其中 $D_j(j=1,2,\cdots,n)$ 是把系数行列式 D 中第 j 列的元素用线性方程组右端的自由项代替后,所得到的 n 阶行列式,即

$$D_j = \begin{vmatrix} a_{11} & \cdots & a_{1,j-1} & b_1 & a_{1,j+1} & \cdots & a_{1n} \\ a_{21} & \cdots & a_{2,j-1} & b_2 & a_{2,j+1} & \cdots & a_{2n} \\ \vdots & & \vdots & \vdots & \vdots & & \vdots \\ a_{n1} & \cdots & a_{n,j-1} & b_n & a_{n,j+1} & \cdots & a_{nn} \end{vmatrix} \quad (j=1,2,\cdots,n). \quad (1\text{-}32)$$

证 用 D 中第 j 列元素的代数余子式 $A_{1j}, A_{2j}, \cdots, A_{nj}$ 依次乘线性方程组(1-30)的 n 个方程,再把它们相加,可得

$$\left(\sum_{k=1}^{n} a_{k1}A_{kj}\right)x_1 + \cdots + \left(\sum_{k=1}^{n} a_{kj}A_{kj}\right)x_j + \cdots + \left(\sum_{k=1}^{n} a_{kn}A_{kj}\right)x_n = \sum_{k=1}^{n} b_k A_{kj}. \quad (1\text{-}33)$$

根据行列式及其代数余子式的相关性质,式(1-33)中未知量 x_j 的系数等于 D,而其余 $(n-1)$ 个未知量 $x_i(i\neq j)$ 的系数均为零.同时,式(1-33)右端就是 D_j.因此得到

$$Dx_j = D_j \quad (j=1,2,\cdots,n),$$

当 $D\neq 0$ 时,线性方程组(1-32)有唯一解式(1-31).

由于线性方程组(1-32)是由线性方程组(1-30)经数乘与相加两种运算得到的,因此线性方程组(1-30)的解一定是线性方程组(1-32)的解.而线性方程组(1-32)只有唯一解,所以方程组(1-30)如果有解,就可能只有唯一解式(1-31).

这里,还需要验证解式(1-31)确是线性方程组(1-30)的解.换句话说,就是要证明

$$a_{i1}\frac{D_1}{D}+a_{i2}\frac{D_2}{D}+\cdots+a_{in}\frac{D_n}{D}=b_i \quad (i=1,2,\cdots,n).$$

为此,考虑有两行相同的$(n+1)$阶行列式

$$\begin{vmatrix} b_i & a_{i1} & \cdots & a_{in} \\ b_1 & a_{11} & \cdots & a_{1n} \\ \vdots & \vdots & & \vdots \\ b_n & a_{n1} & \cdots & a_{nn} \end{vmatrix}.$$

显然,其值等于零.如果将上面这个$(n+1)$阶行列式按第一行展开,由于第一行中的a_{ij}的代数余子式为

$$(-1)^{1+j+1}\begin{vmatrix} b_1 & a_{11} & \cdots & a_{1,j-1} & a_{1,j+1} & \cdots & a_{1n} \\ b_2 & a_{21} & \cdots & a_{2,j-1} & a_{2,j+1} & \cdots & a_{2n} \\ \vdots & \vdots & & \vdots & \vdots & & \vdots \\ b_n & a_{n1} & \cdots & a_{n,j-1} & a_{n,j+1} & \cdots & a_{nn} \end{vmatrix}$$

$$=(-1)^{j+2}(-1)^{j-1}D_i=-D_j.$$

所以有

$$0=b_iD-a_{i1}D_1-a_{i2}D_2-\cdots-a_{in}D_n.$$

即

$$a_{i1}\frac{D_1}{D}+a_{i2}\frac{D_2}{D}+\cdots+a_{in}\frac{D_n}{D}=b_i \quad (i=1,2,\cdots,n).$$

推论1 如果含有n个未知量n个方程的齐次线性方程组

$$\begin{cases} a_{11}x_1+a_{12}x_2+\cdots+a_{1n}x_n=0 \\ a_{21}x_1+a_{22}x_2+\cdots+a_{2n}x_n=0 \\ \cdots\cdots \\ a_{n1}x_1+a_{n2}x_2+\cdots+a_{nn}x_n=0 \end{cases} \tag{1-34}$$

的系数行列式

$$D=\begin{vmatrix} a_{11} & a_{12} & \cdots & a_{1n} \\ a_{21} & a_{22} & \cdots & a_{2n} \\ \vdots & \vdots & & \vdots \\ a_{n1} & a_{n2} & \cdots & a_{nn} \end{vmatrix}\neq 0,$$

则齐次线性方程组(1-34)只有零解.有时也称该零解为**平凡解**.

推论2 如果齐次线性方程组(1-34)有非零解,则其系数行列式D必须等于零.

注意:克拉默法则及其两个推论,只适用于未知量的个数与方程的个数相等的线

性方程组.当求解未知量的个数与方程的个数不相等的线性方程组时,克拉默法则及其推论是不适用的.

例 1 解线性方程组

$$\begin{cases} x_1+2x_2-x_3+3x_4=2 \\ 2x_1-x_2+3x_3-2x_4=7 \\ 3x_2-x_3+x_4=6 \\ x_1-x_2+x_3+4x_4=-4 \end{cases}.$$

解 方程组的系数行列式

$$D=\begin{vmatrix} 1 & 2 & -1 & 3 \\ 2 & -1 & 3 & -2 \\ 0 & 3 & -1 & 1 \\ 1 & -1 & 1 & 4 \end{vmatrix} \xlongequal[-r_1+r_4]{-2r_1+r_2} \begin{vmatrix} 1 & 2 & -1 & 3 \\ 0 & -5 & 5 & -8 \\ 0 & 3 & -1 & 1 \\ 0 & -3 & 2 & 1 \end{vmatrix}$$

$$\xlongequal{\text{按第一列展开}} 1\times(-1)^{1+1}\begin{vmatrix} -5 & 5 & -8 \\ 3 & -1 & 1 \\ -3 & 2 & 1 \end{vmatrix} \xlongequal{r_2+r_3} \begin{vmatrix} -5 & 5 & -8 \\ 3 & -1 & 1 \\ 0 & 1 & 2 \end{vmatrix}$$

$$\xlongequal[-2c_2+c_3]{} \begin{vmatrix} -5 & 5 & -18 \\ 3 & -1 & 3 \\ 0 & 1 & 0 \end{vmatrix} \xlongequal{\text{按第三行展开}} 1\times(-1)^{3+2}\begin{vmatrix} -5 & -18 \\ 3 & 3 \end{vmatrix}$$

$$=-(-15+54)=-39\neq 0.$$

由克拉默法则知,方程组有唯一解.因为

$$D_1=\begin{vmatrix} 2 & 2 & -1 & 3 \\ 7 & -1 & 3 & -2 \\ 6 & 3 & -1 & 1 \\ -4 & -1 & 1 & 4 \end{vmatrix}=-39,$$

$$D_2=\begin{vmatrix} 1 & 2 & -1 & 3 \\ 2 & 7 & 3 & -2 \\ 0 & 6 & -1 & 1 \\ 1 & -4 & 1 & 4 \end{vmatrix}=-117,$$

$$D_3=\begin{vmatrix} 1 & 2 & 2 & 3 \\ 2 & -1 & 7 & -2 \\ 0 & 3 & 6 & 1 \\ 1 & -1 & -4 & 4 \end{vmatrix}=-78,$$

$$D_4=\begin{vmatrix}1&2&-1&2\\2&-1&3&7\\0&3&-1&6\\1&-1&1&-4\end{vmatrix}=39.$$

所以得方程组的唯一解为

$$x_1=\frac{D_1}{D}=\frac{-39}{-39}=1,\qquad x_2=\frac{D_2}{D}=\frac{-117}{-39}=3,$$

$$x_3=\frac{D_3}{D}=\frac{-78}{-39}=2,\qquad x_4=\frac{D_4}{D}=\frac{39}{-39}=-1.$$

例2 设曲线 $y=a_0+a_1x+a_2x^2+a_3x^3$ 通过四个点：(1,3)，(2,4)，(3,3)，(4，-3)，求该曲线方程.

解 求该曲线方程，实际上只要求出系数 a_0,a_1,a_2,a_3 即可.

把四个点的坐标代入曲线方程，得线性方程组

$$\begin{cases}a_0+a_1+a_2+a_3=3\\a_0+2a_1+4a_2+8a_3=4\\a_0+3a_1+9a_2+27a_3=3\\a_0+4a_1+16a_2+64a_3=-3\end{cases}.$$

其系数行列式

$$D=\begin{vmatrix}1&1&1&1\\1&2&4&8\\1&3&9&27\\1&4&16&64\end{vmatrix}\xlongequal[-r_1+r_2]{\substack{-r_3+r_4\\-r_2+r_3}}\begin{vmatrix}1&1&1&1\\0&1&3&7\\0&1&5&19\\0&1&7&37\end{vmatrix}$$

$$\xlongequal{\substack{-r_3+r_4\\-r_2+r_3}}\begin{vmatrix}1&1&1&1\\0&1&3&7\\0&0&2&12\\0&0&2&18\end{vmatrix}\xlongequal{-r_3+r_4}\begin{vmatrix}1&1&1&1\\0&1&3&7\\0&0&2&12\\0&0&0&6\end{vmatrix}$$

$$=1\times1\times2\times6=12\neq0.$$

而

$$D_1=\begin{vmatrix}3&1&1&1\\4&2&4&8\\3&3&9&27\\-3&4&16&64\end{vmatrix}\xlongequal[\substack{-c_3+c_4\\-c_2+c_3\\-3c_2+c_1}]{}\begin{vmatrix}0&1&0&0\\-2&2&2&4\\-6&3&6&18\\-15&4&12&48\end{vmatrix}$$

$$\xlongequal{\text{按第一行展开}}1\times(-1)^{1+2}\begin{vmatrix}-2&2&4\\-6&6&18\\-15&12&48\end{vmatrix}\xlongequal[c_2+c_1]{}-\begin{vmatrix}0&2&4\\0&6&18\\-3&12&48\end{vmatrix}$$

$$\xlongequal{\text{按第一列展开}} -(-3)(-1)^{3+1}\begin{vmatrix} 2 & 4 \\ 6 & 18 \end{vmatrix} = 36,$$

且

$$D_2 = \begin{vmatrix} 1 & 3 & 1 & 1 \\ 1 & 4 & 4 & 8 \\ 1 & 3 & 9 & 27 \\ 1 & -3 & 16 & 64 \end{vmatrix} = -18, \qquad D_3 = \begin{vmatrix} 1 & 1 & 3 & 1 \\ 1 & 2 & 4 & 8 \\ 1 & 3 & 3 & 27 \\ 1 & 4 & -3 & 64 \end{vmatrix} = 24,$$

$$D_4 = \begin{vmatrix} 1 & 1 & 1 & 3 \\ 1 & 2 & 4 & 4 \\ 1 & 3 & 9 & 3 \\ 1 & 4 & 16 & -3 \end{vmatrix} = -6.$$

由克拉默法则，得唯一解为

$$a_0 = \frac{D_1}{D} = \frac{36}{12} = 3, \qquad a_1 = \frac{D_2}{D} = \frac{-18}{12} = -\frac{3}{2},$$

$$a_2 = \frac{D_2}{D} = \frac{24}{12} = 2, \qquad a_3 = \frac{D_3}{D} = \frac{-6}{12} = -\frac{1}{2}.$$

故所求的曲线方程为

$$y = 3 - \frac{3}{2}x + 2x^2 - \frac{1}{2}x^3.$$

例 3 问 λ 取何值时，齐次线性方程组

$$\begin{cases} \lambda x_1 + x_2 + x_3 = 0 \\ x_1 + \lambda x_2 + x_3 = 0 \\ 3x_1 - x_2 + x_3 = 0 \end{cases}$$

有非零解？

解 由推论 2 可知，当齐次线性方程组的系数行列式等于零时，才有非零解. 由于

$$D = \begin{vmatrix} \lambda & 1 & 1 \\ 1 & \lambda & 1 \\ 3 & -1 & 1 \end{vmatrix} = \lambda^2 + 3 - 1 - 3\lambda - 1 + \lambda = \lambda^2 - 2\lambda + 1 = (\lambda - 1)^2,$$

于是，当 $D = 0$ 时，即 $(\lambda - 1)^2 = 0$，得 $\lambda = 1$.

所以，当 $\lambda = 1$ 时，该齐次线性方程组有非零解.

1.6 可逆矩阵

读者已经十分清楚，矩阵的乘法一般不满足交换律，因此不能一般地定义矩阵的除法.

对于读者熟知的两数相除的情形,若 $b\neq0$,则有

$$a\div b=a\times\frac{1}{b}=ab^{-1},$$

也就是说,可以将除法转化为乘法.换句话说,只要求出 b 的倒数$\frac{1}{b}$,且$\frac{1}{b}$满足

$$b\times\frac{1}{b}=b\times b^{-1}=1$$

即可.

我们知道,对于任意方阵 $\boldsymbol{A}$ 和同阶单位方阵 $\boldsymbol{E}$,有

$$\boldsymbol{AE}=\boldsymbol{EA}=\boldsymbol{A}.$$

从乘法的角度看,单位方阵 $\boldsymbol{E}$ 具有类似于数“1”的作用.

根据上述的比较分析,可以在矩阵运算中,引入类似于数的“除法”以及“倒数”的概念.这就是本节将要介绍的可逆矩阵的概念.

1.6.1 可逆矩阵的概念及其性质

定义1 设 $\boldsymbol{A}$ 是 n 阶方阵,若存在一个同阶方阵 $\boldsymbol{B}$,使得

$$\boldsymbol{AB}=\boldsymbol{BA}=\boldsymbol{E},\tag{1-35}$$

其中 $\boldsymbol{E}$ 是同阶单位方阵,则称 $\boldsymbol{A}$ 是**可逆矩阵(可逆方阵)**,简称 $\boldsymbol{A}$ **可逆**.并称 $\boldsymbol{B}$ 是 $\boldsymbol{A}$ 的**逆矩阵**.

定理1 如果方阵 $\boldsymbol{A}$ 是可逆的,则 $\boldsymbol{A}$ 的逆阵是唯一的.

证 设 $\boldsymbol{A}$ 有两个逆矩阵 $\boldsymbol{B}$ 和 $\boldsymbol{C}$,于是有

$$\boldsymbol{AB}=\boldsymbol{BA}=\boldsymbol{E},$$

且

$$\boldsymbol{AC}=\boldsymbol{CA}=\boldsymbol{E}.$$

而

$$\boldsymbol{B}=\boldsymbol{BE}=\boldsymbol{B}(\boldsymbol{AC})=(\boldsymbol{BA})\boldsymbol{C}=\boldsymbol{EC}=\boldsymbol{C},$$

故知 $\boldsymbol{A}$ 的逆矩阵是唯一的.

逆矩阵简称为逆阵,因为 $\boldsymbol{A}$ 的逆阵是唯一的,所以将 $\boldsymbol{A}$ 的逆阵记为 $\boldsymbol{A}^{-1}$.由定义1,有 $\boldsymbol{B}=\boldsymbol{A}^{-1}$.同样,$\boldsymbol{B}$ 也是可逆矩阵,$\boldsymbol{B}$ 的逆阵记为 $\boldsymbol{B}^{-1}$,也有 $\boldsymbol{A}=\boldsymbol{B}^{-1}$.

需要特别指出的是,并不是任何方阵都是可逆的.那么,满足怎样条件的方阵才是可逆的,才有逆阵呢?为此,先介绍方阵的行列式的概念.

定义2 设 n 阶方阵 $\boldsymbol{A}=(a_{ij})_{n\times n}$,由 $\boldsymbol{A}$ 的元素按原行列顺序所构成的 n 阶行列式

$$\begin{vmatrix} a_{11} & a_{12} & \cdots & a_{1n} \\ a_{21} & a_{22} & \cdots & a_{2n} \\ \vdots & \vdots & & \vdots \\ a_{n1} & a_{n2} & \cdots & a_{nn} \end{vmatrix}$$

称为方阵 $\boldsymbol{A}$ 的行列式,记为 $|\boldsymbol{A}|$ 或 $\det\boldsymbol{A}$.

注意:方阵 $\boldsymbol{A}$ 与方阵的行列式 $|\boldsymbol{A}|$ 是两个不同的概念.前者是 n^2 个数按一定的方式排列成的数表,而后者则是这些数按规定的运算规则所确定的一个数值.读者不要

将两者混为一谈，以免产生错误.

方阵 $\boldsymbol{A}$ 的行列式 $|\boldsymbol{A}|$ 有如下性质：

(1) $|\boldsymbol{A}^{\mathrm{T}}| = |\boldsymbol{A}|$；

(2) $|k\boldsymbol{A}| = k^n\ |\boldsymbol{A}|$ (k 是数，$\boldsymbol{A}$ 是 n 阶方阵)； (1-36)

(3) $|\boldsymbol{AB}| = |\boldsymbol{A}|\ |\boldsymbol{B}|$ ($\boldsymbol{A}$、$\boldsymbol{B}$ 为同阶方阵).

根据行列式的性质，不难证明性质(1)、(2). 下面证明性质(3).

设

$$\boldsymbol{A} = (a_{ij})_{n\times n}, \boldsymbol{B} = (b_{ij})_{n\times n}.$$

考虑以下 $2n$ 阶行列式

$$D = \begin{vmatrix} a_{11} & a_{12} & \cdots & a_{1n} & & & & \\ a_{21} & a_{22} & \cdots & a_{2n} & & \boldsymbol{O} & & \\ \vdots & \vdots & & \vdots & & & & \\ a_{n1} & a_{n2} & \cdots & a_{nn} & & & & \\ -1 & & & & b_{11} & b_{12} & \cdots & b_{1n} \\ & -1 & & & b_{21} & b_{22} & \cdots & b_{2n} \\ & & \ddots & & \vdots & \vdots & & \vdots \\ & & & -1 & b_{n1} & b_{n2} & \cdots & b_{nn} \end{vmatrix}$$

根据行列式的拉普拉斯展开式，得

$$D = |\boldsymbol{A}||\boldsymbol{B}|.$$

另一方面，在 D 中以 b_{1j} 乘第一列，b_{2j} 乘第二列，…，b_{nj} 乘第 n 列，然后将它们都加到第 $n+j$ 列上去 ($j=1,2,\cdots,n$)，这样就有

$$D = \begin{vmatrix} \boldsymbol{A} & \boldsymbol{C} \\ -\boldsymbol{E} & \boldsymbol{O} \end{vmatrix},$$

其中 $\boldsymbol{C} = (c_{ij})_{n\times n}, c_{ij} = b_{1j}a_{i1} + b_{2j}a_{i2} + \cdots + b_{nj}a_{in}, (i,j=1,2,\cdots,n)$，即

$$\boldsymbol{C} = \boldsymbol{AB}.$$

再互换行列式 D 的两行：$r_j \longleftrightarrow r_{n+j}$ ($j=1,2,\cdots,n$)，得

$$D = (-1)^n \begin{vmatrix} -\boldsymbol{E} & \boldsymbol{O} \\ \boldsymbol{A} & \boldsymbol{C} \end{vmatrix}.$$

对上述这个 $2n$ 阶行列式再一次利用行列式的拉普拉斯展开式，可得

$$D = (-1)^n\ |-\boldsymbol{E}|\ |\boldsymbol{C}| = (-1)^n(-1)^n\ |\boldsymbol{E}|\ |\boldsymbol{C}| = |\boldsymbol{C}| = |\boldsymbol{AB}|.$$

于是，证明了

$$|\boldsymbol{AB}| = |\boldsymbol{A}||\boldsymbol{B}|.$$

需要指出，由于矩阵的乘法一般不满足交换律，因此对于 n 阶方阵 $\boldsymbol{A}$、$\boldsymbol{B}$ 来说，一般情况下

$$\boldsymbol{AB} \neq \boldsymbol{BA}.$$

但是,它所对应的矩阵行列式却总是相等的,即

$$|AB| = |BA|.$$

定义3 设 A 是 n 阶方阵

$$A = \begin{pmatrix} a_{11} & a_{12} & \cdots & a_{1n} \\ a_{21} & a_{22} & \cdots & a_{2n} \\ \vdots & \vdots & & \vdots \\ a_{n1} & a_{n2} & \cdots & a_{nn} \end{pmatrix}$$

由该方阵的行列式 $|A|$ 的元素 a_{ij} 的代数余子式 A_{ij} 所构成的方阵

$$A^* = \begin{pmatrix} A_{11} & A_{21} & \cdots & A_{n1} \\ A_{12} & A_{22} & \cdots & A_{n2} \\ \vdots & \vdots & & \vdots \\ A_{1n} & A_{2n} & \cdots & A_{nn} \end{pmatrix}$$

称为方阵 A 的**伴随方阵**,简称**伴随阵**,记为 A^*.

下面讨论方阵 A 与其伴随阵 A^* 的乘积,即

$$AA^* = \begin{pmatrix} a_{11} & a_{12} & \cdots & a_{1n} \\ \vdots & \vdots & & \vdots \\ a_{i1} & a_{i2} & \cdots & a_{in} \\ \vdots & \vdots & & \vdots \\ a_{n1} & a_{n2} & \cdots & a_{nn} \end{pmatrix} \begin{pmatrix} A_{11} & \cdots & A_{j1} & \cdots & A_{n1} \\ A_{12} & \cdots & A_{j2} & \cdots & A_{n2} \\ \vdots & & \vdots & & \vdots \\ A_{1n} & \cdots & A_{jn} & \cdots & A_{nn} \end{pmatrix},$$

由行列式的性质知,AA^* 的第 i 行第 j 列的元素为

$$a_{i1}A_{j1} + a_{i2}A_{j2} + \cdots + a_{in}A_{jn} = \sum_{k=1}^{n} a_{ik}A_{jk} = \begin{cases} |A| & \text{当 } i=j \text{ 时} \\ 0 & \text{当 } i \neq j \text{ 时} \end{cases}.$$

于是

$$AA^* = \begin{pmatrix} |A| & & & \\ & |A| & & \\ & & \ddots & \\ & & & |A| \end{pmatrix} = |A|E.$$

同理,也有

$$A^*A = \begin{pmatrix} |A| & & & \\ & |A| & & \\ & & \ddots & \\ & & & |A| \end{pmatrix} = |A|E.$$

于是,得

$$AA^* = A^*A = |A|E. \tag{1-37}$$

当 $|A| \neq 0$ 时，有

$$A\frac{A^*}{|A|} = \frac{A^*}{|A|}A = E. \tag{1-38}$$

定理 2 方阵 A 可逆的充分必要条件是 $|A| \neq 0$；当 A 可逆时，

$$A^{-1} = \frac{1}{|A|}A^*. \tag{1-39}$$

证 必要性.

若 A 可逆，则存在 B，使得 $AB = E$，两端取行列式，由方阵 A 的行列式 $|A|$ 的性质式(1-36)之(3)，有

$$|AB| = |A||B| = |E| = 1,$$

所以得 $|A| \neq 0$.

充分性.

若 $|A| \neq 0$，由(1-38)式知，A 可逆，且

$$A^{-1} = \frac{1}{|A|}A^*.$$

利用这个定理，可得齐次线性方程组有非零解的判别条件，即 1.5 节定理 1 的推论 2，可以用矩阵的语言叙述之：

推论 2′ 设 A 是 n 阶矩阵，矩阵方程 $AX = 0$ 有非零解的充分必要条件是：A 的行列式 $|A| = 0$.

定义 4 设 A 为 n 阶矩阵，当 $|A| = 0$ 时，称 A 为**奇异矩阵**；当 $|A| \neq 0$ 时，称 A 为**非奇异矩阵**.

事实上，**可逆矩阵就是非奇异矩阵**.

下面介绍可逆矩阵的一些性质：

(1)若 A 可逆，则 A^{-1} 亦可逆，且

$$(A^{-1})^{-1} = A. \tag{1-40}$$

(2)若 A 可逆，数 $k \neq 0$，则 kA 亦可逆，且

$$(kA)^{-1} = \frac{1}{k}A^{-1}. \tag{1-41}$$

(3)若 A，B 为同阶矩阵且均可逆，则 AB 亦可逆，且

$$(AB)^{-1} = B^{-1}A^{-1}. \tag{1-42}$$

一般地，若 $A_1, A_2, \cdots, A_m$ 皆为同阶且可逆矩阵，则

$$(A_1A_2\cdots A_m)^{-1} = A_m^{-1}A_{m-1}^{-1}\cdots A_1^{-1}. \tag{1-43}$$

(4)若 A 可逆，则 A^{T} 亦可逆，且

$$(A^{\mathrm{T}})^{-1} = (A^{-1})^{\mathrm{T}}. \tag{1-44}$$

(5)若$\boldsymbol{A}$可逆,则

$$|\boldsymbol{A}^{-1}|=\frac{1}{|\boldsymbol{A}|}. \tag{1-45}$$

性质(1),(2),(5)的证明并不困难,留给读者予以证明.

下面就性质(3),(4)分别给出证明.对于性质(3),由于

$$(\boldsymbol{AB})(\boldsymbol{B}^{-1}\boldsymbol{A}^{-1})=\boldsymbol{A}(\boldsymbol{BB}^{-1})\boldsymbol{A}^{-1}=\boldsymbol{AEA}^{-1}=\boldsymbol{AA}^{-1}=\boldsymbol{E},$$

可知$\boldsymbol{B}^{-1}\boldsymbol{A}^{-1}$是$\boldsymbol{AB}$的逆阵,即有

$$(\boldsymbol{AB})^{-1}=\boldsymbol{B}^{-1}\boldsymbol{A}^{-1}.$$

对于性质(4),因为

$$|\boldsymbol{A}^{\mathrm{T}}|=|\boldsymbol{A}|\neq 0,$$

所以$\boldsymbol{A}^{\mathrm{T}}$可逆,于是

$$\boldsymbol{A}^{\mathrm{T}}(\boldsymbol{A}^{\mathrm{T}})^{-1}=(\boldsymbol{A}^{\mathrm{T}})^{-1}\boldsymbol{A}^{\mathrm{T}}=\boldsymbol{E}. \tag{*}$$

又因为$\boldsymbol{A}$可逆,所以

$$\boldsymbol{AA}^{-1}=\boldsymbol{A}^{-1}\boldsymbol{A}=\boldsymbol{E}.$$

对上式作转置运算,有

$$(\boldsymbol{AA}^{-1})^{\mathrm{T}}=(\boldsymbol{A}^{-1}\boldsymbol{A})^{\mathrm{T}}=\boldsymbol{E}^{\mathrm{T}}=\boldsymbol{E},$$

从而

$$(\boldsymbol{A}^{-1})^{\mathrm{T}}\boldsymbol{A}^{\mathrm{T}}=\boldsymbol{A}^{\mathrm{T}}(\boldsymbol{A}^{-1})^{\mathrm{T}}=\boldsymbol{E}. \tag{**}$$

由(*)式与(**)式及逆阵的唯一性,得

$$(\boldsymbol{A}^{\mathrm{T}})^{-1}=(\boldsymbol{A}^{-1})^{\mathrm{T}}.$$

顺便指出,当$|\boldsymbol{A}|\neq 0$时,尚可定义

$$\boldsymbol{A}^0=\boldsymbol{E},$$
$$\boldsymbol{A}^{-k}=(\boldsymbol{A}^{-1})^k,$$

其中k为正整数.

当$|\boldsymbol{A}|\neq 0$时,且λ,μ为整数,还可定义

$$\boldsymbol{A}^{\lambda}\boldsymbol{A}^{\mu}=\boldsymbol{A}^{\lambda+\mu},$$
$$(\boldsymbol{A}^{\lambda})^{\mu}=\boldsymbol{A}^{\lambda\mu}.$$

1.6.2 求逆阵的方法之一:由伴随阵求逆阵

例1 判断下列矩阵

$$\boldsymbol{A}=\begin{pmatrix}1&2&3\\2&1&2\\1&3&3\end{pmatrix},\quad \boldsymbol{B}=\begin{pmatrix}2&3&-1\\-1&3&-3\\1&15&-11\end{pmatrix}$$

是否是可逆矩阵?若是,求其逆矩阵.

解 因为

$$|A|=\begin{vmatrix}1&2&3\\2&1&2\\1&3&3\end{vmatrix}=4\neq 0,$$

所以 A 是可逆矩阵. 再求 $|A|$ 的代数余子式:

$$A_{11}=(-1)^{1+1}\begin{vmatrix}1&2\\3&3\end{vmatrix}=-3,\qquad A_{12}=(-1)^{1+2}\begin{vmatrix}2&2\\1&3\end{vmatrix}=-4,$$

$$A_{13}=(-1)^{1+3}\begin{vmatrix}2&1\\1&3\end{vmatrix}=5,\qquad A_{21}=(-1)^{2+1}\begin{vmatrix}2&3\\3&3\end{vmatrix}=3,$$

$$A_{22}=(-1)^{2+2}\begin{vmatrix}1&3\\1&3\end{vmatrix}=0,\qquad A_{23}=(-1)^{2+3}\begin{vmatrix}1&2\\1&3\end{vmatrix}=-1,$$

$$A_{31}=(-1)^{3+1}\begin{vmatrix}2&3\\1&2\end{vmatrix}=1,\qquad A_{32}=(-1)^{3+2}\begin{vmatrix}1&3\\2&2\end{vmatrix}=4,$$

$$A_{33}=(-1)^{3+3}\begin{vmatrix}1&2\\2&1\end{vmatrix}=-3.$$

由于

$$A^{-1}=\frac{1}{|A|}A^*=\frac{1}{|A|}\begin{pmatrix}A_{11}&A_{21}&A_{31}\\A_{12}&A_{22}&A_{32}\\A_{13}&A_{23}&A_{33}\end{pmatrix},$$

故

$$A^{-1}=\frac{1}{4}\begin{pmatrix}-3&3&1\\-4&0&4\\5&-1&-3\end{pmatrix}=\begin{pmatrix}-\frac{3}{4}&\frac{3}{4}&\frac{1}{4}\\-1&0&1\\\frac{5}{4}&-\frac{1}{4}&-\frac{3}{4}\end{pmatrix}.$$

对于矩阵 B,由于 $|B|=0$,所以 B 是不可逆矩阵.

例 2 设

$$A=\begin{pmatrix}1&2&3\\2&2&1\\3&4&3\end{pmatrix},\quad B=\begin{pmatrix}2&1\\5&3\end{pmatrix},\quad C=\begin{pmatrix}1&3\\2&0\\3&1\end{pmatrix},$$

求矩阵 X,使其满足

$$AXB=C.$$

解 因为

$$|A|=\begin{vmatrix}1&2&3\\2&2&1\\3&4&3\end{vmatrix}=2\neq 0,$$

且

$$|B| = \begin{vmatrix} 2 & 1 \\ 5 & 3 \end{vmatrix} = 1 \neq 0,$$

所以知 A、B 都是可逆矩阵,因此 A^{-1}、B^{-1} 均存在.

于是,对于矩阵方程 $AXB = C$,以 A^{-1} 左乘且以 B^{-1} 右乘方程两边,得

$$A^{-1}AXBB^{-1} = A^{-1}CB^{-1},$$

即

$$X = A^{-1}CB^{-1}.$$

不难求出

$$A^{-1} = \begin{pmatrix} 1 & 3 & -2 \\ -\frac{3}{2} & -3 & \frac{5}{2} \\ 1 & 1 & -1 \end{pmatrix}, \quad B^{-1} = \begin{pmatrix} 3 & -1 \\ -5 & 2 \end{pmatrix}.$$

故

$$X = \begin{pmatrix} 1 & 3 & -2 \\ -\frac{3}{2} & -3 & \frac{5}{2} \\ 1 & 1 & -1 \end{pmatrix}\begin{pmatrix} 1 & 3 \\ 2 & 0 \\ 3 & 1 \end{pmatrix}\begin{pmatrix} 3 & -1 \\ -5 & 2 \end{pmatrix}$$

$$= \begin{pmatrix} 1 & 1 \\ 0 & -2 \\ 0 & 2 \end{pmatrix}\begin{pmatrix} 3 & -1 \\ -5 & 2 \end{pmatrix}$$

$$= \begin{pmatrix} -2 & 1 \\ 10 & -4 \\ 10 & 4 \end{pmatrix}.$$

例3　设 n 阶矩阵 A 满足 $A^2 + A - 2E = O$,证明:A 和 $A - 2E$ 都可逆,并求其逆矩阵.

证　由题设

$$A^2 + A - 2E = O,$$

得

$$A(A + E) = 2E,$$

即

$$\frac{1}{2}A(A + E) = E,$$

即

$$A\left[\frac{1}{2}(A + E)\right] = E.$$

由定理 1,知 $\boldsymbol{A}$ 可逆,且

$$\boldsymbol{A}^{-1}=\frac{1}{2}(\boldsymbol{A}+\boldsymbol{E}).$$

同时,由

$$\boldsymbol{A}^2+\boldsymbol{A}-2\boldsymbol{E}=\boldsymbol{O},$$

有

$$(\boldsymbol{A}-2\boldsymbol{E})(\boldsymbol{A}+3\boldsymbol{E})+4\boldsymbol{E}=\boldsymbol{O}.$$

于是,得

$$(\boldsymbol{A}-2\boldsymbol{E})(\boldsymbol{A}+3\boldsymbol{E})=-4\boldsymbol{E},$$

即

$$(\boldsymbol{A}-2\boldsymbol{E})\left[-\frac{1}{4}(\boldsymbol{A}+3\boldsymbol{E})\right]=\boldsymbol{E},$$

仍由定理 1,知 $\boldsymbol{A}-2\boldsymbol{E}$ 可逆,且

$$(\boldsymbol{A}-2\boldsymbol{E})^{-1}=-\frac{1}{4}(\boldsymbol{A}+3\boldsymbol{E}).$$

1.6.3 求逆阵的方法之二:由矩阵的初等变换求逆阵

由本节第二款,我们可以发现,虽然由伴随阵求逆阵的方法是可行的.但是当矩阵 A 的阶数较高时,计算矩阵 A 的行列式 $|A|$ 及其代数余子式的计算工作量是相当大的,因此,有必要寻求较为简捷的求逆阵的方法,这就是下面要介绍的由矩阵的初等变换求其逆阵的方法.

基于此,先证明以下定理.

定理 3 可逆矩阵 A 可以经过有限次的初等变换化为单位矩阵.

证 设 $\boldsymbol{A}$ 为 n 阶可逆矩阵

$$\boldsymbol{A}=\begin{pmatrix} a_{11} & a_{12} & \cdots & a_{1n} \\ a_{21} & a_{22} & \cdots & a_{2n} \\ \vdots & \vdots & & \vdots \\ a_{n1} & a_{n2} & \cdots & a_{nn} \end{pmatrix}.$$

由于 $|\boldsymbol{A}|\neq 0$,所以 $\boldsymbol{A}$ 的第一列元素不全为零.不失一般性,假设 $a_{11}\neq 0$.于是,将第一行乘以 $\frac{1}{a_{11}}$,且把变换后的第一行再乘以 $-a_{i1}(i=2,3,\cdots,n)$ 加到第 i 行上去,则有

$$\boldsymbol{P}_m\cdots\boldsymbol{P}_2\boldsymbol{P}_1\boldsymbol{A}=\begin{pmatrix} 1 & c_{12} & \cdots & c_{1n} \\ 0 & c_{22} & \cdots & c_{2n} \\ \vdots & \vdots & & \vdots \\ 0 & c_{n2} & \cdots & c_{nn} \end{pmatrix}=\boldsymbol{C},$$

其中 $P_1,P_2,\cdots,P_m$ 是对 A 作初等行变换所对应的初等矩阵.

再将 C 的第一列乘以 $-c_{1j}(j=2,3,\cdots,n)$ 加到第 j 列上去,则有

$$P_m\cdots P_2P_1AQ_1Q_2\cdots Q_l=CQ_1Q_2\cdots Q_l$$

$$=\begin{pmatrix}1&0&\cdots&0\\0&c'_{22}&\cdots&c'_{2n}\\\vdots&\vdots&&\\0&c'_{n2}&\cdots&c'_{nn}\end{pmatrix}=B,$$

其中 $Q_1,Q_2,\cdots,Q_l$ 是对 C 作初等列变换所对应的初等矩阵.

因为

$$\begin{aligned}|B|&=|P_m\cdots P_2P_1AQ_1Q_2\cdots Q_l|\\&=|P_m|\cdots|P_2||P_1||A||Q_1||Q_2|\cdots|Q_l|\neq 0,\end{aligned}$$

所以,B 的第二列的元素也不全为零,不妨设 $c'_{22}\neq 0$. 依照上述方法,并且有限次反复这样的过程,可以将可逆矩阵 A 化为单位矩阵,即

$$P_rP_{r-1}\cdots P_2P_1AQ_1Q_2\cdots Q_{s-1}Q_s=E. \tag{1-46}$$

由于初等矩阵都是可逆的,以 $P_1^{-1}P_2^{-1}\cdots P_r^{-1}$ 左乘(1-46)式两边,同时又以 $Q_s^{-1}\cdots Q_2^{-1}Q_1^{-1}$ 右乘(1-46)式两边,则

$$A=P_1^{-1}P_2^{-1}\cdots P_r^{-1}Q_s^{-1}\cdots Q_2^{-1}Q_1^{-1}. \tag{1-47}$$

从而有以下推论.

推论 可逆矩阵可表示为有限个初等矩阵的乘积.

再由式(1-47),有

$$Q_1Q_2\cdots Q_sP_r\cdots P_2P_1A=E, \tag{1-48}$$

所以,得

$$\begin{aligned}A^{-1}&=Q_1Q_2\cdots Q_sP_r\cdots P_2P_1\\&=Q_1Q_2\cdots Q_sP_r\cdots P_2P_1E\end{aligned} \tag{1-49}$$

由式(1-48)与式(1-49)可知,当利用初等行变换把 A 化为单位矩阵 E 时若同时对单位矩阵 E 施行相同的初等行变换,就可以得到 A 的逆矩阵 A^{-1}. 这样,就给我们提供了一个求可逆矩阵 A 的逆矩阵的简捷且有效的计算方法. 这个方法就是把 A 与 E 构成一个 $n\times 2n$ 的矩阵 $(A|E)$,然后对该矩阵施行初等行变换,当把 A 化为单位矩阵 E 时,则 E 就化为所求的逆矩阵 A^{-1},即

$$(A|E)\xrightarrow{\text{初等行变换}}(E|A^{-1}). \tag{1-50}$$

例4 设

$$A=\begin{pmatrix}10&-3&-8\\-6&2&5\\-3&1&2\end{pmatrix},$$

试用初等行变换法求其逆阵 A^{-1}.

解 因为

$$(A\vdots E)=\left(\begin{array}{ccc|ccc}10&-3&-8&1&0&0\\-6&2&5&0&1&0\\-3&1&2&0&0&1\end{array}\right)\xrightarrow{r_3\leftrightarrow r_1}\left(\begin{array}{ccc|ccc}-3&1&2&0&0&1\\-6&2&5&0&1&0\\10&-3&-8&1&0&0\end{array}\right)$$

$$\xrightarrow[\frac{10}{3}r_1+r_3]{-2r_1+r_2}\left(\begin{array}{ccc|ccc}-3&1&2&0&0&1\\0&0&1&0&1&-2\\0&\frac{1}{3}&-\frac{4}{3}&1&0&\frac{10}{3}\end{array}\right)\xrightarrow[3r_3]{-\frac{1}{3}r_1}\left(\begin{array}{ccc|ccc}1&-\frac{1}{3}&-\frac{2}{3}&0&0&-\frac{1}{3}\\0&0&1&0&1&-2\\0&1&-4&3&0&10\end{array}\right)$$

$$\xrightarrow{r_2\leftrightarrow r_3}\left(\begin{array}{ccc|ccc}1&-\frac{1}{3}&-\frac{2}{3}&0&0&-\frac{1}{3}\\0&1&-4&3&0&10\\0&0&1&0&1&-2\end{array}\right)\xrightarrow{4r_3+r_2}\left(\begin{array}{ccc|ccc}1&-\frac{1}{3}&-\frac{2}{3}&0&0&-\frac{1}{3}\\0&1&0&3&4&2\\0&0&1&0&1&-2\end{array}\right)$$

$$\xrightarrow[\frac{2}{3}r_3+r_1]{\frac{1}{3}r_2+r_1}\left(\begin{array}{ccc|ccc}1&0&0&1&2&-1\\0&1&0&3&4&2\\0&0&1&0&1&-2\end{array}\right).$$

于是得到矩阵 A 的逆阵

$$A^{-1}=\begin{pmatrix}1&2&-1\\3&4&2\\0&1&-2\end{pmatrix}.$$

例 5 设

$$A=\begin{pmatrix}0&1&2\\1&1&-1\\2&4&2\end{pmatrix},$$

试判断 A 是否可逆？若可逆，求其逆阵.

解 因为

$$(A\vdots E)=\left(\begin{array}{ccc|ccc}0&1&2&1&0&0\\1&1&-1&0&1&0\\2&4&2&0&0&1\end{array}\right)\xrightarrow{r_1\leftrightarrow r_2}\left(\begin{array}{ccc|ccc}1&1&-1&0&1&0\\0&1&2&1&0&0\\2&4&2&0&0&1\end{array}\right)$$

$$\xrightarrow{-2r_1+r_3}\left(\begin{array}{ccc|ccc}1&1&-1&0&1&0\\0&1&2&1&0&0\\0&2&4&0&-2&1\end{array}\right)\xrightarrow{-2r_2+r_3}\left(\begin{array}{ccc|ccc}1&1&-1&0&1&0\\0&1&2&1&0&0\\0&0&0&-2&-2&1\end{array}\right).$$

由上述结果我们看到，矩阵 A 在施行初等行变换以后，第三行元素全部为零. 这就

表明矩阵 $\boldsymbol{A}$ 是奇异矩阵,所以它不可逆,当然其逆阵也就不存在了.

这个例子启示我们,事先不必利用条件去判断 $\boldsymbol{A}$ 是否可逆.只要直接对 $(\boldsymbol{A}\vdots\boldsymbol{E})$ 施行初等行变换,若发现在变换过程中,矩阵 $\boldsymbol{A}$ 有一行元素全部为零,则立即可以断定 $\boldsymbol{A}$ 是奇异矩阵,其逆阵不存在.

例6 设

$$\boldsymbol{A}=\begin{pmatrix}1&1&1&1\\2&2&3&1\\1&3&2&1\\3&0&2&1\end{pmatrix},$$

试求其逆阵 $\boldsymbol{A}^{-1}$.

解 因为

$$(\boldsymbol{A}\vdots\boldsymbol{E})=\left(\begin{array}{cccc|cccc}1&1&1&1&1&0&0&0\\2&2&3&1&0&1&0&0\\1&3&2&1&0&0&1&0\\3&0&2&1&0&0&0&1\end{array}\right)\xrightarrow[\substack{-r_1+r_3\\-3r_1+r_4}]{-2r_1+r_2}\left(\begin{array}{cccc|cccc}1&1&1&1&1&0&0&0\\0&0&1&-1&-2&1&0&0\\0&2&1&0&-1&0&1&0\\0&-3&-1&-2&-3&0&0&1\end{array}\right)$$

$$\xrightarrow{\frac{1}{2}r_3}\left(\begin{array}{cccc|cccc}1&1&1&1&1&0&0&0\\0&0&1&-1&-2&1&0&0\\0&1&\frac{1}{2}&0&-\frac{1}{2}&0&\frac{1}{2}&0\\0&-3&-1&-2&-3&0&0&1\end{array}\right)$$

$$\xrightarrow{r_3\leftrightarrow r_2}\left(\begin{array}{cccc|cccc}1&1&1&1&1&0&0&0\\0&1&\frac{1}{2}&0&-\frac{1}{2}&0&\frac{1}{2}&0\\0&0&1&-1&-2&1&0&0\\0&-3&-1&-2&-3&0&0&1\end{array}\right)$$

$$\xrightarrow{3r_2+r_4}\left(\begin{array}{cccc|cccc}1&1&1&1&1&0&0&0\\0&1&\frac{1}{2}&0&-\frac{1}{2}&0&\frac{1}{2}&0\\0&0&1&-1&-2&1&0&0\\0&0&\frac{1}{2}&-2&-\frac{9}{2}&0&\frac{3}{2}&1\end{array}\right)$$

$$\xrightarrow{-\frac{1}{2}r_3+r_4}\left(\begin{array}{cccc|cccc}1&1&1&1&1&0&0&0\\0&1&\frac{1}{2}&0&-\frac{1}{2}&0&\frac{1}{2}&0\\0&0&1&-1&-2&1&0&0\\0&0&0&-\frac{3}{2}&-\frac{7}{2}&-\frac{1}{2}&\frac{3}{2}&1\end{array}\right)$$

$$\xrightarrow{-\frac{2}{3}r_4}\left(\begin{array}{cccc|cccc}1&1&1&1&1&0&0&0\\0&1&\frac{1}{2}&0&-\frac{1}{2}&0&\frac{1}{2}&0\\0&0&1&-1&-2&1&0&0\\0&0&0&1&\frac{7}{3}&\frac{1}{3}&-1&-\frac{2}{3}\end{array}\right)$$

$$\xrightarrow{r_4+r_3}\left(\begin{array}{cccc|cccc}1&1&1&1&1&0&0&0\\0&1&\frac{1}{2}&0&-\frac{1}{2}&0&\frac{1}{2}&0\\0&0&1&0&\frac{1}{3}&\frac{4}{3}&-1&-\frac{2}{3}\\0&0&0&1&\frac{7}{3}&\frac{1}{3}&-\frac{1}{2}&-\frac{2}{3}\end{array}\right)$$

$$\xrightarrow{-\frac{1}{2}r_3+r_2}\left(\begin{array}{cccc|cccc}1&1&1&1&1&0&0&0\\0&1&0&0&-\frac{2}{3}&-\frac{2}{3}&\frac{3}{4}&\frac{1}{3}\\0&0&1&0&\frac{1}{3}&\frac{4}{3}&-\frac{1}{2}&-\frac{2}{3}\\0&0&0&1&\frac{7}{3}&\frac{1}{3}&-\frac{1}{2}&-\frac{2}{3}\end{array}\right)$$

$$\xrightarrow[\substack{-r_3+r_1\\-r_4+r_1}]{-r_2+r_1}\left(\begin{array}{cccc|cccc}1&0&0&0&-1&-1&\frac{1}{4}&1\\0&1&0&0&-\frac{2}{3}&-\frac{2}{3}&\frac{3}{4}&\frac{1}{3}\\0&0&1&0&\frac{1}{3}&\frac{4}{3}&-\frac{1}{2}&-\frac{2}{3}\\0&0&0&1&\frac{7}{3}&\frac{1}{3}&1&-\frac{2}{3}\end{array}\right).$$

所以

$$A^{-1}=\begin{pmatrix} -1 & -1 & \frac{1}{4} & 1 \\ -\frac{2}{3} & -\frac{2}{3} & \frac{3}{4} & \frac{1}{3} \\ \frac{1}{3} & \frac{4}{3} & -\frac{1}{2} & -\frac{2}{3} \\ \frac{7}{3} & \frac{1}{3} & 1 & -\frac{2}{3} \end{pmatrix}.$$

1.7 矩阵的秩

本节所介绍的矩阵的秩是矩阵理论中的一个重要概念，它是反映矩阵的本质的一个不变量.通过矩阵的秩，可以从理论上讨论清楚线性方程组在什么情形下有解；在什么情形下无解；以及当线性方程组有无穷多个解时，如何表达这无穷多个解；同时，矩阵的秩还在二次型等问题的研究中有重要的应用.

矩阵的秩的概念是弗罗贝尼乌斯(1849—1918)在1879年引进的.然而有一种说法称，秩的概念早在1864年由克罗内克(1823—1891)所引进.

1.7.1 矩阵的秩的概念

定义1 在 $m\times n$ 矩阵 $\boldsymbol{A}$ 中，任取 k 行和 k 列($k\leqslant m,k\leqslant n$)，对位于这些行列交叉处的 k^2 个元素，按矩阵 $\boldsymbol{A}$ 中原来所处的位置次序组成的 k 阶行列式，称为矩阵 $\boldsymbol{A}$ 的一个 **k 阶子式**.

容易知道，$m\times n$ 矩阵 $\boldsymbol{A}$ 的 k 阶子式共有 $C_m^k\cdot C_n^k$ 个.

比如，在矩阵

$$\boldsymbol{A}=\begin{pmatrix} 2 & -3 & 1 & 5 \\ 3 & 7 & 0 & 6 \\ -1 & 4 & -2 & 7 \end{pmatrix}$$

中，取第二、三行和第一、四列交叉处的4个元素，组成的二阶行列式为

$$\begin{vmatrix} 3 & 6 \\ -1 & 7 \end{vmatrix}$$

它是 $\boldsymbol{A}$ 的一个二阶子式.易知，该矩阵 $\boldsymbol{A}$ 共有 $C_3^2\cdot C_4^2=18$ 个二阶子式.

定义2 设在矩阵 $\boldsymbol{A}$ 中，如果有一个不等于零的 r 阶子式 D，且所有 $r+1$ 阶子式(如果存在的话)全等于零，则称 D 为矩阵 $\boldsymbol{A}$ 的最高阶非零子式，数 r 称为矩阵 A 的**秩**，记为 $R(\boldsymbol{A})$.

规定：零矩阵的秩等于零，即 $R(\boldsymbol{O})=0$.

由行列式的性质可知，在矩阵 $\boldsymbol{A}$ 中，当所有 $r+1$ 阶子式全等于零时，那么所有高于 $r+1$ 阶的子式（如果存在的话）一定全等于零. 由于把 r 阶非零子式称为最高阶非零子式，因此矩阵 $\boldsymbol{A}$ 的秩 $R(\boldsymbol{A})$ 就是 $\boldsymbol{A}$ 中不等于零的子式的最高阶数.

因为 $R(\boldsymbol{A})$ 是矩阵 $\boldsymbol{A}$ 的非零子式的最高阶数，所以当矩阵 $\boldsymbol{A}$ 中有某个 s 阶子式不为零时，那么必有 $R(\boldsymbol{A})\geqslant s$；同样，如果矩阵 $\boldsymbol{A}$ 中所有 t 阶子式全等于零，那么必有 $R(\boldsymbol{A})<t$.

易知，若 $\boldsymbol{A}$ 为 $m\times n$ 矩阵，则 $0\leqslant R(\boldsymbol{A})\leqslant \min\{m,n\}$.

由于行列式与其转置行列式相等，因此 $\boldsymbol{A}^{\mathrm{T}}$ 的子式与 $\boldsymbol{A}$ 的子式亦应对应相等，故有 $R(\boldsymbol{A}^{\mathrm{T}})=R(\boldsymbol{A})$.

至于 n 阶矩阵 $\boldsymbol{A}$，因为其 n 阶子式只有一个，就是矩阵 $\boldsymbol{A}$ 的行列式 $|\boldsymbol{A}|$，所以当 $|\boldsymbol{A}|\neq 0$ 时，$R(\boldsymbol{A})=n$；当 $|\boldsymbol{A}|=0$ 时，$R(\boldsymbol{A})<n$. 由此可知，可逆矩阵 $\boldsymbol{A}$ 的秩就是矩阵 $\boldsymbol{A}$ 的阶数. 于是，又称可逆矩阵——非奇异矩阵为**满秩矩阵**，不可逆矩阵——奇异矩阵为**降秩矩阵**.

例 1 求矩阵 $\boldsymbol{A}$ 和 $\boldsymbol{B}$ 的秩，其中

$$\boldsymbol{A}=\begin{pmatrix}-3&1&2\\1&1&0\\-1&3&2\end{pmatrix},\quad \boldsymbol{B}=\begin{pmatrix}3&2&1&0&-1\\0&3&-2&1&4\\0&0&0&2&-3\\0&0&0&0&0\end{pmatrix}.$$

解 在矩阵 $\boldsymbol{A}$ 中，可以看出一个二阶子式

$$\begin{vmatrix}-3&1\\1&1\end{vmatrix}\neq 0,$$

而 $\boldsymbol{A}$ 的三阶子式只有一个 $|\boldsymbol{A}|$，由于

$$|\boldsymbol{A}|=\begin{vmatrix}-3&1&2\\1&1&0\\-1&3&2\end{vmatrix}=-6+6+2-2=0,$$

因此知矩阵 $\boldsymbol{A}$ 的秩 $R(\boldsymbol{A})=2$.

矩阵 $\boldsymbol{B}$ 是一个 4×5 矩阵，其非零行有 3 行. 由行列式性质可知，$\boldsymbol{B}$ 的所有四阶子式全都是零. 而由位于第一、二、三行与第一、二、四列交叉处的元素所组成的 3 阶行列式为

$$\begin{vmatrix}3&2&0\\0&3&1\\0&0&2\end{vmatrix},$$

显然，它是一个上三角形行列式，其值为 $12\neq 0$，故知 $R(\boldsymbol{B})=3$.

从这个例题可以发现，对于一个行数与列数均较多的矩阵来说，按定义求其秩是

较为复杂且困难的. 这是由于各阶子式的数量很多,而且对高阶子式的计算也相当麻烦. 于是就提出了一个新问题,有没有什么方法能够较为简捷方便地计算矩阵的秩呢?答案是肯定的:有.

为此,介绍以下定理.

定理 矩阵经过初等行(列)变换后,其秩不变. 即如果 $\boldsymbol{A} \cong \boldsymbol{B}$,则

$$R(\boldsymbol{A})=R(\boldsymbol{B}).$$

证 由于矩阵的初等行变换有三种:(1)互换变换:$r_i \leftrightarrow r_j$;(2)倍法变换:$k \times r_i$;(3)消去变换:$k \times r_i + r_j$. 因此,只要对矩阵在这三种变换中的任一种变换后所得到的矩阵的秩仍然不变予以证明即可.

(1)对于互换变换. 由行列式的性质,互换行列式的两行,仅仅改变行列式的符号. 因此,经互换变换后的矩阵 $\boldsymbol{B}$ 的每一个子式与原矩阵 $\boldsymbol{A}$ 中对应的子式,或者相等,或者仅仅改变符号,故矩阵的秩不变.

(2)对于倍法变换. 因为行列式的行乘以一个不为零的数 k,等于行列式乘以数 k. 所以,经倍法变换后的矩阵 $\boldsymbol{B}$ 的每一个子式与原矩阵 $\boldsymbol{A}$ 中对应的子式,或者相等,或者为原子式的 k 倍,故矩阵的秩不变.

(3)对于消去变换. 由矩阵 $\boldsymbol{A}$ 的某一行乘以数 $k(k\neq 0)$ 加到另一行的对应元素上去后所得的矩阵 $\boldsymbol{B}$,它们所对应的子式或者相等,或者根据行列式的性质,把 $\boldsymbol{B}$ 的子式分拆成两个子式的和,而且在这两个子式中,必有一个子式的值等于零,另一个子式为 $\boldsymbol{A}$ 中对应子式的 k 倍,故矩阵的秩不变.

以上证明了若矩阵 $\boldsymbol{A}$ 经过一次初等行变换变为矩阵 $\boldsymbol{B}$ 后,有 $R(\boldsymbol{A})=R(\boldsymbol{B})$. 因此,完全类似地可以证明矩阵 $\boldsymbol{A}$ 经过有限次初等行变换变为 $\boldsymbol{B}$ 后,其秩仍然不变,即

$$R(\boldsymbol{A})=R(\boldsymbol{B}).$$

对于矩阵经初等列变换其秩不变的证明,完全类似.

例 2 利用初等行变换,求矩阵

$$\boldsymbol{A}=\begin{pmatrix} 1 & 2 & -1 & 4 \\ 2 & 4 & 3 & 5 \\ -1 & -2 & 6 & -7 \end{pmatrix}$$

的秩.

解 因为

$$\boldsymbol{A}=\begin{pmatrix} 1 & 2 & -1 & 4 \\ 2 & 4 & 3 & 5 \\ -1 & -2 & 6 & -7 \end{pmatrix} \xrightarrow[r_1+r_3]{-2r_1+r_2} \begin{pmatrix} 1 & 2 & -1 & 4 \\ 0 & 0 & 5 & -3 \\ 0 & 0 & 5 & -3 \end{pmatrix}$$

$$\xrightarrow{-r_2+r_3} \begin{pmatrix} 1 & 2 & -1 & 4 \\ 0 & 0 & 5 & -3 \\ 0 & 0 & 0 & 0 \end{pmatrix},$$

故知 $R(\boldsymbol{A})=2$.

1.7.2 行阶梯型，行最简型，标准型

定义 3 设 $m\times n$ 矩阵 $\boldsymbol{A}$，对于 $k=1,2,\cdots,m-1$ 满足以下两个条件：

(1)若第 k 行元素全部为零，则第$(k+1)$行必为零(即该行元素全部为零)；

(2)若有第$(k+1)$行是非零行，则该行的首个非零元素所在的列号必大于第 k 行首个非零元素所在的列号.

则称 $\boldsymbol{A}$ 为**行阶梯形矩阵**，简称为**行阶梯型**.

例 3 设矩阵

$$\boldsymbol{A}=\begin{pmatrix}0&2&0&-3&1\\0&0&3&0&4\\0&0&0&0&7\\0&0&0&0&0\\0&0&0&0&0\end{pmatrix}.$$

验证 $\boldsymbol{A}$ 为行阶梯形矩阵，并求其秩.

解 $\boldsymbol{A}$ 的第一、二、三行是三个非零行，这三行每行的首个非零元素 2,3,7 之前的零元的个数分别是 1,2,4，它表示这三个非零行的后两个非零行中，每行首个非零元素所在的列号均大于前一行首个非零元素所在的列号；同时元素全零行之下已无非零行. 因此，矩阵 $\boldsymbol{A}$ 满足定义 2 的两个条件，所以 $\boldsymbol{A}$ 是行阶梯形矩阵.

为求秩 $R(\boldsymbol{A})$，只要考察各行首个非零元素为对角线元素的一个子式，即

$$\begin{vmatrix}2&0&1\\0&3&4\\0&0&7\end{vmatrix}$$

显然这是上三角形行列式，其值是 $42\neq0$. 且 A 的高于 3 阶子式的任一子式全为零，故 $R(\boldsymbol{A})=3$.

从这个例题，读者可能已经发现，对于行阶梯形矩阵来说，其非零行的行数就是该矩阵的秩. 这个结论是否正确呢？答案是肯定的：正确. 由本节定理 1 可知，矩阵经过初等行变换后，其秩是不变的；同时也可知，一个矩阵总可以施行有限次的初等行变换变成行阶梯形矩阵. 这个求矩阵秩的方法十分简捷方便，很有吸引力.

事实上，行阶梯形矩阵具有这样一个明显的特点，就是每个阶梯只有一行. 因此，对于行阶梯形矩阵来说，其秩就可以轻而易举地“数”出来了.

例 4 试用初等行变换将矩阵

$$A=\begin{pmatrix}1&-2&-1&0&2\\-2&4&2&6&-6\\2&-1&0&2&3\\3&3&3&3&4\end{pmatrix}$$

化为行阶梯形矩阵,并"数"出其秩 $R(A)$.

解

$$A=\begin{pmatrix}1&-2&-1&0&2\\-2&4&2&6&-6\\2&-1&0&2&3\\3&3&3&3&4\end{pmatrix}\xrightarrow[\substack{-2r_1+r_3\\-3r_1+r_4}]{2r_1+r_2}\begin{pmatrix}1&-2&-1&0&2\\0&0&0&6&-2\\0&3&2&2&-1\\0&9&6&3&-2\end{pmatrix}$$

$$\xrightarrow[r_3\leftrightarrow r_4]{r_2\leftrightarrow r_3}\begin{pmatrix}1&-2&-1&0&2\\0&3&2&2&-1\\0&9&6&3&-2\\0&0&0&6&-2\end{pmatrix}\xrightarrow{-3r_2+r_3}\begin{pmatrix}1&-2&-1&0&2\\0&3&2&2&-1\\0&0&0&-3&1\\0&0&0&6&-2\end{pmatrix}$$

$$\xrightarrow{2r_3+r_4}\begin{pmatrix}1&-2&-1&0&2\\0&3&2&2&-1\\0&0&0&-3&1\\0&0&0&0&0\end{pmatrix}.$$

由上面这个行阶梯形矩阵,立即可以"数"出 $R(A)=3$.

再进一步,如果对行阶梯形矩阵继续进行初等行变换,还可以将其化为更为简单的矩阵的形式.继续以例4加以说明:

$$\begin{pmatrix}1&-2&-1&0&2\\0&3&2&2&-1\\0&0&0&-3&1\\0&0&0&0&0\end{pmatrix}\xrightarrow[-\frac{1}{3}r_3]{\frac{1}{3}r_2}\begin{pmatrix}1&-2&-1&0&2\\0&1&\frac{2}{3}&\frac{2}{3}&-\frac{1}{3}\\0&0&0&1&-\frac{1}{3}\\0&0&0&0&0\end{pmatrix}$$

$$\xrightarrow[2r_2+r_1]{-\frac{2}{3}r_3+r_2}\begin{pmatrix}1&0&\frac{1}{3}&0&\frac{16}{9}\\0&1&\frac{2}{3}&0&-\frac{1}{9}\\0&0&0&1&-\frac{1}{3}\\0&0&0&0&0\end{pmatrix}.$$

读者可以发现,上面最后一个行阶梯形矩阵具有这样两个特点:一是其非零行的第一个非零元素是1,二是含这些非零元素1所在列的其它元素都是零.把具有上述两个特点的行阶梯形矩阵称之为**行最简形矩阵**,简称**行最简型**.

还进一步,如果再对行最简形矩阵施行初等列变换,将可以化为最简形式.继续以例4加以说明:

$$\begin{pmatrix} 1 & 0 & \frac{1}{3} & 0 & \frac{16}{9} \\ 0 & 1 & \frac{2}{3} & 0 & -\frac{1}{9} \\ 0 & 0 & 0 & 1 & -\frac{1}{3} \\ 0 & 0 & 0 & 0 & 0 \end{pmatrix} \xrightarrow[-\frac{16}{9}c_1+c_5]{-\frac{1}{3}c_1+c_3} \begin{pmatrix} 1 & 0 & 0 & 0 & 0 \\ 0 & 1 & \frac{2}{3} & 0 & -\frac{1}{9} \\ 0 & 0 & 0 & 1 & -\frac{1}{3} \\ 0 & 0 & 0 & 0 & 0 \end{pmatrix}$$

$$\xrightarrow[\frac{1}{9}c_2+c_5]{-\frac{2}{3}c_2+c_3} \begin{pmatrix} 1 & 0 & 0 & 0 & 0 \\ 0 & 1 & 0 & 0 & 0 \\ 0 & 0 & 0 & 1 & -\frac{1}{3} \\ 0 & 0 & 0 & 0 & 0 \end{pmatrix} \xrightarrow{\frac{1}{3}c_4+c_5} \begin{pmatrix} 1 & 0 & 0 & 0 & 0 \\ 0 & 1 & 0 & 0 & 0 \\ 0 & 0 & 0 & 1 & 0 \\ 0 & 0 & 0 & 0 & 0 \end{pmatrix}$$

$$\xrightarrow{c_3 \leftrightarrow c_4} \begin{pmatrix} 1 & 0 & 0 & 0 & 0 \\ 0 & 1 & 0 & 0 & 0 \\ 0 & 0 & 1 & 0 & 0 \\ 0 & 0 & 0 & 0 & 0 \end{pmatrix}.$$

上述最后一个矩阵有如下特点,其左上角是一个3阶单位矩阵,其它元素全都是零.这样的矩阵称为**标准形矩阵**,简称**标准型**.

综上所述,一个 $m \times n$ 矩阵 $\boldsymbol{A}$,经初等行变换可以化为行阶梯型,再经初等行变换,可以化为行最简型;然后再经初等列变换,就可以化为标准型了.利用矩阵的标准型,不仅对于求矩阵的秩,而且对于涉及矩阵许多问题的研究,具有理论上与计算上的价值.

总之,$m \times n$ 矩阵 $\boldsymbol{A}$ 与标准型等价,即

$$\boldsymbol{A} = \begin{pmatrix} a_{11} & a_{12} & \cdots & a_{1n} \\ a_{21} & a_{22} & \cdots & a_{2n} \\ \vdots & \vdots & & \vdots \\ a_{m1} & a_{m2} & \cdots & a_{mn} \end{pmatrix} \sim \boldsymbol{I} = \begin{pmatrix} 1 & 0 & \cdots & 0 & \cdots & 0 \\ 0 & 1 & \cdots & 0 & \cdots & 0 \\ \vdots & \vdots & & \vdots & & \vdots \\ 0 & 0 & \cdots & 1 & \cdots & 0 \\ 0 & 0 & \cdots & 0 & \cdots & 0 \\ \vdots & \vdots & & \vdots & & \vdots \\ 0 & 0 & \cdots & 0 & \cdots & 0 \end{pmatrix},$$

或表示为

$$A \sim I = \begin{pmatrix} E & 0 \\ 0 & 0 \end{pmatrix}.$$

1.8　分块矩阵

1.8.1　分块矩阵的概念

正如 1.1 节定义 2 所述，矩阵的元素可以是数，也可以是矩阵，还可以是更一般的数学对象．前面各节所讨论的矩阵的元素都是数．本节将讨论如何把一个大型矩阵，根据研究问题的需要，分成若干小块，构成分块矩阵．这时，矩阵的元素就不是数，本身也是矩阵了．这是处理矩阵问题经常使用的一个重要技巧，它不仅可以把大型矩阵的运算化为若干小型矩阵的运算，以减少计算工作量，而且还可以使运算变得灵活、简捷．于是有如下定义：

定义 1　由若干条横线与纵线将矩阵 A 分成若干块比 A 小的矩阵，每一小块矩阵称为 A 的**子块**，以子块为元素构成的形式上的矩阵，称为**分块矩阵**．

显然，由于不同需要，同一个矩阵可以用不同的分块方法，构成不同的分块矩阵．

比如，将 4×5 矩阵

$$A = \begin{pmatrix} a_{11} & a_{12} & a_{13} & a_{14} & a_{15} \\ a_{21} & a_{22} & a_{23} & a_{24} & a_{25} \\ a_{31} & a_{32} & a_{33} & a_{34} & a_{35} \\ a_{41} & a_{42} & a_{43} & a_{44} & a_{45} \end{pmatrix}$$

分成分块矩阵的方法很多，下面列举四种分块形式：

$$(1)\quad \left(\begin{array}{ccc|cc} a_{11} & a_{12} & a_{13} & a_{14} & a_{15} \\ a_{21} & a_{22} & a_{23} & a_{24} & a_{25} \\ a_{31} & a_{32} & a_{33} & a_{34} & a_{35} \\ \hline a_{41} & a_{42} & a_{43} & a_{44} & a_{45} \end{array}\right);$$

$$(2)\quad \left(\begin{array}{cc|cc|c} a_{11} & a_{12} & a_{13} & a_{14} & a_{15} \\ a_{21} & a_{22} & a_{23} & a_{24} & a_{25} \\ \hline a_{31} & a_{32} & a_{33} & a_{34} & a_{35} \\ a_{41} & a_{42} & a_{43} & a_{44} & a_{45} \end{array}\right);$$

$$(3)\quad \left(\begin{array}{c|c|c|c|c} a_{11} & a_{12} & a_{13} & a_{14} & a_{15} \\ a_{21} & a_{22} & a_{23} & a_{24} & a_{25} \\ a_{31} & a_{32} & a_{33} & a_{34} & a_{35} \\ a_{41} & a_{42} & a_{43} & a_{44} & a_{45} \end{array}\right);$$

$$(4)\quad \left(\begin{array}{ccccc} a_{11} & a_{12} & a_{13} & a_{14} & a_{15} \\ \hline a_{21} & a_{22} & a_{23} & a_{24} & a_{25} \\ \hline a_{31} & a_{32} & a_{33} & a_{34} & a_{35} \\ \hline a_{41} & a_{42} & a_{43} & a_{44} & a_{45} \end{array}\right).$$

对于分法(1),可记为

$$\boldsymbol{A}=\begin{pmatrix} \boldsymbol{A}_{11} & \boldsymbol{A}_{12} \\ \boldsymbol{A}_{21} & \boldsymbol{A}_{22} \end{pmatrix},$$

其中

$$\boldsymbol{A}_{11}=\begin{pmatrix} a_{11} & a_{12} & a_{13} \\ a_{21} & a_{22} & a_{23} \\ a_{31} & a_{32} & a_{33} \end{pmatrix},\qquad \boldsymbol{A}_{12}=\begin{pmatrix} a_{14} & a_{15} \\ a_{24} & a_{25} \\ a_{34} & a_{35} \end{pmatrix},$$

$$\boldsymbol{A}_{21}=(a_{41},a_{42},a_{43}),\qquad \boldsymbol{A}_{22}=(a_{44},a_{45}).$$

这里$\boldsymbol{A}_{11},\boldsymbol{A}_{12},\boldsymbol{A}_{21},\boldsymbol{A}_{22}$分别为矩阵$\boldsymbol{A}$的子块,而$\boldsymbol{A}$形式上成为以这些子块为元素的分块矩阵.读者也不难得出对于分法(2)、(3)和(4)的各个子块的表达式.由于分法(3)和(4)比较特别,称分法(3)为矩阵的列向量分块法,分法(4)为矩阵的行向量分块法.这两种分块法在下面各章的讨论中将经常用到,应当予以特别关注.

一般地,设矩阵$\boldsymbol{A}$为$m\times n$矩阵,它有m行,若按行向量分块法,且第i行记为

$$\boldsymbol{\alpha}_i^{\mathrm{T}}=(a_{i1},a_{i2},\cdots,a_{in})\quad(i=1,2,\cdots,m),$$

则矩阵$\boldsymbol{A}$便表示为

$$\boldsymbol{A}=\begin{pmatrix} \boldsymbol{\alpha}_1^{\mathrm{T}} \\ \boldsymbol{\alpha}_2^{\mathrm{T}} \\ \vdots \\ \boldsymbol{\alpha}_m^{\mathrm{T}} \end{pmatrix}.$$

类似地,若按列向量分块法,且第j列记为

$$\boldsymbol{\beta}_j=\begin{pmatrix} a_{1j} \\ a_{2j} \\ \vdots \\ a_{mj} \end{pmatrix}\qquad(j=1,2,\cdots,n),$$

则矩阵 $\boldsymbol{A}$ 便表示为

$$\boldsymbol{A}=(\boldsymbol{\beta}_1,\boldsymbol{\beta}_2,\cdots,\boldsymbol{\beta}_n).$$

对于矩阵 $\boldsymbol{A}=(a_{ij})_{m\times r}$ 和矩阵 $\boldsymbol{B}=(b_{ij})_{r\times n}$ 的乘积 $\boldsymbol{AB}=\boldsymbol{C}=(c_{ij})_{m\times n}$，若把 $\boldsymbol{A}$ 按行向量将其分成 m 块，把 $\boldsymbol{B}$ 按列向量将其分成 n 块，于是有

$$\boldsymbol{AB}=\begin{pmatrix}\boldsymbol{\alpha}_1^{\mathrm{T}}\\ \boldsymbol{\alpha}_2^{\mathrm{T}}\\ \vdots\\ \boldsymbol{\alpha}_m^{\mathrm{T}}\end{pmatrix}(\boldsymbol{\beta}_1,\boldsymbol{\beta}_2,\cdots,\boldsymbol{\beta}_n)=\begin{pmatrix}\boldsymbol{\alpha}_1^{\mathrm{T}}\boldsymbol{\beta}_1 & \boldsymbol{\alpha}_1^{\mathrm{T}}\boldsymbol{\beta}_2 & \cdots & \boldsymbol{\alpha}_1^{\mathrm{T}}\boldsymbol{\beta}_n\\ \boldsymbol{\alpha}_2^{\mathrm{T}}\boldsymbol{\beta}_1 & \boldsymbol{\alpha}_2^{\mathrm{T}}\boldsymbol{\beta}_2 & \cdots & \boldsymbol{\alpha}_2^{\mathrm{T}}\boldsymbol{\beta}_n\\ \vdots & \vdots & & \vdots\\ \boldsymbol{\alpha}_m^{\mathrm{T}}\boldsymbol{\beta}_1 & \boldsymbol{\alpha}_m^{\mathrm{T}}\boldsymbol{\beta}_2 & \cdots & \boldsymbol{\alpha}_m^{\mathrm{T}}\boldsymbol{\beta}_n\end{pmatrix}=(c_{ij})_{m\times n},$$

其中

$$c_{ij}=\boldsymbol{\alpha}_i^{\mathrm{T}}\boldsymbol{\beta}_j=(a_{i1},a_{i2},\cdots,a_{ir})\begin{pmatrix}b_{1j}\\ b_{2j}\\ \vdots\\ b_{rj}\end{pmatrix}=\sum_{k=1}^{r}a_{ik}b_{kj},(i=1,2,\cdots,m;\ j=1,2,\cdots,n).$$

将矩阵适当地分块是一种技巧.合适的分块，有时可显示出矩阵 $\boldsymbol{A}$ 所蕴含的某种简单的结构，从而有可能利用已知的性质，简化运算，便于问题研究.比如对矩阵

$$\boldsymbol{A}=\begin{pmatrix}2 & 1 & -4 & 0 & 0 & 0\\ 1 & -1 & 3 & 0 & 0 & 0\\ 3 & 4 & 5 & 0 & 0 & 0\\ 0 & 0 & 0 & 7 & 0 & 0\\ 0 & 0 & 0 & 0 & 6 & 5\\ 0 & 0 & 0 & 0 & -2 & 3\end{pmatrix}$$

适当分块后，可以构成形式上的“对角阵”

$$\boldsymbol{A}=\begin{pmatrix}\boldsymbol{A}_{11} & 0 & 0\\ 0 & \boldsymbol{A}_{22} & 0\\ 0 & 0 & \boldsymbol{A}_{33}\end{pmatrix},$$

其中

$$\boldsymbol{A}_{11}=\begin{pmatrix}2 & 1 & 4\\ 1 & -1 & 3\\ 3 & 4 & 5\end{pmatrix},\quad \boldsymbol{A}_{22}=(7),\quad \boldsymbol{A}_{33}=\begin{pmatrix}6 & 5\\ -2 & 3\end{pmatrix},$$

其余各块均为零矩阵.

可以看出，考虑矩阵的分块法有一个很重要的原则，就是要使分块矩阵中的一些子块是特殊的矩阵：零矩阵，单位矩阵，对角矩阵，上三角矩阵，下三角矩阵，等等.这样，就可以大大简化矩阵的运算.

例1 设

$$A=\begin{pmatrix}1&-1&0&0\\3&-1&0&0\\0&1&0&0\\0&0&2&-1\end{pmatrix},\quad B=\begin{pmatrix}1&0&0&0\\-1&0&0&0\\0&1&3&-1\\0&2&1&4\end{pmatrix},$$

试求 $\boldsymbol{AB}$.

解 $\boldsymbol{AB}$ 乘积有意义,可以按 1.2 节方法计算之.

若采用分块方法,可将 $\boldsymbol{A}$、$\boldsymbol{B}$ 进行合适的分块,写成

$$\begin{aligned}\boldsymbol{AB}&=\left(\begin{array}{cc|cc}1&-1&0&0\\3&-1&0&0\\0&1&0&0\\\hline 0&0&2&-1\end{array}\right)\left(\begin{array}{c|ccc}1&0&0&0\\-1&0&0&0\\\hline 0&1&3&-1\\0&2&1&4\end{array}\right)\\&=\begin{pmatrix}\boldsymbol{A}_{11}&\boldsymbol{A}_{12}\\\boldsymbol{A}_{21}&\boldsymbol{A}_{22}\end{pmatrix}\begin{pmatrix}\boldsymbol{B}_{11}&\boldsymbol{B}_{12}\\\boldsymbol{B}_{21}&\boldsymbol{B}_{22}\end{pmatrix}\\&=\begin{pmatrix}\boldsymbol{A}_{11}\boldsymbol{B}_{11}+\boldsymbol{A}_{12}\boldsymbol{B}_{21}&\boldsymbol{A}_{11}\boldsymbol{B}_{12}+\boldsymbol{A}_{12}\boldsymbol{B}_{22}\\\boldsymbol{A}_{21}\boldsymbol{B}_{11}+\boldsymbol{A}_{22}\boldsymbol{B}_{21}&\boldsymbol{A}_{21}\boldsymbol{B}_{12}+\boldsymbol{A}_{22}\boldsymbol{B}_{22}\end{pmatrix}\\&=\begin{pmatrix}\boldsymbol{A}_{11}\boldsymbol{B}_{11}&\boldsymbol{O}\\\boldsymbol{O}&\boldsymbol{A}_{22}\boldsymbol{B}_{22}\end{pmatrix},\end{aligned}$$

这是由于分块以后,有四个子块是零矩阵,它们是:$\boldsymbol{A}_{12}=\boldsymbol{O},\boldsymbol{A}_{21}=\boldsymbol{O},\boldsymbol{B}_{12}=\boldsymbol{O},\boldsymbol{B}_{21}=\boldsymbol{O}$. 于是就使乘积 $\boldsymbol{AB}$ 的运算得以大大简化,故得

$$\boldsymbol{AB}=\left(\begin{array}{c|ccc}2&0&0&0\\4&0&0&0\\-1&0&0&0\\\hline 0&0&5&-6\end{array}\right).$$

1.8.2 分块矩阵的运算

利用矩阵的分块方法进行运算时,必须注意使矩阵在分块以后出现的子块之间的运算有意义. 若以矩阵 $\boldsymbol{A}$ 与 $\boldsymbol{B}$ 乘积来说,只有当左乘矩阵 A 的子块的列数与右乘矩阵 $\boldsymbol{B}$ 的子块的行数相等时,方能使子块之间以乘号相遇时有意义.

分块矩阵的运算规则与普通矩阵的运算规则相类似,现分别介绍如下:

(1)分块矩阵的加法

设矩阵 $\boldsymbol{A}$、$\boldsymbol{B}$ 是同型矩阵,且采用相同的分块法,分块矩阵的加法才有意义. 若

$$\boldsymbol{A}=\begin{pmatrix}\boldsymbol{A}_{11} & \boldsymbol{A}_{12} & \cdots & \boldsymbol{A}_{1s}\\ \boldsymbol{A}_{21} & \boldsymbol{A}_{22} & \cdots & \boldsymbol{A}_{2s}\\ \vdots & \vdots & & \vdots\\ \boldsymbol{A}_{r1} & \boldsymbol{A}_{r2} & \cdots & \boldsymbol{A}_{rs}\end{pmatrix},\quad \boldsymbol{B}=\begin{pmatrix}\boldsymbol{B}_{11} & \boldsymbol{B}_{12} & \cdots & \boldsymbol{B}_{ls}\\ \boldsymbol{B}_{21} & \boldsymbol{B}_{22} & \cdots & \boldsymbol{B}_{2s}\\ \vdots & \vdots & & \vdots\\ \boldsymbol{B}_{r1} & \boldsymbol{B}_{r2} & \cdots & \boldsymbol{B}_{rs}\end{pmatrix},$$

其中子块 $\boldsymbol{A}_{ij}$ 与 $\boldsymbol{B}_{ij}(i=1,2,\cdots,r;j=1,2,\cdots,s)$ 皆为同型矩阵，则

$$\boldsymbol{A}+\boldsymbol{B}=\begin{pmatrix}\boldsymbol{A}_{11}+\boldsymbol{B}_{11} & \boldsymbol{A}_{12}+\boldsymbol{B}_{12} & \cdots & \boldsymbol{A}_{1s}+\boldsymbol{B}_{1s}\\ \boldsymbol{A}_{21}+\boldsymbol{B}_{21} & \boldsymbol{A}_{22}+\boldsymbol{B}_{22} & \cdots & \boldsymbol{A}_{2s}+\boldsymbol{B}_{2s}\\ \vdots & \vdots & & \vdots\\ \boldsymbol{A}_{r1}+\boldsymbol{B}_{r1} & \boldsymbol{A}_{r2}+\boldsymbol{B}_{r2} & \cdots & \boldsymbol{A}_{rs}+\boldsymbol{B}_{rs}\end{pmatrix}.$$

(2)数乘分块矩阵

设 k 为数，且矩阵 $\boldsymbol{A}$ 的分块为

$$\boldsymbol{A}=\begin{pmatrix}\boldsymbol{A}_{11} & \boldsymbol{A}_{12} & \cdots & \boldsymbol{A}_{1s}\\ \boldsymbol{A}_{21} & \boldsymbol{A}_{22} & \cdots & \boldsymbol{A}_{2s}\\ \vdots & \vdots & & \vdots\\ \boldsymbol{A}_{r1} & \boldsymbol{A}_{r2} & \cdots & \boldsymbol{A}_{rs}\end{pmatrix},$$

则

$$k\boldsymbol{A}=\begin{pmatrix}k\boldsymbol{A}_{11} & k\boldsymbol{A}_{12} & \cdots & k\boldsymbol{A}_{1s}\\ k\boldsymbol{A}_{21} & k\boldsymbol{A}_{22} & \cdots & k\boldsymbol{A}_{2s}\\ \vdots & \vdots & & \vdots\\ k\boldsymbol{A}_{r1} & k\boldsymbol{A}_{r2} & \cdots & k\boldsymbol{A}_{rs}\end{pmatrix}.$$

(3)分块矩阵的乘法

设 $\boldsymbol{A}$ 是 $m\times l$ 矩阵，$\boldsymbol{B}$ 是 $l\times n$ 矩阵，将 $\boldsymbol{A}$、$\boldsymbol{B}$ 进行分块：

$$\boldsymbol{A}=\begin{pmatrix}\boldsymbol{A}_{11} & \boldsymbol{A}_{12} & \cdots & \boldsymbol{A}_{1s}\\ \boldsymbol{A}_{21} & \boldsymbol{A}_{22} & \cdots & \boldsymbol{A}_{2s}\\ \vdots & \vdots & & \vdots\\ \boldsymbol{A}_{r1} & \boldsymbol{A}_{r2} & \cdots & \boldsymbol{A}_{rs}\end{pmatrix},\quad \boldsymbol{B}=\begin{pmatrix}\boldsymbol{B}_{11} & \boldsymbol{B}_{12} & \cdots & \boldsymbol{B}_{1t}\\ \boldsymbol{B}_{21} & \boldsymbol{B}_{22} & \cdots & \boldsymbol{B}_{2t}\\ \vdots & \vdots & & \vdots\\ \boldsymbol{B}_{s1} & \boldsymbol{B}_{s2} & \cdots & \boldsymbol{B}_{st}\end{pmatrix},$$

其中 $\boldsymbol{A}_{i1},\boldsymbol{A}_{i2},\cdots,\boldsymbol{A}_{is}(i=1,2,\cdots,r)$ 的列数分别等于 $\boldsymbol{B}_{1j},\boldsymbol{B}_{2j},\cdots,\boldsymbol{B}_{sj}(j=1,2,\cdots,t)$ 的行数，则

$$\boldsymbol{AB}=\begin{pmatrix}\boldsymbol{C}_{11} & \boldsymbol{C}_{12} & \cdots & \boldsymbol{C}_{1t}\\ \boldsymbol{C}_{21} & \boldsymbol{C}_{22} & \cdots & \boldsymbol{C}_{2t}\\ \vdots & \vdots & & \vdots\\ \boldsymbol{C}_{r1} & \boldsymbol{C}_{r2} & \cdots & \boldsymbol{C}_{rt}\end{pmatrix},$$

其中 $\boldsymbol{C}_{ij}=\sum\limits_{k=1}^{s}\boldsymbol{A}_{ik}\boldsymbol{B}_{kj}(i=1,2,\cdots,r;j=1,2,\cdots,t)$.

例 2 设

$$\boldsymbol{A}=\begin{pmatrix}1&1&2&0\\2&-1&0&1\\1&0&1&2\\3&0&2&1\end{pmatrix},\quad \boldsymbol{B}=\begin{pmatrix}1&1&0\\0&2&0\\-1&0&2\\2&1&-1\end{pmatrix},$$

求 AB.

解 将 $\boldsymbol{A},\boldsymbol{B}$ 进行以下分块

$$\boldsymbol{A}=\left(\begin{array}{cc|cc}1&1&2&0\\2&-1&0&1\\\hline 1&0&1&2\\\hline 3&0&2&1\end{array}\right)=\begin{pmatrix}\boldsymbol{A}_{11}&\boldsymbol{A}_{12}\\\boldsymbol{A}_{21}&\boldsymbol{A}_{22}\\\boldsymbol{A}_{31}&\boldsymbol{A}_{32}\end{pmatrix},$$

$$\boldsymbol{B}=\left(\begin{array}{cc|c}1&1&0\\0&2&0\\\hline -1&0&2\\2&1&-1\end{array}\right)=\begin{pmatrix}\boldsymbol{B}_{11}&\boldsymbol{O}\\\boldsymbol{B}_{21}&\boldsymbol{B}_{22}\end{pmatrix}.$$

则

$$\begin{aligned}\boldsymbol{AB}&=\begin{pmatrix}\boldsymbol{A}_{11}&\boldsymbol{A}_{12}\\\boldsymbol{A}_{21}&\boldsymbol{A}_{22}\\\boldsymbol{A}_{31}&\boldsymbol{A}_{32}\end{pmatrix}\begin{pmatrix}\boldsymbol{B}_{11}&\boldsymbol{O}\\\boldsymbol{B}_{21}&\boldsymbol{B}_{22}\end{pmatrix}\\&=\begin{pmatrix}\boldsymbol{A}_{11}\boldsymbol{B}_{11}+\boldsymbol{A}_{12}\boldsymbol{B}_{21}&\boldsymbol{A}_{12}\boldsymbol{B}_{22}\\\boldsymbol{A}_{21}\boldsymbol{B}_{11}+\boldsymbol{A}_{22}\boldsymbol{B}_{21}&\boldsymbol{A}_{22}\boldsymbol{B}_{22}\\\boldsymbol{A}_{31}\boldsymbol{B}_{11}+\boldsymbol{A}_{32}\boldsymbol{B}_{21}&\boldsymbol{A}_{32}\boldsymbol{B}_{22}\end{pmatrix}\\&=\left(\begin{array}{cc|c}-1&3&4\\4&1&-1\\\hline 4&3&0\\\hline 3&4&3\end{array}\right).\end{aligned}$$

(4)分块矩阵的转置矩阵

设

$$\boldsymbol{A}=\begin{pmatrix}\boldsymbol{A}_{11}&\boldsymbol{A}_{12}&\cdots&\boldsymbol{A}_{1s}\\\boldsymbol{A}_{21}&\boldsymbol{A}_{22}&\cdots&\boldsymbol{A}_{2s}\\\vdots&\vdots&&\vdots\\\boldsymbol{A}_{r1}&\boldsymbol{A}_{r2}&\cdots&\boldsymbol{A}_{rs}\end{pmatrix},$$

则

$$A^{\mathrm{T}}=\begin{pmatrix} A_{11}^{\mathrm{T}} & A_{21}^{\mathrm{T}} & \cdots & A_{r1}^{\mathrm{T}} \\ A_{12}^{\mathrm{T}} & A_{22}^{\mathrm{T}} & \cdots & A_{r2}^{\mathrm{T}} \\ \vdots & \vdots & & \vdots \\ A_{1s}^{\mathrm{T}} & A_{2s}^{\mathrm{T}} & \cdots & A_{rs}^{\mathrm{T}} \end{pmatrix}.$$

(5)分块对角方阵

设 $\boldsymbol{A}$ 为 n 阶方阵，若 $\boldsymbol{A}$ 的分块矩阵只有在对角线上有非零子块，其余子块都是零矩阵，且在对角线上的子块都是方阵，即

$$A=\begin{pmatrix} A_1 & & & O \\ & A_2 & & \\ & & \ddots & \\ O & & & A_r \end{pmatrix},$$

其中 $A_i(i=1,2,\cdots,r)$ 都是方阵，则称 $\boldsymbol{A}$ 为**分块对角方阵**.

分块对角方阵的行列式具有如下性质：

$$|A|=|A_1||A_2|\cdots|A_r|.$$

由上述性质可知，若 $|A_i|\neq 0(i=1,2,\cdots,r)$，则 $|A|\neq 0$，故其逆方阵存在，且为

$$A^{-1}=\begin{pmatrix} A_1^{-1} & & & O \\ & A_2^{-1} & & \\ & & \ddots & \\ O & & & A_r^{-1} \end{pmatrix}.$$

例 3 设方阵

$$A=\begin{pmatrix} 5 & 0 & 0 \\ 0 & 3 & 1 \\ 0 & 2 & 1 \end{pmatrix},$$

试求 A^{-1}.

解 将 $\boldsymbol{A}$ 进行以下分块

$$A=\left(\begin{array}{c|cc} 5 & 0 & 0 \\ \hline 0 & 3 & 1 \\ 0 & 2 & 1 \end{array}\right)=\begin{pmatrix} A_1 & O \\ O & A_2 \end{pmatrix},$$

其中

$$A_1=(5),$$

$$A_2=\begin{pmatrix} 3 & 1 \\ 2 & 1 \end{pmatrix}.$$

容易求出

$$A_1^{-1}=\left(\frac{1}{5}\right),$$

$$A_2^{-1}=\begin{pmatrix}1 & -1\\ -2 & 3\end{pmatrix},$$

所以

$$A^{-1}=\left(\begin{array}{c|cc}\frac{1}{5} & 0 & 0\\ \hline 0 & 1 & -1\\ 0 & -2 & 3\end{array}\right).$$

习题一

1. 当

$$\begin{pmatrix}x & 2y\\ z & -8\end{pmatrix}=\begin{pmatrix}2u & u\\ 1 & 2x\end{pmatrix}$$

时，问：x,y,z 与 u 各取何值？

2. 设

$$A=\begin{pmatrix}5 & -2 & 1\\ 3 & 4 & -1\end{pmatrix},\quad B=\begin{pmatrix}-3 & 2 & 0\\ -2 & 0 & 1\end{pmatrix}.$$

求：(1)$A+B$；(2)$A-B$；(3)$2A+5B$；(4)$3A-4B$.

3. 求下列各式中的矩阵 X：

(1) $\begin{pmatrix}1 & 2 & 3\\ 3 & -1 & 2\end{pmatrix}+X=\begin{pmatrix}-2 & 0 & 1\\ 1 & -2 & -1\end{pmatrix}$；

(2) $2\begin{pmatrix}3 & -1 & 1\\ -2 & 0 & 2\end{pmatrix}-3X+\begin{pmatrix}-2 & -1 & 1\\ 3 & 1 & -1\end{pmatrix}=O$.

4. 设

$$A=\begin{pmatrix}1 & 1 & 1\\ 1 & 1 & -1\\ 1 & -1 & 1\end{pmatrix},\quad B=\begin{pmatrix}1 & 2 & 3\\ -1 & -2 & 4\\ 0 & 5 & 1\end{pmatrix}.$$

求：(1)$3AB-2A$；(2)$A^{\mathrm{T}}B$.

5. 设 $f(x)=a_0x^n+a_1x^{n-1}+\cdots+a_{n-1}x+a_n\,(a_0\neq 0)$，$A$ 为 n 阶矩阵，E 为同阶单位矩阵，规定 $f(A)=a_0A^n+a_1A^{n-1}+\cdots+a_{n-1}A+a_nE$. 若

(1)已知 $f(x)=x^2-5x+3$，$A=\begin{pmatrix}2 & -1\\ -3 & 3\end{pmatrix}$，求 $f(A)$；

(2)已知$f(x)=x^2-x-1$,$\boldsymbol{A}=\begin{pmatrix}3&1&1\\3&1&2\\1&-1&0\end{pmatrix}$,求$f(\boldsymbol{A})$.

6. 计算下列乘积:

(1) $\begin{pmatrix}4&3&1\\1&-2&3\\5&7&0\end{pmatrix}\begin{pmatrix}7\\2\\1\end{pmatrix}$;　　(2) $(1,2,3)\begin{pmatrix}3\\2\\1\end{pmatrix}$;

(3) $\begin{pmatrix}2\\1\\3\end{pmatrix}(-1,2)$;　　(4) $\begin{pmatrix}2&1&4&0\\1&-1&3&4\end{pmatrix}\begin{pmatrix}1&3&1\\0&-1&2\\1&-3&1\\4&0&-2\end{pmatrix}$;

(5) $(a_1,a_2,\cdots,a_n)\begin{pmatrix}b_1\\b_2\\\vdots\\b_n\end{pmatrix}$;　　(6) $\begin{pmatrix}a_1\\a_2\\\vdots\\a_m\end{pmatrix}(b_1,b_2,\cdots,b_m)$;

(7) $(x_1,x_2,x_3)\begin{pmatrix}a_{11}&a_{12}&a_{13}\\a_{21}&a_{22}&a_{23}\\a_{31}&a_{32}&a_{33}\end{pmatrix}\begin{pmatrix}x_1\\x_2\\x_3\end{pmatrix}$.

7. 设

$$\boldsymbol{A}=\begin{pmatrix}1&2&-1\\0&1&2\end{pmatrix},\quad \boldsymbol{B}=\begin{pmatrix}1&1\\2&2\\-1&4\end{pmatrix},\quad \boldsymbol{C}=\begin{pmatrix}-1&3&3\\1&4&0\\1&2&3\end{pmatrix},$$

求:(1)$\boldsymbol{E}+\boldsymbol{C}$;(2)$\boldsymbol{AB}$,$\boldsymbol{BA}$;(3)$\boldsymbol{B}^{\mathrm{T}}\boldsymbol{C}+\boldsymbol{A}$.

8. 计算:

(1) $\begin{pmatrix}3&2\\-4&-2\end{pmatrix}^3$;　(2) $\begin{pmatrix}1&1\\0&1\end{pmatrix}^n$;　(3) $\begin{pmatrix}\cos\theta&\sin\theta\\-\sin\theta&\cos\theta\end{pmatrix}^n$;　(4) $\begin{pmatrix}2&0&1\\0&2&0\\0&0&2\end{pmatrix}^n$.

其中n为正整数.

9. 设

$$\boldsymbol{A}=\begin{pmatrix}\lambda&1&0\\0&\lambda&1\\0&0&\lambda\end{pmatrix},$$

求$\boldsymbol{A}^n$(n为正整数).

10. 设

$$A=\begin{pmatrix}1&0\\-2&0\end{pmatrix}\neq O,\qquad B=\begin{pmatrix}0&0\\-3&4\end{pmatrix}\neq O,$$

(1)计算 AB 和 BA；

(2)试解释 $AB\neq BA$，以及 $AB=O$ 这两个结果.

11. 设

$$A=\begin{pmatrix}1&2\\1&3\end{pmatrix},\qquad B=\begin{pmatrix}1&0\\1&2\end{pmatrix}.$$

试问：(1) $AB=BA$ 吗？并说明理由；

(2) $(A+B)^2=A^2+2AB+B^2$ 吗？并说明理由；

(3) $(A+B)(A-B)=A^2-B^2$ 吗？并说明理由.

12. 举反例说明下列命题是错误的：

(1)如果 $A^2=O$，则 $A=O$；

(2)如果 $A^2=A$，则 $A=O$ 或 $A=E$；

(3)如果 $AX=AY$，且 $A\neq O$，则 $X=Y$.

13. 利用对角线法则计算下列三阶行列式：

(1) $\begin{vmatrix}2&3&4\\5&-2&1\\1&2&3\end{vmatrix}$；　(2) $\begin{vmatrix}0&1&0\\1&1+a&1\\1&1&1-a\end{vmatrix}$；

(3) $\begin{vmatrix}a&b&c\\b&c&a\\c&a&b\end{vmatrix}$；　(4) $\begin{vmatrix}1&1&1\\x&y&z\\x^2&y^2&z^2\end{vmatrix}$；

(5) $\begin{vmatrix}x&y&x+y\\y&x+y&x\\x+y&x&y\end{vmatrix}$；　(6) $\begin{vmatrix}ax&a^2+x^2&1\\ay&a^2+y^2&1\\az&a^2+z^2&1\end{vmatrix}$.

14. 计算下列各行列式：

(1) $\begin{vmatrix}5&0&4&2\\1&-1&2&1\\4&1&2&0\\1&1&1&1\end{vmatrix}$；　(2) $\begin{vmatrix}4&1&2&4\\1&2&0&2\\10&5&2&0\\0&1&1&7\end{vmatrix}$；

(3) $\begin{vmatrix}a&1&0&0\\-1&b&1&0\\0&-1&c&1\\0&0&-1&d\end{vmatrix}$；　(4) $\begin{vmatrix}1+a_1b_1&1+a_1b_2&1+a_1b_3&1+a_1b_4\\1+a_2b_1&1+a_2b_2&1+a_2b_3&1+a_2b_4\\1+a_3b_1&1+a_3b_2&1+a_3b_3&1+a_3b_4\\1+a_4b_1&1+a_4b_2&1+a_4b_3&1+a_4b_4\end{vmatrix}$；

(5) $\begin{vmatrix} -ab & ac & ae \\ bd & -cd & de \\ bf & cf & -ef \end{vmatrix}$; (6) $\begin{vmatrix} 1+x & 1 & 1 & 1 \\ 1 & 1-x & 1 & 1 \\ 1 & 1 & 1+y & 1 \\ 1 & 1 & 1 & 1-y \end{vmatrix}$.

15. 利用行列式性质,证明:

(1) $\begin{vmatrix} a-b & b-c & c-a \\ b-c & c-a & a-b \\ c-a & a-b & b-c \end{vmatrix}=0$; (2) $\begin{vmatrix} a^2 & ab & b^2 \\ 2a & a+b & 2b \\ 1 & 1 & 1 \end{vmatrix}=(a-b)^2$;

(3) $\begin{vmatrix} 1+a & b & c \\ a & 1+b & c \\ a & b & 1+c \end{vmatrix}=1+a+b+c$;

(4) $\begin{vmatrix} a^2 & (a+1)^2 & (a+2)^2 & (a+3)^2 \\ b^2 & (b+1)^2 & (b+2)^2 & (b+3)^2 \\ c^2 & (c+1)^2 & (c+2)^2 & (c+3)^2 \\ d^2 & (d+1)^2 & (d+2)^2 & (d+3)^2 \end{vmatrix}=0$;

(5) $\begin{vmatrix} bcd & a & a^2 & a^3 \\ acd & b & b^2 & b^3 \\ abd & c & c^2 & c^3 \\ abc & d & d^2 & d^3 \end{vmatrix}=\begin{vmatrix} 1 & a^2 & a^3 & a^4 \\ 1 & b^2 & b^3 & b^4 \\ 1 & c^2 & c^3 & c^4 \\ 1 & d^2 & d^3 & d^4 \end{vmatrix}$.

16. 计算下列各行列式(D_k 为 k 阶行列式):

(1) $D_n=\begin{vmatrix} 1 & 2 & 2 & \cdots & 2 \\ 2 & 2 & 2 & \cdots & 2 \\ 2 & 2 & 3 & \cdots & 2 \\ \vdots & \vdots & \vdots & & \vdots \\ 2 & 2 & 2 & \cdots & n \end{vmatrix}$; (2) $D_n=\begin{vmatrix} x & a & \cdots & a \\ a & x & \cdots & a \\ \vdots & \vdots & & \vdots \\ a & a & \cdots & x \end{vmatrix}$;

(3) $D_n=\begin{vmatrix} x & y & 0 & \cdots & 0 & 0 \\ 0 & x & y & \cdots & 0 & 0 \\ \vdots & \vdots & \vdots & & \vdots & \vdots \\ 0 & 0 & 0 & \cdots & x & y \\ y & 0 & 0 & \cdots & 0 & x \end{vmatrix}$; (4) $D_{2n}=\begin{vmatrix} a & & & & & b \\ & \ddots & & & \unicode{x22F0} & \\ & & a & b & & \\ & & c & d & & \\ & \unicode{x22F0} & & & \ddots & \\ c & & & & & d \end{vmatrix}$.

17. 证明范得蒙行列式

$$D_n = \begin{vmatrix} 1 & 1 & \cdots & 1 \\ x_1 & x_2 & \cdots & x_n \\ x_1^2 & x_2^2 & \cdots & x_n^2 \\ \vdots & \vdots & & \vdots \\ x_1^{n-1} & x_2^{n-1} & \cdots & x_n^{n-1} \end{vmatrix} = \prod_{n \geqslant i > j \geqslant 1} (x_i - x_j),$$

其中记号“$\prod$”表示全体同类因子的乘积.

18. 用克拉默法则解下列方程组

(1) $\begin{cases} 6x_1 \quad + 4x_3 + x_4 = 3 \\ x_1 - x_2 + 2x_3 + x_4 = 1 \\ 4x_1 + x_2 + 2x_3 \quad = 1 \\ x_1 + x_2 + x_3 + x_4 = 0 \end{cases}$ (2) $\begin{cases} x_2 + x_3 + x_4 + x_5 = 1 \\ x_1 \quad + x_3 + x_4 + x_5 = 2 \\ x_1 + x_2 \quad + x_4 + x_5 = 3 \\ x_1 + x_2 + x_3 \quad + x_5 = 4 \\ x_1 + x_2 + x_3 + x_4 \quad = 5 \end{cases}$

19. 问λ取何值时,齐次线性方程组

$$\begin{cases} (5-\lambda)x_1 + 2x_2 + 2x_3 = 0 \\ 2x_1 + (6-\lambda)x_2 = 0 \\ 2x_1 + (4-\lambda)x_3 = 0 \end{cases}$$

有非零解?

20. 问 λ,μ 取何值时,齐次线性方程组

$$\begin{cases} \lambda x_1 + x_2 + x_3 = 0 \\ x_1 + \mu x_2 + x_3 = 0 \\ x_1 + 2\mu x_2 + x_3 = 0 \end{cases}$$

有非零解?

21. 问 λ 取何值时,齐次线性方程组

$$\begin{cases} (1-\lambda)x_1 - 2x_2 + 4x_3 = 0 \\ 2x_1 + (3-\lambda)x_2 + x_3 = 0 \\ x_1 + x_2 + (1-\lambda)x_3 = 0 \end{cases}$$

有非零解?

22. 问 λ 取何值时,方程组有唯一解?

$$\begin{cases} \lambda x_1 + x_2 + x_3 = 1 \\ x_1 + \lambda x_2 + x_3 = \lambda \\ x_1 + x_2 + \lambda x_3 = \lambda^2 \end{cases}$$

23. 利用伴随阵求下列矩阵的逆阵:

(1) $\begin{pmatrix} 1 & 2 \\ 2 & 5 \end{pmatrix}$; (2) $\begin{pmatrix} \cos\theta & \sin\theta \\ -\sin\theta & \cos\theta \end{pmatrix}$;

(3) $\begin{pmatrix}3&2&1\\3&1&5\\3&2&3\end{pmatrix}$；(4) $\begin{pmatrix}a_1&&&\\&a_2&&\\&&\ddots&\\&&&a_n\end{pmatrix}$ $(a_1a_2\cdots a_n\neq 0)$.

24. 利用初等变换求下列矩阵的逆阵：

(1) $\begin{pmatrix}1&1&-1\\2&1&0\\1&-1&0\end{pmatrix}$；(2) $\begin{pmatrix}1&1&1&1\\1&1&-1&-1\\1&-1&1&-1\\1&-1&-1&1\end{pmatrix}$；

(3) $\begin{pmatrix}1&2&3&4\\2&3&1&2\\1&1&1&-1\\1&0&-2&-6\end{pmatrix}$；(4) $\begin{pmatrix}2&1&0&0\\3&2&0&0\\5&7&1&8\\-1&-3&-1&-6\end{pmatrix}$.

25. 解下列矩阵方程：

(1) $\begin{pmatrix}2&5\\1&3\end{pmatrix}X=\begin{pmatrix}4&-6\\2&1\end{pmatrix}$；(2) $X\begin{pmatrix}2&1&-1\\2&1&0\\1&-1&1\end{pmatrix}=\begin{pmatrix}1&-1&3\\4&3&2\end{pmatrix}$；

(3) $\begin{pmatrix}1&4\\-1&1\end{pmatrix}X\begin{pmatrix}2&0\\-1&1\end{pmatrix}=\begin{pmatrix}3&1\\0&-1\end{pmatrix}$；

(4) $\begin{pmatrix}0&1&0\\1&0&0\\0&0&1\end{pmatrix}X\begin{pmatrix}1&0&0\\0&0&1\\0&1&0\end{pmatrix}=\begin{pmatrix}1&-4&3\\2&0&-1\\1&-2&0\end{pmatrix}$.

26. 利用逆矩阵解下列线性方程组：

(1) $\begin{cases}x_1+2x_2+3x_3=1\\2x_1+2x_2+5x_3=2\\3x_1+5x_2+x_3=3\end{cases}$ (2) $\begin{cases}x_1-x_2-x_3=2\\2x_1-x_2-3x_3=1\\3x_1+2x_2-5x_3=0\end{cases}$

27. 设 $\boldsymbol{A},\boldsymbol{B}$ 为 n 阶矩阵，且 $\boldsymbol{A}$ 为对称阵，证明 $\boldsymbol{B}^{\mathrm{T}}\boldsymbol{A}\boldsymbol{B}$ 也是对称阵.

28. 设 $\boldsymbol{A},\boldsymbol{B}$ 都是 n 阶对称阵，证明 $\boldsymbol{AB}$ 是对称阵的充分必要条件是 $AB=BA$.

29. 设 $\boldsymbol{A}^k=\boldsymbol{O}$（k 为正整数），证明

$$(\boldsymbol{E}-\boldsymbol{A})^{-1}=\boldsymbol{E}+\boldsymbol{A}+\boldsymbol{A}^2+\cdots+\boldsymbol{A}^{k-1}.$$

30. 设方阵 $\boldsymbol{A}$ 满足 $\boldsymbol{A}^2-\boldsymbol{A}-2\boldsymbol{E}=\boldsymbol{O}$，证明 A 及 A+2E 都可逆，并求 A^{-1} 及 $(A+2E)^{-1}$.

31. 设方阵 $\boldsymbol{A}$ 满足 $\boldsymbol{A}^3-\boldsymbol{A}^2+2A-\boldsymbol{E}=\boldsymbol{O}$，证明 A 及 E－A 都可逆，并求 A^{-1} 及 $(E-A)^{-1}$.

32. 设 n 阶方阵 $\boldsymbol{A},\boldsymbol{B}$ 满足 $\boldsymbol{A}+\boldsymbol{B}=\boldsymbol{AB}$，证明 $\boldsymbol{A}-\boldsymbol{E}$ 可逆，并求其逆阵.

33. 设方阵 $\boldsymbol{A}$ 可逆，证明其伴随阵 $\boldsymbol{A}^*$ 也可逆，且 $(\boldsymbol{A}^*)^{-1}=(\boldsymbol{A}^{-1})^*$.

34. 设 n 阶矩阵 $\boldsymbol{A}$ 的伴随阵为 $\boldsymbol{A}^*$，证明：

(1) 若 $|\boldsymbol{A}|=0$，则 $|\boldsymbol{A}^*|=0$；

(2) $|A^*|=|A|^{n-1}$.

35. 证明:任何一个 n 阶矩阵都可以表示成一个对称矩阵与一个反对称矩阵之和.

36. 求下列矩阵的秩,并求一个最高阶的非零子式:

(1) $A=\begin{pmatrix}1&-2&3&-1\\3&-1&5&-3\\2&1&2&-2\end{pmatrix}$; (2) $A=\begin{pmatrix}3&1&0&2\\1&-1&2&-1\\1&3&-4&4\end{pmatrix}$;

(3) $A=\begin{pmatrix}1&4&-1&2&2\\2&-2&1&1&0\\-2&-1&3&2&0\end{pmatrix}$; (4) $A=\begin{pmatrix}2&1&8&3&7\\2&-3&0&7&-5\\3&-2&5&8&0\\1&0&3&2&0\end{pmatrix}$.

37. 试将下列矩阵化为行最简形矩阵:

(1) $\begin{pmatrix}1&0&2&-1\\2&0&3&1\\3&0&4&3\end{pmatrix}$; (2) $\begin{pmatrix}0&2&-3&1\\0&3&-4&3\\0&4&-7&-1\end{pmatrix}$;

(3) $\begin{pmatrix}1&-1&3&-4&3\\3&-3&5&-4&1\\2&-2&3&-2&0\\3&-3&4&-2&-1\end{pmatrix}$; (4) $\begin{pmatrix}2&3&1&-3&-7\\1&2&0&-2&-4\\3&-2&8&3&0\\2&-3&7&4&3\end{pmatrix}$.

38. 在秩为 r 的矩阵中,试问:

(1)有没有等于零的 $r-1$ 阶子式?若有,举例说明之;

(2)有没有等于零的 r 阶子式?若有,举例说明之;

(3)如果 A 为 r 阶方阵,其秩为 r,有没有等于零的 r 阶子式?

39. 从矩阵 A 中划去一行得到矩阵 B,问 A、B 的秩的关系怎样?

40. 作一个秩为 4 的方阵,使该方阵的两个行向量是:

$$(1,0,1,0,0),(1,-1,0,0,0).$$

41. 设 A、B 都是 $m\times n$ 矩阵,证明 $A\cong B$ 的充分必要条件是 $R(A)=R(B)$.

42. 设

$$A=\begin{pmatrix}1&-2&3k\\-1&2k&-3\\k&-2&3\end{pmatrix},$$

问 k 为何值时,将使:(1) $R(A)=1$;(2) $R(A)=2$;(3) $R(A)=3$.

43. 按指定分块方法，用分块矩阵求下列矩阵的乘积：

(1) $\left(\begin{array}{cc|c} 1 & -2 & 0 \\ -1 & 1 & 1 \\ \hline 1 & 3 & 2 \end{array}\right)\left(\begin{array}{c|c} 0 & 1 \\ 1 & 0 \\ \hline 0 & -1 \end{array}\right)$；

(2) $\left(\begin{array}{cc|cc} a & 0 & 0 & 0 \\ 0 & 0 & 0 & 0 \\ \hline 1 & 0 & b & 0 \\ 0 & 1 & 0 & b \end{array}\right)\left(\begin{array}{cc|cc} 1 & 0 & c & 0 \\ 0 & 1 & 0 & c \\ \hline 0 & 0 & d & 0 \\ 0 & 0 & 0 & d \end{array}\right)$.

44. 将下列矩阵适当分块后，求其逆矩阵：

(1) $\begin{pmatrix} 1 & 2 & 3 & 4 \\ 0 & 1 & 2 & 3 \\ 0 & 0 & 1 & 2 \\ 0 & 0 & 0 & 1 \end{pmatrix}$； (2) $\begin{pmatrix} 2 & 1 & 0 & 0 \\ 3 & 2 & 0 & 0 \\ 1 & 1 & 3 & 4 \\ 2 & -1 & 2 & 3 \end{pmatrix}$； (3) $\begin{pmatrix} 1 & 3 & 0 & 0 & 0 \\ 2 & 8 & 0 & 0 & 0 \\ 0 & 0 & 1 & 0 & 1 \\ 0 & 0 & 2 & 3 & 2 \\ 0 & 0 & 3 & 1 & 1 \end{pmatrix}$.

45. 设

$$\boldsymbol{A}=\begin{pmatrix} 3 & 4 & 0 & 0 \\ 4 & -3 & 0 & 0 \\ 0 & 0 & 2 & 0 \\ 0 & 0 & 2 & 2 \end{pmatrix},$$

求：$|\boldsymbol{A}^8|$ 及 $\boldsymbol{A}^4$.

第2章 线性方程组与向量空间

思想方法与内容提要

线性方程组理论是线性代数的基本内容．自然科学、工程技术乃至于社会科学中的经济学科、管理学科方面的大量问题，最终都可以归结为线性方程组的求解问题．况且，许多非线性方程问题，在一定条件下，亦可以转化为线性方程组的求解问题．正是这些涉及诸多学科门类的实际问题，推动了线性方程组理论的研究，进而刺激了线性代数这一代数学分支的诞生与发展．

前面已经介绍了求解线性方程组有著名的克拉默法则，为什么还要用整章的篇幅再来研究这个问题呢？这是由于应用克拉默法则有严格的限制条件：它既要求线性方程组的方程个数与未知量的个数相等，还要求线性方程组的系数行列式不等于零．然而，一般的线性方程组不可能满足这些条件，克拉默法则自然就失效了．于是，求解一般的线性方程组必须寻求新的求解工具与方法．数学发展史告诉我们，借助于矩阵、向量与向量组以及向量空间理论，可以使求解一般线性方程组问题得到完美解决．因此，本章将线性方程组与向量空间结合起来研究，也就顺理成章了．

本章从矩阵理论入手，先介绍求解一般线性方程组的高斯消元法，进而圆满地解决求解一般线性方程组的三大问题，即：什么情况下有解；若有解，有多少解；解的结构及其表示，也就是系统地介绍了线性方程组理论．同时，还介绍了向量的线性组合与线性表示、向量组的线性相关性、向量空间及其内部结构等，使读者对代数学与几何学这两大数学分支的相互联系与结合，在较高的数学平台上——即线性代数这个数学平台上，有一个新的理解与认识．

2.1　高斯消元法

在第 1 章中，我们介绍了求解 n 个未知量 n 个方程的线性方程组的克拉默法则．而在实际应用中大量存在着未知量个数与方程个数不相同的线性方程组，本节讨论一般线性方程组的求解方法．

初等代数中，用消元法解二元或三元一次线性方程组是基于线性方程组的三种同解变换，即：

（1）互换变换，即交换方程组中两个方程的位置，得到的方程组与原方程组同解，记为 $r_i \longleftrightarrow r_j$；

（2）倍法变换，即用非零数 k 乘某一方程的两端，得到的方程组与原方程组同解，记为 kr_i；

（3）消去变换，即用数 k 乘某一方程加到另一方程上去，得到的方程组与原方程组同解，记为 $kr_i + r_j$.

利用上述三种同解变换，我们可以通过减少未知量的个数把线性方程组化为容易求解的同解方程组，从而得到原方程的解，这种方法通常称为**高斯消元法**，简称为**消元法**．

例 1　解线性方程组

$$\begin{cases} 2x_1 - x_2 + 2x_3 = -8 \\ x_1 + 2x_2 + 3x_3 = -7 \\ x_1 + 3x_2 \qquad = 7 \end{cases}. \tag{2-1}$$

解　按下述步骤求解：

（1）$r_1 \longleftrightarrow r_2$，得

$$\begin{cases} x_1 + 2x_2 + 3x_3 = -7 \\ 2x_1 - x_2 + 2x_3 = -8 \\ x_1 + 3x_2 \qquad = 7 \end{cases};$$

（2）$-2r_1 + r_2,\ -r_1 + r_3$，得

$$\begin{cases} x_1 + 2x_2 + 3x_3 = -7 \\ \quad -5x_2 - 4x_3 = 6 \\ \qquad x_2 - 3x_3 = 14 \end{cases};$$

（3）$r_2 \longleftrightarrow r_3$，得

$$\begin{cases} x_1 + 2x_2 + 3x_3 = -7 \\ x_2 - 3x_3 = 14 \\ -5x_2 - 4x_3 = 6 \end{cases};$$

(4) $5r_2 + r_3$，得

$$\begin{cases} x_1 + 2x_2 + 3x_3 = -7 \\ x_2 - 3x_3 = 14 \\ -19x_3 = 76 \end{cases};$$

(5) $-\frac{1}{19}r_3$，得

$$\begin{cases} x_1 + 2x_2 + 3x_3 = -7 \\ x_2 - 3x_3 = 14 \\ x_3 = -4 \end{cases};$$

(6) $3r_3 + r_2$，$-3r_3 + r_1$，得

$$\begin{cases} x_1 + 2x_2 = 5 \\ x_2 = 2 \\ x_3 = -4 \end{cases};$$

(7) $-2r_2 + r_1$，得

$$\begin{cases} x_1 = 1 \\ x_2 = 2 \\ x_3 = -4 \end{cases}. \tag{2-2}$$

式(2-2)即为线性方程组(2-1)的解.

从上述解题过程可以看出，(1)～(5)步是消元过程，(6)(7)两步是回代过程，由此得到一系列同解的线性方程组，直到得出原线性方程组(2-1)的解. 进一步，我们还可以发现在同解变换过程中，变化的只是未知量的系数，且同解变换又对应于矩阵的初等变换，因此，若以矩阵来表示线性方程组，则求解过程就会更加清晰明了.

设一般的线性方程组

$$\begin{cases} a_{11}x_1 + a_{12}x_2 + \cdots + a_{1n}x_n = b_1 \\ a_{21}x_1 + a_{22}x_2 + \cdots + a_{2n}x_n = b_2 \\ \cdots\cdots \\ a_{m1}x_1 + a_{m2}x_2 + \cdots + a_{mn}x_n = b_m \end{cases}. \tag{2-3}$$

其矩阵表示为 $\boldsymbol{Ax}=\boldsymbol{b}$,其中

$$\boldsymbol{A}=\begin{pmatrix}a_{11} & a_{12} & \cdots & a_{1n}\\ a_{21} & a_{22} & \cdots & a_{2n}\\ \vdots & \vdots & & \vdots\\ a_{m1} & a_{m2} & \cdots & a_{mn}\end{pmatrix}$$

称为系数矩阵,

$$\boldsymbol{x}=\begin{pmatrix}x_1\\ x_2\\ \vdots\\ x_n\end{pmatrix}$$

称为未知量列,

$$\boldsymbol{b}=\begin{pmatrix}b_1\\ b_2\\ \vdots\\ b_m\end{pmatrix}$$

称为常数列.

同时,称

$$\overline{\boldsymbol{A}}=(\boldsymbol{A},\boldsymbol{b})=\left(\begin{array}{cccc|c}a_{11} & a_{12} & \cdots & a_{1n} & b_1\\ a_{21} & a_{22} & \cdots & a_{2n} & b_2\\ \vdots & \vdots & & \vdots & \vdots\\ a_{m1} & a_{m2} & \cdots & a_{mn} & b_m\end{array}\right)$$

为线性方程组(2-3)的增广矩阵. 于是线性方程组求解过程可以归结为对其增广矩阵施以初等行变换化为最简行阶梯型的过程. 仍以例 1 进行说明.

线性方程组(2-1)的增广矩阵为

$$\overline{\boldsymbol{A}}=(\boldsymbol{A},\boldsymbol{b})=\left(\begin{array}{ccc|c}2 & -1 & 2 & -8\\ 1 & 2 & 3 & -7\\ 1 & 3 & 0 & 7\end{array}\right),$$

对其施以相应的初等行变换

$$(\boldsymbol{A},\boldsymbol{b})=\left(\begin{array}{ccc|c}2 & -1 & 2 & -8\\ 1 & 2 & 3 & -7\\ 1 & 3 & 0 & 7\end{array}\right)\xrightarrow{r_1\leftrightarrow r_2}\left(\begin{array}{ccc|c}1 & 2 & 3 & -7\\ 2 & -1 & 2 & -8\\ 1 & 3 & 0 & 7\end{array}\right)\xrightarrow[-r_1+r_3]{-2r_1+r_2}\left(\begin{array}{ccc|c}1 & 2 & 3 & -7\\ 0 & -5 & -4 & 6\\ 0 & 1 & -3 & 14\end{array}\right)$$

$$\xrightarrow{r_2\leftrightarrow r_3}\left(\begin{array}{ccc|c}1&2&3&-7\\0&1&-3&14\\0&-5&-4&6\end{array}\right)\xrightarrow{5r_2+r_3}\left(\begin{array}{ccc|c}1&2&3&-7\\0&1&-3&14\\0&0&-19&76\end{array}\right)\xrightarrow{-\frac{1}{19}r_3}\left(\begin{array}{ccc|c}1&2&3&-7\\0&1&-3&14\\0&0&1&-4\end{array}\right)$$

$$\xrightarrow[-3r_3+r_1]{3r_3+r_2}\left(\begin{array}{ccc|c}1&2&0&5\\0&1&0&2\\0&0&1&-4\end{array}\right)\xrightarrow{-2r_2+r_1}\left(\begin{array}{ccc|c}1&0&0&1\\0&1&0&2\\0&0&1&-4\end{array}\right).$$

还原线性方程组为

$$\begin{cases}x_1=1\\x_2=2\\x_3=-4\end{cases},$$

此即为线性方程组(2-1)的解．该解也可以表示为向量形式

$$\boldsymbol{x}=\begin{pmatrix}1\\2\\-4\end{pmatrix}$$

称之为解向量．

例 2 解线性方程组

$$\begin{cases}x_1+5x_2-9x_3=-7\\ \qquad x_2-7x_3=-6\\x_1+3x_2+5x_3=5\end{cases}$$

解 对该线性方程组的增广矩阵施以初等行变换，得

$$(\boldsymbol{A},\boldsymbol{b})=\left(\begin{array}{ccc|c}1&5&-9&-7\\0&1&-7&-6\\1&3&5&5\end{array}\right)\xrightarrow{-r_1+r_3}\left(\begin{array}{ccc|c}1&5&-9&-7\\0&1&-7&-6\\0&-2&14&12\end{array}\right)$$

$$\xrightarrow{2r_2+r_3}\left(\begin{array}{ccc|c}1&-5&-9&-7\\0&1&-7&-6\\0&0&0&0\end{array}\right)\xrightarrow{5r_2+r_1}\left(\begin{array}{ccc|c}1&0&26&23\\0&1&-7&-6\\0&0&0&0\end{array}\right).$$

于是，原方程组同解于方程组

$$\begin{cases}x_1+26x_3=23\\x_2-7x_3=-6\end{cases}.$$

将关于 x_3 的项移到等号右端，得

$$\begin{cases}x_1=23-26x_3\\x_2=-6+7x_3\end{cases}.$$

这里的 x_3 可以取任意的数值，称之为**自由未知量**．也就是说，若给 x_3 任意一个赋值，都可以得到原方程组的一个解，因此原方程组有无穷多解，其解可以表示为

$$\begin{cases}x_1=23-26c\\x_2=-6+7c.\\x_3=c\end{cases}$$

其中 c 为任意常数．解也可表示为向量形式，即

$$\boldsymbol{x}=\begin{pmatrix}23-26c\\-6+7c\\c\end{pmatrix},c\text{ 为任意常数}.$$

特别地，当 $c=0,c=1$ 时，$\begin{pmatrix}23\\-6\\0\end{pmatrix},\begin{pmatrix}-3\\1\\1\end{pmatrix}$是方程组的两个特解．

例 3　解线性方程组

$$\begin{cases}x_1-2x_2+3x_3-x_4=1\\3x_1-x_2+5x_3-3x_4=2.\\2x_1+x_2+2x_3-2x_4=3\end{cases}$$

解　对该线性方程组的增广矩阵施以初等行变换，得

$$(\boldsymbol{A},\boldsymbol{b})=\left(\begin{array}{cccc|c}1&-2&3&-1&1\\3&-1&5&-3&2\\2&1&2&-2&3\end{array}\right)\xrightarrow[-2r_1+r_3]{-3r_1+r_2}\left(\begin{array}{cccc|c}1&-2&3&-1&1\\0&5&-4&0&-1\\0&5&-4&0&1\end{array}\right)$$

$$\xrightarrow{-r_2+r_3}\left(\begin{array}{cccc|c}1&-2&3&-1&1\\0&5&-4&0&-1\\0&0&0&0&2\end{array}\right).$$

至此，得到原方程组同解于

$$\begin{cases}x_1-2x_2+3x_3-x_4=1\\5x_2-4x_3=-1.\\0=2\end{cases}$$

由于无论怎样选取 x_1,x_2,x_3,x_4 的值，都不能满足矛盾方程“$0=2$”，因此原线性方程组无解．

上面从实例介绍了求解线性方程组的高斯消元法．下面讨论一般线性方程组何时有解、有多少解的问题．

一般地，线性方程组(2-3)的增广矩阵$(\boldsymbol{A},\boldsymbol{b})$经过初等行变换可化为最简行阶梯型矩阵，不妨设为

$$
(\boldsymbol{A},\boldsymbol{b})\xrightarrow{\text{行}}\begin{pmatrix}
1 & 0 & \cdots & 0 & c_{11} & \cdots & c_{1,n-r} & d_1\\
0 & 1 & \cdots & 0 & c_{21} & \cdots & c_{2,n-r} & d_2\\
\vdots & \vdots & & \vdots & \vdots & & \vdots & \vdots\\
0 & 0 & \cdots & 1 & c_{r1} & \cdots & c_{r,n-r} & d_r\\
0 & 0 & \cdots & 0 & 0 & \cdots & 0 & d_{r+1}\\
0 & 0 & \cdots & 0 & 0 & \cdots & 0 & 0\\
\vdots & \vdots & & \vdots & \vdots & & \vdots & \vdots\\
0 & 0 & \cdots & 0 & 0 & \cdots & 0 & 0
\end{pmatrix}. \tag{2-4}
$$

其相应的线性方程组为

$$
\begin{cases}
x_1+c_{11}x_{r+1}+\cdots+c_{1,n-r}x_n=d_1\\
x_2+c_{21}x_{r+1}+\cdots+c_{2,n-r}x_n=d_2\\
\qquad\cdots\cdots\\
x_r+c_{r1}x_{r+1}+\cdots+c_{r,n-r}x_n=d_r\\
\qquad\qquad\qquad\qquad 0=d_{r+1}
\end{cases} \tag{2-5}
$$

于是可以得到如下的结论：

(1)当 $d_{r+1}\neq 0$ 时，也就是系数矩阵 $\boldsymbol{A}$ 的秩 $R(\boldsymbol{A})$ 与增广矩阵 $(\boldsymbol{A},\boldsymbol{b})$ 的秩 $R(\boldsymbol{A},\boldsymbol{b})$ 不相等时，出现矛盾方程，方程组无解；

(2)当 $d_{r+1}=0$ 时，也就是 $R(\boldsymbol{A})=R(\boldsymbol{A},\boldsymbol{b})=r$，方程组(2-3)有解．

进一步，若 $r=n$ 时，方程组(2-5)为

$$
\begin{cases}
x_1=d_1\\
x_2=d_2\\
\quad\cdots\cdots\\
x_n=d_n
\end{cases}
$$

此时方程组有唯一解，其解向量为 $\boldsymbol{x}=\begin{pmatrix}d_1\\d_2\\\vdots\\d_n\end{pmatrix}$；

若 $r<n$ 时，方程组(2-5)为

$$
\begin{cases}
x_1=d_1-c_{11}x_{r+1}-\cdots-c_{1,n-r}x_n\\
x_2=d_2-c_{21}x_{r+1}-\cdots-c_{2,n-r}x_n\\
\qquad\cdots\cdots\\
x_r=d_r-c_{r1}x_{r+1}-\cdots-c_{r,n-r}x_n
\end{cases}
$$

其中 $n-r$ 个未知量 $x_{r+1},x_{r+2},\cdots,x_n$ 为自由未知量，可取任意值，因此方程组有无穷多

解,且解向量形式为

$$x=\begin{pmatrix} d_1-c_{11}c_1-\cdots-c_{1,n-r}c_{n-r}\\ d_2-c_{21}c_1-\cdots-c_{2,n-r}c_{n-r}\\ \cdots\cdots\\ dr-c_{r1}c_1-\cdots-c_{r,n-r}c_{n-r}\\ c_1\\ c_2\\ \cdots\cdots\\ c_{n-r}\end{pmatrix}$$

其中 $c_1,c_2,\cdots,c_{n-r}$为任意常数.

综上所述,我们得到线性方程组理论中两个基本定理:

定理 1　线性方程组 $\boldsymbol{Ax}=\boldsymbol{b}$ 有解的充分必要条件是系数矩阵与增广矩阵的秩相等,即$R(\boldsymbol{A})=R(\boldsymbol{A},\boldsymbol{b})=r$.

定理 2　线性方程组 $\boldsymbol{Ax}=\boldsymbol{b}$ 有唯一解的充分必要条件是 $R(\boldsymbol{A})=R(\boldsymbol{A},\boldsymbol{b})=r=n$;线性方程组 $\boldsymbol{Ax}=\boldsymbol{b}$ 有无穷多解的充分必要条件是 $R(\boldsymbol{A})=R(\boldsymbol{A},\boldsymbol{b})=r<n$.

推论　齐次线性方程组 $\boldsymbol{Ax}=0$ 仅有零解的充分必要条件是 $R(\boldsymbol{A})=n$;齐次线性方程组 $\boldsymbol{Ax}=0$ 有非零解的充分必要条件是 $R(\boldsymbol{A})<n$.

例 4　解齐次线性方程组 $\begin{cases}x_1+2x_2+2x_3+x_4=0\\2x_1+x_2-2x_3-2x_4=0.\\x_1-x_2-4x_3-3x_4=0\end{cases}$

解　对该方程组的系数矩阵施以初等行变换,得

$$\boldsymbol{A}=\begin{pmatrix}1&2&2&1\\2&1&-2&-2\\1&-1&-4&-3\end{pmatrix}\xrightarrow[-r_1+r_3]{-2r_1+r_2}\begin{pmatrix}1&2&2&1\\0&-3&-6&-4\\0&-3&-6&-4\end{pmatrix}\xrightarrow{-r_2+r_3}\begin{pmatrix}1&2&2&1\\0&-3&-6&-4\\0&0&0&0\end{pmatrix}$$

$$\xrightarrow{-\frac{1}{3}r_2}\begin{pmatrix}1&2&2&1\\0&1&2&\frac{4}{3}\\0&0&0&0\end{pmatrix}\xrightarrow{-2r_2+r_1}\begin{pmatrix}1&0&-2&-\frac{5}{3}\\0&1&2&\frac{4}{3}\\0&0&0&0\end{pmatrix}.$$

由于 $R(\boldsymbol{A})=2<4$,故方程组有非零解.其同解方程组为

$$\begin{cases}x_1-2x_3-\dfrac{5}{3}x_4=0\\x_2+2x_3+\dfrac{4}{3}x_4=0\end{cases},$$

即为

$$\begin{cases} x_1 = 2x_3 + \dfrac{5}{3}x_4 \\ x_2 = -2x_3 - \dfrac{4}{3}x_4 \end{cases}.$$

故原齐次线性方程组的解为

$$x = \begin{pmatrix} 2c_1 + \dfrac{5}{3}c_2 \\ -2c_1 - \dfrac{4}{3}c_2 \\ c_1 \\ c_2 \end{pmatrix}.$$

其中 c_1, c_2 为任意常数.

例 5 设含参数 λ 的线性方程组

$$\begin{cases} \lambda x_1 + x_2 + x_3 = 1 \\ x_1 + \lambda x_2 + x_3 = \lambda \\ x_1 + x_2 + \lambda x_3 = \lambda^2 \end{cases}.$$

问 λ 分别取何值时,方程组有唯一解、无解、无穷多解?并在有解时求其解.

解 法 1 因其系数矩阵是方阵,由克拉默法则可知,方程组有唯一解的充分必要条件是系数方阵的行列式 $|A| \neq 0$. 因为

$$|A| = \begin{vmatrix} \lambda & 1 & 1 \\ 1 & \lambda & 1 \\ 1 & 1 & \lambda \end{vmatrix} = (\lambda - 1)^2(\lambda + 2)$$

所以,当 $\lambda \neq 1$ 且 $\lambda \neq -2$ 时,方程组有唯一解,进而得其解为

$$x = \begin{pmatrix} -\dfrac{1+\lambda}{2+\lambda} \\ \dfrac{1}{2+\lambda} \\ \dfrac{(1+\lambda)^2}{2+\lambda} \end{pmatrix}.$$

当 $\lambda = 1$ 时,对方程组的增广矩阵施以初等行变换,得

$$(A, b) = \begin{pmatrix} 1 & 1 & 1 & 1 \\ 1 & 1 & 1 & 1 \\ 1 & 1 & 1 & 1 \end{pmatrix} \xrightarrow[-r_1 + r_3]{-r_1 + r_2} \begin{pmatrix} 1 & 1 & 1 & 1 \\ 0 & 0 & 0 & 0 \\ 0 & 0 & 0 & 0 \end{pmatrix}.$$

此时,$R(A) = R(A, b) = 1 < 3$,故方程组有无穷多解,取 x_2, x_3 为自由未知量,可得解向

量为

$$x=\begin{pmatrix}1-c_1-c_2\\c_1\\c_2\end{pmatrix},\text{其中 } c_1,c_2 \text{ 为任意常数}.$$

当 $\lambda=-2$ 时,对方程组的增广矩阵施以初等行变换,得

$$(A,b)=\left(\begin{array}{ccc|c}-2&1&1&1\\1&-2&1&-2\\1&1&-2&4\end{array}\right)\xrightarrow{r_1\leftrightarrow r_3}\left(\begin{array}{ccc|c}1&1&-2&4\\1&-2&1&-2\\-2&1&1&1\end{array}\right)$$

$$\xrightarrow[2r_1+r_3]{-r_1+r_2}\left(\begin{array}{ccc|c}1&1&-2&4\\0&-3&3&-6\\0&3&-3&9\end{array}\right)\xrightarrow{r_2+r_3}\left(\begin{array}{ccc|c}1&1&-2&4\\0&-3&3&-6\\0&0&0&3\end{array}\right)$$

此时 $R(A)=2$,而 $R(A,b)=3$,故方程组无解.

解 法 2　对线性方程组的增广矩阵施以初等行变换,得

$$(A,b)=\left(\begin{array}{ccc|c}\lambda&1&1&1\\1&\lambda&1&\lambda\\1&1&\lambda&\lambda^2\end{array}\right)\xrightarrow{r_1\leftrightarrow r_3}\left(\begin{array}{ccc|c}1&1&\lambda&\lambda^2\\1&\lambda&1&\lambda\\\lambda&1&1&1\end{array}\right)\xrightarrow[-\lambda r_1+r_3]{-r_1+r_2}\left(\begin{array}{ccc|c}1&1&\lambda&\lambda^2\\0&\lambda-1&1-\lambda&\lambda-\lambda^2\\0&1-\lambda&1-\lambda^2&1-\lambda^3\end{array}\right)$$

$$\xrightarrow{r_2+r_3}\left(\begin{array}{ccc|c}1&1&\lambda&\lambda^2\\0&\lambda-1&1-\lambda&\lambda(1-\lambda)\\0&0&(1-\lambda)(2+\lambda)&(1-\lambda)(1+\lambda)^2\end{array}\right)=B.$$

(1)当 $\lambda=1$ 时,由于

$$(A,b)\longrightarrow\left(\begin{array}{cccc}1&1&1&1\\0&0&0&0\\0&0&0&0\end{array}\right).$$

知 $R(A)=R(A,b)=1<3$,故方程组有无穷多解,取 x_2,x_3 为自由未知量,可得解向量

$$x=\begin{pmatrix}1-c_1-c_2\\c_1\\c_2\end{pmatrix},\text{其中 } c_1,c_2 \text{ 为任意常数}.$$

(2)当 $\lambda\neq1$ 时,继续对 (A,b) 施以初等行变换,得

$$(A,b)\longrightarrow B\xrightarrow{\frac{1}{\lambda-1}r_2,\frac{1}{\lambda-1}r_3}\left(\begin{array}{cccc}1&1&\lambda&\lambda^2\\0&1&-1&-\lambda\\0&0&-2-\lambda&-(1+\lambda)^2\end{array}\right)=C.$$

注意到当 $\lambda=-2$ 时，

$$C=\left(\begin{array}{ccc|c}1&1&-2&4\\0&1&-1&2\\0&0&0&-1\end{array}\right)$$

由于 $R(A)=2$，而 $R(A,b)=3$，故方程组无解．

(3)当 $\lambda\neq1$ 且 $\lambda\neq-2$ 时，再继续对 (A,b) 施以初等行变换，得

$$(A,b)\to C\xrightarrow{-\frac{1}{2+\lambda}r_3}\left(\begin{array}{ccc|c}1&1&\lambda&\lambda^2\\0&1&-1&-\lambda\\0&0&1&\dfrac{(1+\lambda)^2}{2+\lambda}\end{array}\right)\xrightarrow[-\lambda r_3+r_1]{r_3+r_2}\left(\begin{array}{ccc|c}1&1&0&\dfrac{-\lambda}{2+\lambda}\\0&1&0&\dfrac{1}{2+\lambda}\\0&0&1&\dfrac{(1+\lambda)^2}{2+\lambda}\end{array}\right)$$

$$\xrightarrow{-r_2+r_1}\left(\begin{array}{ccc|c}1&0&0&-\dfrac{1+\lambda}{2+\lambda}\\0&1&0&\dfrac{1}{2+\lambda}\\0&0&1&\dfrac{(1+\lambda)^2}{2+\lambda}\end{array}\right).$$

显然，方程组有唯一解，且其解向量为

$$x=\begin{pmatrix}-\dfrac{1+\lambda}{2+\lambda}\\\dfrac{1}{2+\lambda}\\\dfrac{(1+\lambda)^2}{2+\lambda}\end{pmatrix}.$$

这里需要注意的是：解法 1 只适用于系数矩阵为方阵的情况，在计算上也没有解法 2 简单；在解法 2 中，由于 $\lambda-1, 2+\lambda$ 等因式可以等于零，因此，不能直接施以诸如 $\frac{1}{\lambda-1}r_2, \frac{1}{2+\lambda}r_3+r_2$ 这样的初等行变换，换句话说，对因式为零的情况必须另做讨论，否则就会导致错误．

例 6 设 $A=\begin{pmatrix}2&1&-3\\1&2&-2\\-1&3&2\end{pmatrix}$，$b_1=\begin{pmatrix}1\\2\\-2\end{pmatrix}$，$b_2=\begin{pmatrix}-1\\0\\5\end{pmatrix}$．

求线性方程组 $Ax=b_1$ 和 $Ax=b_2$ 的解．

解 由 $Ax_1=b_1, Ax_2=b_2$，记 $x=(x_1,x_2)$，$B=(b_1,b_2)$，则两个线性方程组可合成为一个矩阵方程 $Ax=B$. 解此矩阵方程，对广义的增广矩阵施以初等行变换，得

$$(\boldsymbol{A},\boldsymbol{B})=\left(\begin{array}{ccc|cc}2&1&-3&1&-1\\1&2&-2&2&0\\-1&3&2&-2&5\end{array}\right)\xrightarrow{r_1\leftrightarrow r_2}\left(\begin{array}{ccc|cc}1&2&-2&2&0\\2&1&-3&1&-1\\-1&3&2&-2&5\end{array}\right)$$

$$\xrightarrow[r_1+r_3]{-2r_1+r_2}\left(\begin{array}{ccc|cc}1&2&-2&2&0\\0&-3&1&-3&-1\\0&5&0&0&5\end{array}\right)\xrightarrow{\frac{1}{5}r_3}\left(\begin{array}{ccc|cc}1&2&-2&2&0\\0&-3&1&-3&-1\\0&1&0&0&1\end{array}\right)$$

$$\xrightarrow{r_2\leftrightarrow r_3}\left(\begin{array}{ccc|cc}1&2&-2&2&0\\0&1&0&0&1\\0&-3&1&-3&-1\end{array}\right)\xrightarrow[-2r_2+r_1]{3r_2+r_3}\left(\begin{array}{ccc|cc}1&0&-2&2&-2\\0&1&0&0&1\\0&0&1&-3&2\end{array}\right)$$

$$\xrightarrow{2r_3+r_1}\left(\begin{array}{ccc|cc}1&0&0&-4&2\\0&1&0&0&1\\0&0&1&-3&2\end{array}\right).$$

由此可得

$$\boldsymbol{x}=\begin{pmatrix}-4&2\\0&1\\-3&2\end{pmatrix}.$$

即 $\boldsymbol{Ax}=\boldsymbol{b}_1$ 和 $\boldsymbol{Ax}=\boldsymbol{b}_2$ 都有唯一解，其解向量依次为

$$\boldsymbol{x}_1=\begin{pmatrix}-4\\0\\-3\end{pmatrix},\quad \boldsymbol{x}_2=\begin{pmatrix}2\\1\\2\end{pmatrix}.$$

事实上，我们可以把矩阵方程 $\boldsymbol{Ax}=\boldsymbol{B}$ 看成是一系列同系数矩阵的线性方程组的合成，且有结论：

矩阵方程 $\boldsymbol{Ax}=\boldsymbol{B}$ 有解的充分必要条件是 $R(\boldsymbol{A})=R(\boldsymbol{A},\boldsymbol{B})$.

2.2　线性组合与线性表示

2.1 节我们介绍了一般线性方程组的求解方法，给出了线性方程组有解的判定条件．对于方程组有无穷多解的情形，我们还希望知道无穷多解之间的关系，即所谓解的结构问题．由于线性方程组的解可以写成向量形式，为此，我们将讨论向量组的线性相关性理论．

2.2.1 向量及其线性运算

在第1章中我们已经定义了行向量与列向量，称 $n\times1$ 矩阵 $\boldsymbol{\alpha}=\begin{pmatrix}a_1\\a_2\\\vdots\\a_n\end{pmatrix}$ 为 n 维**列向量**，称 $1\times n$ 矩阵 $\boldsymbol{\alpha}^{\mathrm{T}}=(a_1,a_2,\cdots,a_n)$ 为 n 维**行向量**，n 维向量中的 $a_i(i=1,2,\cdots,n)$ 称为第 i 个**分量**．向量通常用 $\boldsymbol{\alpha},\boldsymbol{\beta},\boldsymbol{\gamma}$ 等表示．分量全为零的向量称为**零向量**，记为 $\mathbf{0}$．除非特别标注，我们只讨论列向量．

由于向量是特殊的矩阵，因此也有向量的加法运算以及数乘向量的乘法运算．设

$$\boldsymbol{\alpha}=\begin{pmatrix}a_1\\a_2\\\vdots\\a_n\end{pmatrix},\quad \boldsymbol{\beta}=\begin{pmatrix}b_1\\b_2\\\vdots\\b_n\end{pmatrix},\quad k\in\mathbf{R},$$

则

$$\boldsymbol{\alpha}+\boldsymbol{\beta}=\begin{pmatrix}a_1+b_1\\a_2+b_2\\\vdots\\a_n+b_n\end{pmatrix},\quad k\boldsymbol{\alpha}=\begin{pmatrix}ka_1\\ka_2\\\vdots\\ka_n\end{pmatrix}.$$

我们称这两种运算为**线性运算**，其运算法则与矩阵的加法运算和数乘运算的法则相同．

例1 已知向量 $\boldsymbol{x}$ 满足 $3\boldsymbol{\alpha}+2\boldsymbol{x}=5\boldsymbol{x}+2\boldsymbol{\beta}$，其中

$$\boldsymbol{\alpha}=\begin{pmatrix}1\\2\\3\end{pmatrix},\quad \boldsymbol{\beta}=\begin{pmatrix}-3\\0\\3\end{pmatrix}.$$

试求向量 $\boldsymbol{x}$．

解 由题设得

$$5\boldsymbol{x}-2\boldsymbol{x}=3\boldsymbol{\alpha}-2\boldsymbol{\beta}$$

即

$$3\boldsymbol{x}=3\begin{pmatrix}1\\2\\3\end{pmatrix}-2\begin{pmatrix}-3\\0\\3\end{pmatrix}=\begin{pmatrix}9\\6\\3\end{pmatrix}.$$

故

$$\boldsymbol{x}=\begin{pmatrix}3\\2\\1\end{pmatrix}.$$

定义 1　由维数相同的一些向量构成的集合,称为**向量组**,当向量个数有限时,记为向量组 $\boldsymbol{A}:\boldsymbol{\alpha}_1,\boldsymbol{\alpha}_2,\cdots,\boldsymbol{\alpha}_n$.

一个 $m\times n$ 矩阵 $\boldsymbol{A}=\begin{pmatrix}a_{11}&a_{12}&\cdots&a_{1n}\\a_{21}&a_{22}&\cdots&a_{2n}\\\vdots&\vdots&&\vdots\\a_{m1}&a_{m2}&\cdots&a_{mn}\end{pmatrix}$中的每一列 $\boldsymbol{\alpha}_j=\begin{pmatrix}a_{1j}\\a_{2j}\\\vdots\\a_{mj}\end{pmatrix}(j=1,2,\cdots,n)$构成向量组 $\boldsymbol{A}:\alpha_1,\alpha_2,\cdots,\alpha_n$,称为矩阵 $\boldsymbol{A}$ 的**列向量组**,记为 $\boldsymbol{A}=(\alpha_1,\alpha_2,\cdots,\alpha_n)$. 反之,一个由 n 个 m 维向量 $\alpha_1,\alpha_2,\cdots,\alpha_n$ 构成的向量组,可以唯一表示为一个 $m\times n$ 矩阵 $\boldsymbol{A}=(\alpha_1\ \alpha_2\cdots\ \alpha_n)$. 因此,有限个向量构成的向量组与矩阵之间就建立了一一对应关系. 在概念清晰,不致混淆的情况下,向量组 $\boldsymbol{A}$ 与矩阵 $\boldsymbol{A}$ 可以不加区分.

于是,一个线性方程组 $\boldsymbol{Ax}=\boldsymbol{b}$,当 $R(\boldsymbol{A})=R(\boldsymbol{A},\boldsymbol{b})=r<n$ 时,方程组有无穷多解,且每个解是一个 n 维向量. 因此方程组所有解的集合就是一个含无穷多个 n 维向量的向量组.

2.2.2　向量组的线性组合

定义 2　设 $\boldsymbol{\alpha}_1,\boldsymbol{\alpha}_2,\cdots,\boldsymbol{\alpha}_n$ 为 m 维向量组,对于一组实数 $k_1,k_2,\cdots,k_n$,表达式

$$k_1\boldsymbol{\alpha}_1+k_2\boldsymbol{\alpha}_2+\cdots+k_n\boldsymbol{\alpha}_n \tag{2-6}$$

称为向量组的一个**线性组合**. $k_1,k_2,\cdots,k_n$ 称为这个线性组合的**组合系数**.

在例 1 中,$3\boldsymbol{\alpha}-2\boldsymbol{\beta}$ 就是向量组 $\boldsymbol{\alpha},\boldsymbol{\beta}$ 的一个线性组合,组合系数为 3,-2. 显然,向量组的一个线性组合经计算后将得到一个同维向量.

定义 3　设 $\boldsymbol{\alpha}_1,\boldsymbol{\alpha}_2,\cdots,\boldsymbol{\alpha}_n$ 为一向量组,$\boldsymbol{\beta}$ 为一同维向量,若存在一组实数 $k_1,k_2,\cdots,k_n$,使得

$$\boldsymbol{\beta}=k_1\boldsymbol{\alpha}_1+k_2\boldsymbol{\alpha}_2+\cdots+k_n\boldsymbol{\alpha}_n \tag{2-7}$$

则称向量 $\boldsymbol{\beta}$ 可由向量组 $\boldsymbol{\alpha}_1,\boldsymbol{\alpha}_2,\cdots,\boldsymbol{\alpha}_n$ **线性表示**.

在例 1 中,因为向量 $\boldsymbol{x}=\boldsymbol{\alpha}-\dfrac{2}{3}\boldsymbol{\beta}=\begin{pmatrix}3\\2\\1\end{pmatrix}$,所以称 $\boldsymbol{x}$ 可由向量组 $\boldsymbol{\alpha},\boldsymbol{\beta}$ 线性表示.

为了判定给定的向量 $\boldsymbol{\beta}$ 能否由向量组 $\boldsymbol{A}:\boldsymbol{\alpha}_1,\boldsymbol{\alpha}_2,\cdots,\boldsymbol{\alpha}_n$ 线性表示,就是研究是否存在组合系数 $k_1,k_2,\cdots,k_n$,使得 $\boldsymbol{\beta}=k_1\boldsymbol{\alpha}_2+k_2\boldsymbol{\alpha}_2+\cdots+k_n\boldsymbol{\alpha}_n$ 成立. 下面通过实例进行分析.

例2 设 $\boldsymbol{\alpha}_1=\begin{pmatrix}1\\2\\3\end{pmatrix}$, $\boldsymbol{\alpha}_2=\begin{pmatrix}0\\1\\4\end{pmatrix}$, $\boldsymbol{\alpha}_3=\begin{pmatrix}2\\3\\6\end{pmatrix}$, $\boldsymbol{\beta}=\begin{pmatrix}-1\\1\\5\end{pmatrix}$.

问 $\boldsymbol{\beta}$ 是否可由 $\boldsymbol{\alpha}_1,\boldsymbol{\alpha}_2,\boldsymbol{\alpha}_3$ 线性表示？若可以线性表示，试写出其表达式．

解 设 $\boldsymbol{\beta}=k_1\boldsymbol{\alpha}_1+k_2\boldsymbol{\alpha}_2+k_3\boldsymbol{\alpha}_3$，即

$$k_1\begin{pmatrix}1\\2\\3\end{pmatrix}+k_2\begin{pmatrix}0\\1\\4\end{pmatrix}+k_3\begin{pmatrix}2\\3\\6\end{pmatrix}=\begin{pmatrix}-1\\1\\5\end{pmatrix}.$$

展开之，可得关于 k_1,k_2,k_3 为未知量的线性方程组

$$\begin{cases}k_1+2k_3=-1\\2k_1+k_2+3k_3=1\\3k_1+4k_2+6k_3=5\end{cases}.$$

其矩阵表达形式为

$$\begin{pmatrix}1&0&2\\2&1&3\\3&4&6\end{pmatrix}\begin{pmatrix}k_1\\k_2\\k_3\end{pmatrix}=\begin{pmatrix}-1\\1\\5\end{pmatrix}.$$

不难发现，若方程组有解，则 $\boldsymbol{\beta}$ 可由 $\boldsymbol{\alpha}_1,\boldsymbol{\alpha}_2,\boldsymbol{\alpha}_3$ 线性表示，且其解就是组合系数．若方程组有唯一解，则表示式唯一；若方程组有无穷多解，则表示式亦有无穷多种形式．若方程组无解，则 $\boldsymbol{\beta}$ 不可由 $\boldsymbol{\alpha}_1,\boldsymbol{\alpha}_2,\boldsymbol{\alpha}_3$ 线性表示．

于是求解线性方程组，得唯一解 $\begin{pmatrix}k_1\\k_2\\k_3\end{pmatrix}=\begin{pmatrix}1\\2\\-1\end{pmatrix}$，故 $\boldsymbol{\beta}$ 可由 $\boldsymbol{\alpha}_1,\boldsymbol{\alpha}_2,\boldsymbol{\alpha}_3$ 线性表示，且表示式也唯一，即为 $\boldsymbol{\beta}=\boldsymbol{\alpha}_1+2\boldsymbol{\alpha}_2-\boldsymbol{\alpha}_3$.

由此可以看出，线性方程组 $\boldsymbol{Ax}=\boldsymbol{b}$ 是否有解等价于向量 $\boldsymbol{b}$ 可否由 $\boldsymbol{A}$ 的列向量组 $\boldsymbol{\alpha}_1,\boldsymbol{\alpha}_2,\cdots,\boldsymbol{\alpha}_n$ 线性表示．通常我们称形式

$$x_1\boldsymbol{\alpha}_1+x_2\boldsymbol{\alpha}_2+\cdots+x_n\boldsymbol{\alpha}_n=(\boldsymbol{\alpha}_1,\boldsymbol{\alpha}_2,\cdots,\boldsymbol{\alpha}_n)\begin{pmatrix}x_1\\x_2\\\vdots\\x_n\end{pmatrix}=\boldsymbol{b}$$

为线性方程组 $\boldsymbol{Ax}=\boldsymbol{b}$ 的**向量表示式**．

综上所述，我们可以得出如下结论：

定理1 (1)向量 $\boldsymbol{\beta}$ 不可由 $\boldsymbol{\alpha}_1,\boldsymbol{\alpha}_2,\cdots,\boldsymbol{\alpha}_n$ 线性表示的充分必要条件是 $R(\boldsymbol{A})\neq R(\boldsymbol{A},\boldsymbol{\beta})$；

(2)向量 $\boldsymbol{\beta}$ 可由 $\boldsymbol{\alpha}_1,\boldsymbol{\alpha}_2,\cdots,\boldsymbol{\alpha}_n$ 唯一线性表示的充分必要条件是 $R(\boldsymbol{A})=R(\boldsymbol{A},\boldsymbol{\beta})=n$；

(3) 向量 $\boldsymbol{\beta}$ 可由 $\boldsymbol{\alpha}_1,\boldsymbol{\alpha}_2,\cdots,\boldsymbol{\alpha}_n$ 线性表示且表示式不唯一的充分必要条件是 $R(\boldsymbol{A})=R(\boldsymbol{A},\boldsymbol{\beta})=r<n$,其中 $\boldsymbol{A}=(\boldsymbol{\alpha}_1\boldsymbol{\alpha}_2\cdots\boldsymbol{\alpha}_n)$.

2.2.3　向量组的等价

定义 4　设两个向量组

$$\boldsymbol{A}:\boldsymbol{\alpha}_1,\boldsymbol{\alpha}_2,\cdots,\boldsymbol{\alpha}_n;\quad \boldsymbol{B}:\boldsymbol{\beta}_1,\boldsymbol{\beta}_2,\cdots,\boldsymbol{\beta}_s.$$

若 $\boldsymbol{B}$ 中每个向量都能由向量组 $\boldsymbol{A}$ 线性表示,则称向量组 $\boldsymbol{B}$ 可由向量组 $\boldsymbol{A}$ **线性表示**;若向量组 $\boldsymbol{A}$ 与向量组 $\boldsymbol{B}$ 可以互相线性表示,则称向量组 $\boldsymbol{A}$ 与向量组 $\boldsymbol{B}$ **等价**.

例 3　设平面上的两个向量组为

$$\boldsymbol{A}:\boldsymbol{\alpha}_1=\begin{pmatrix}1\\1\end{pmatrix},\quad \boldsymbol{\alpha}_2=\begin{pmatrix}1\\0\end{pmatrix},\quad \boldsymbol{\alpha}_3=\begin{pmatrix}-1\\-2\end{pmatrix};$$

$$\boldsymbol{B}:\boldsymbol{\beta}_1=\begin{pmatrix}2\\1\end{pmatrix},\quad \boldsymbol{\beta}_2=\begin{pmatrix}0\\1\end{pmatrix}.$$

显然有 $\boldsymbol{\alpha}_1=\frac{1}{2}\boldsymbol{\beta}_1+\frac{1}{2}\boldsymbol{\beta}_2,\boldsymbol{\alpha}_2=\frac{1}{2}\boldsymbol{\beta}_1-\frac{1}{2}\boldsymbol{\beta}_2,\boldsymbol{\alpha}_3=-\frac{1}{2}\boldsymbol{\beta}_1-\frac{3}{2}\boldsymbol{\beta}_2$,故 $\boldsymbol{A}$ 可由 $\boldsymbol{B}$ 线性表示. 又有 $\boldsymbol{\beta}_1=\boldsymbol{\alpha}_1+\boldsymbol{\alpha}_2,\boldsymbol{\beta}_2=\boldsymbol{\alpha}_1-\boldsymbol{\alpha}_2$,故 $\boldsymbol{B}$ 可由 $\boldsymbol{A}$ 线性表示. 从而向量组 $\boldsymbol{A}$ 与向量组 $\boldsymbol{B}$ 等价.

由上节最后一个结论和定理 1,可以得到下面的结论:

定理 2　向量组 $\boldsymbol{B}:\boldsymbol{\beta}_1,\boldsymbol{\beta}_2,\cdots,\boldsymbol{\beta}_s$ 可由向量组 $\boldsymbol{A}:\boldsymbol{\alpha}_1,\boldsymbol{\alpha}_2,\cdots,\boldsymbol{\alpha}_n$ 线性表示的充分必要条件是 $R(\boldsymbol{A})=R(\boldsymbol{A},\boldsymbol{B})$;向量组 $\boldsymbol{A}$ 与向量组 $\boldsymbol{B}$ 等价的充分必要条件是 $R(\boldsymbol{A})=R(\boldsymbol{B})=R(\boldsymbol{A},\boldsymbol{B})$,其中 $\boldsymbol{A}=(\boldsymbol{\alpha}_1,\boldsymbol{\alpha}_2,\cdots,\boldsymbol{\alpha}_n)$,$B=(\boldsymbol{\beta}_1,\boldsymbol{\beta}_2,\cdots,\boldsymbol{\beta}_s)$.

推论　若向量组 $\boldsymbol{B}:\boldsymbol{\beta}_1,\boldsymbol{\beta}_2,\cdots,\boldsymbol{\beta}_s$ 可由向量组 $\boldsymbol{A}:\boldsymbol{\alpha}_1,\boldsymbol{\alpha}_2,\cdots,\boldsymbol{\alpha}_n$ 线性表示,则 $R(\boldsymbol{B})\leqslant R(\boldsymbol{A})$.

证　设 $\boldsymbol{A}=(\boldsymbol{\alpha}_1,\boldsymbol{\alpha}_2,\cdots,\boldsymbol{\alpha}_n)$,$\boldsymbol{B}=(\boldsymbol{\beta}_1,\boldsymbol{\beta}_2,\cdots,\boldsymbol{\beta}_s)$,由已知 $\boldsymbol{B}$ 可由 $\boldsymbol{A}$ 线性表示,故 $R(\boldsymbol{A})=R(\boldsymbol{A},\boldsymbol{B})$,又有 $R(\boldsymbol{B})\leqslant R(\boldsymbol{A},\boldsymbol{B})$,从而 $R(\boldsymbol{B})\leqslant R(\boldsymbol{A})$. 证毕.

例 4　设两个向量组

$$\boldsymbol{A}:\boldsymbol{\alpha}_1=\begin{pmatrix}1\\-1\\1\\-1\end{pmatrix},\quad \boldsymbol{\alpha}_2=\begin{pmatrix}3\\1\\1\\3\end{pmatrix};\quad \boldsymbol{B}:\boldsymbol{\beta}_1=\begin{pmatrix}2\\0\\1\\1\end{pmatrix},\quad \boldsymbol{\beta}_2=\begin{pmatrix}1\\1\\0\\2\end{pmatrix},\quad \boldsymbol{\beta}_3=\begin{pmatrix}3\\-1\\2\\0\end{pmatrix}.$$

证明:向量组 $\boldsymbol{A}$ 与向量组 $\boldsymbol{B}$ 等价.

证　记

$$A=\begin{pmatrix}1&3\\-1&1\\1&1\\-1&3\end{pmatrix},\quad B=\begin{pmatrix}2&1&3\\0&1&-1\\1&0&2\\1&2&0\end{pmatrix}.$$

因为

$$(A,B)=\left(\begin{array}{cc|ccc}1&3&2&1&3\\-1&1&0&1&-1\\1&1&1&0&2\\-1&3&1&2&0\end{array}\right)\xrightarrow{r}\left(\begin{array}{cc|ccc}1&3&2&1&3\\0&4&2&2&2\\0&-2&-1&-1&-1\\0&6&3&3&3\end{array}\right)\xrightarrow{r}\left(\begin{array}{cc|ccc}1&3&2&1&3\\0&2&1&1&1\\0&0&0&0&0\\0&0&0&0&0\end{array}\right).$$

所以得 $R(A)=R(B)=R(A,B)=2$,从而 A 与 B 等价.

最后,我们给出向量组等价的三个基本性质:

性质 1 (自反性)向量组 A 与自身等价.

性质 2 (对称性)向量组 A 与向量组 B 等价的充分必要条件是向量组 B 与向量组 A 等价.

性质 3 (传递性)向量组 A 与向量组 B 等价,向量组 B 与向量组 C 等价,则向量组 A 与向量组 C 等价.

2.3 向量组的线性相关性

由于向量的线性关系既是建立向量空间结构与分类的理论基础,也是线性方程组理论的基础,因而是线性代数的一个核心内容. 虽然在 2.2 节对向量组的线性关系进行了一些讨论,本节还将继续深入地予以讨论.

2.3.1 向量组的线性相关与线性无关

定义 1 设 $A:\alpha_1,\alpha_2,\cdots,\alpha_n$ 为 n 个 m 维向量构成的向量组,如果存在一组不全为零的数 $k_1,k_2,\cdots,k_n$,使得

$$k_1\alpha_1+k_2\alpha_2+\cdots+k_n\alpha_n=0 \tag{2-8}$$

则称向量组 A **线性相关**,否则称为**线性无关**.

例 1 设 $A:\alpha_1=\begin{pmatrix}2\\-4\\6\end{pmatrix},\quad \alpha_2=\begin{pmatrix}1\\-2\\3\end{pmatrix},\quad \alpha_3=\begin{pmatrix}-5\\4\\7\end{pmatrix}$,

讨论向量组 A 的线性相关性.

解 由 $\alpha_1=2\alpha_2$,可取 $k_1=1,k_2=-2,k_3=0$,则有

$$\alpha_1-2\alpha_2+0\alpha_3=0.$$

所以，向量组 $\boldsymbol{A}$ 是线性相关的．

例 2　证明向量组 $\boldsymbol{A}:\boldsymbol{\alpha}_1=\begin{pmatrix}1\\0\end{pmatrix},\boldsymbol{\alpha}_2=\begin{pmatrix}0\\1\end{pmatrix}$ 是线性无关的．

证　设 k_1,k_2 使得 $k_1\boldsymbol{\alpha}_1+k_2\boldsymbol{\alpha}_2=\mathbf{0}$ 成立．由 $k_1\boldsymbol{\alpha}_1+k_2\boldsymbol{\alpha}_2=\mathbf{0}$. 得齐次线性方程组，解之，只有零解 $k_1=0,k_2=0$，也就是说，仅当 $k_1=k_2=0$ 时，$k_1\boldsymbol{\alpha}_1+k_2\boldsymbol{\alpha}_2=\mathbf{0}$ 才成立，因此向量组 $\boldsymbol{A}:\boldsymbol{\alpha}_1,\boldsymbol{\alpha}_2$ 是线性无关的．

关于向量组的线性相关性，有如下基本性质：

性质 1　单个向量 $\boldsymbol{\alpha}$ 线性相关的充分必要条件是 $\boldsymbol{\alpha}$ 是零向量．

性质 2　由两个向量 $\boldsymbol{\alpha}_1,\boldsymbol{\alpha}_2$ 构成的向量组线性相关的充分必要条件是这两个向量的分量对应成比例；由两个向量 $\boldsymbol{\alpha}_1,\boldsymbol{\alpha}_2$ 构成的向量组线性无关的充分必要条件是这两个向量的分量不对应成比例．

性质 3　包含零向量的任何向量组必线性相关．

性质 4　如果向量组的某一个部分组线性相关，则该向量组必线性相关；如果向量组线性无关，则其任何一个部分组必线性无关．

上述性质，请读者证明之．

2.3.2　线性相关性的判定

定理 1　向量组 $\boldsymbol{A}:\boldsymbol{\alpha}_1,\boldsymbol{\alpha}_2,\cdots,\boldsymbol{\alpha}_n(n\geqslant 2)$ 线性相关的充分必要条件是向量组中至少有一个向量可由其余 $n-1$ 个向量线性表示．

证　必要性　设向量组 $\boldsymbol{A}$ 线性相关，则存在一组不全为零的数 $k_1,k_2,\cdots,k_n$，使得 $k_1\boldsymbol{\alpha}_1+k_2\boldsymbol{\alpha}_2+\cdots+k_n\boldsymbol{\alpha}_n=\mathbf{0}$ 成立．

不妨设 $k_1\neq 0$，由上式可得

$$\boldsymbol{\alpha}_1=\left(-\frac{k_2}{k_1}\right)\boldsymbol{\alpha}_2+\left(-\frac{k_3}{k_1}\right)\boldsymbol{\alpha}_3+\cdots+\left(-\frac{k_n}{k_1}\right)\boldsymbol{\alpha}_n,$$

即 $\boldsymbol{\alpha}_1$ 可由其余 $n-1$ 个向量线性表示．

充分性　设向量组中至少有一个向量可由其余 $n-1$ 个向量线性表示，不妨设 $\boldsymbol{\alpha}_1=k_2\boldsymbol{\alpha}_2+k_3\boldsymbol{\alpha}_3+\cdots+k_n\boldsymbol{\alpha}_n$，于是，有

$$(-1)\boldsymbol{\alpha}_1+k_2\boldsymbol{\alpha}_2+k_3\boldsymbol{\alpha}_3+\cdots+k_n\boldsymbol{\alpha}_n=\mathbf{0},$$

即 $\boldsymbol{\alpha}_1,\boldsymbol{\alpha}_2,\cdots,\boldsymbol{\alpha}_n$ 线性相关．

由 2.3.1 节的定理 1 和本节的定理 1，可以直接推得下面的定理，这个定理给出了判定向量组线性相关性的方法．

定理 2　向量组 $\boldsymbol{A}:\boldsymbol{\alpha}_1,\boldsymbol{\alpha}_2,\cdots,\boldsymbol{\alpha}_n$ 线性相关的充分必要条件是 $R(\boldsymbol{A})<n$，其中 $\boldsymbol{A}=(\boldsymbol{\alpha}_1\boldsymbol{\alpha}_2\cdots\boldsymbol{\alpha}_n)$．

证　由 $\boldsymbol{\alpha}_1,\boldsymbol{\alpha}_2,\cdots,\boldsymbol{\alpha}_n$ 线性相关的充分必要条件是齐次线性方程组 $k_1\boldsymbol{\alpha}_1+k_2\boldsymbol{\alpha}_2+\cdots+$

$k_n\boldsymbol{\alpha}_n=\mathbf{0}$ 有非零解，于是，可得系数矩阵 $\boldsymbol{A}=(\boldsymbol{\alpha}_1\ \boldsymbol{\alpha}_2\cdots\ \boldsymbol{\alpha}_n)$ 的秩小于 n，定理得证.

推论1 向量组 $\boldsymbol{A}:\boldsymbol{\alpha}_1,\boldsymbol{\alpha}_2,\cdots,\boldsymbol{\alpha}_n$ 线性无关的充分必要条件是 $R(\boldsymbol{A})=n$.

推论2 若向量组 $\boldsymbol{A}:\boldsymbol{\alpha}_1,\boldsymbol{\alpha}_2,\cdots,\boldsymbol{\alpha}_n$ 线性无关，则在每个向量中添加相同维数的分量所得到的延长向量组 $\tilde{\boldsymbol{A}}$ 仍是线性无关的.

比如，设 $\boldsymbol{A}:\boldsymbol{\alpha}_1=\begin{pmatrix}1\\0\end{pmatrix},\boldsymbol{\alpha}_2=\begin{pmatrix}0\\1\end{pmatrix}$，添加分量后的延长向量组 $\tilde{\boldsymbol{A}}:\tilde{\boldsymbol{\alpha}}_1=\begin{pmatrix}1\\0\\3\\-1\\0\end{pmatrix},\tilde{\boldsymbol{\alpha}}_2=\begin{pmatrix}0\\1\\1\\1\\2\end{pmatrix}$ 仍是线性无关的.

推论3 设 $\boldsymbol{A}:\boldsymbol{\alpha}_1,\boldsymbol{\alpha}_2,\cdots,\boldsymbol{\alpha}_n$ 是 n 个 m 维向量构成的向量组. 当 $n>m$ 时，则向量组 $\boldsymbol{A}$ 线性相关.

例3 设 $\boldsymbol{A}:\boldsymbol{e}_1=\begin{pmatrix}1\\0\\\vdots\\0\end{pmatrix},\quad \boldsymbol{e}_2=\begin{pmatrix}0\\1\\\vdots\\0\end{pmatrix},\cdots,\quad \boldsymbol{e}_n=\begin{pmatrix}0\\0\\\vdots\\1\end{pmatrix}$，称为 n 维空间的单位坐标向量组，证明 A 线性无关.

证 令 $\boldsymbol{A}=(\boldsymbol{e}_1\ \boldsymbol{e}_2\cdots\ \boldsymbol{e}_n)=\begin{pmatrix}1&0&\cdots&0\\0&1&\cdots&0\\\vdots&\vdots&&\vdots\\0&0&\cdots&1\end{pmatrix}=\boldsymbol{E}_n$，

显然，$R(\boldsymbol{A})=n$，故向量组 $\boldsymbol{A}$ 线性无关.

例4 设 $\boldsymbol{\alpha}_1=\begin{pmatrix}1\\0\\1\end{pmatrix},\quad \boldsymbol{\alpha}_2=\begin{pmatrix}-1\\2\\2\end{pmatrix},\quad \boldsymbol{\alpha}_3=\begin{pmatrix}1\\2\\4\end{pmatrix}$.

试讨论向量组 $\boldsymbol{\alpha}_1,\boldsymbol{\alpha}_2,\boldsymbol{\alpha}_3$ 及向量组 $\boldsymbol{\alpha}_1,\boldsymbol{\alpha}_2$ 的线性相关性.

解 由

$$\boldsymbol{A}=(\boldsymbol{\alpha}_1\ \boldsymbol{\alpha}_2\ \boldsymbol{\alpha}_3)=\begin{pmatrix}1&-1&1\\0&2&2\\1&2&4\end{pmatrix}\xrightarrow{-r_1+r_3}\begin{pmatrix}1&-1&1\\0&2&2\\0&3&3\end{pmatrix}\xrightarrow{-\frac{3}{2}r_2+r_3}\begin{pmatrix}1&-1&1\\0&2&2\\0&0&0\end{pmatrix}$$

于是得 $R(\boldsymbol{\alpha}_1\ \boldsymbol{\alpha}_2\ \boldsymbol{\alpha}_3)=2<3$，故向量组 $\boldsymbol{\alpha}_1,\boldsymbol{\alpha}_2,\boldsymbol{\alpha}_3$ 线性相关. 又因为 $\boldsymbol{R}(\boldsymbol{\alpha}_1\ \boldsymbol{\alpha}_2)=2$，故向量组 $\boldsymbol{\alpha}_1,\boldsymbol{\alpha}_2$ 线性无关.

例5 证明：若向量组 $\boldsymbol{A}:\boldsymbol{\alpha}_1,\boldsymbol{\alpha}_2,\boldsymbol{\alpha}_3$ 线性无关，则向量组 $\boldsymbol{B}:\boldsymbol{\beta}_1=\boldsymbol{\alpha}_1+\boldsymbol{\alpha}_2,\boldsymbol{\beta}_2=\boldsymbol{\alpha}_2+\boldsymbol{\alpha}_3,\boldsymbol{\beta}_3=\boldsymbol{\alpha}_3+\boldsymbol{\alpha}_1$ 也线性无关.

证　设 $k_1\boldsymbol{\beta}_1+k_2\boldsymbol{\beta}_2+k_3\boldsymbol{\beta}_3=\mathbf{0}$，于是有

$$k_1(\boldsymbol{\alpha}_1+\boldsymbol{\alpha}_2)+k_2(\boldsymbol{\alpha}_2+\boldsymbol{\alpha}_3)+k_3(\boldsymbol{\alpha}_3+\boldsymbol{\alpha}_1)=\mathbf{0},$$

整理之，得 $(k_1+k_3)\boldsymbol{\alpha}_1+(k_1+k_2)\boldsymbol{\alpha}_2+(k_2+k_3)\boldsymbol{\alpha}_3=\mathbf{0}$.

因为 $\boldsymbol{\alpha}_1,\boldsymbol{\alpha}_2,\boldsymbol{\alpha}_3$ 线性无关，所以有

$$\begin{cases} k_1+k_3=0 \\ k_1+k_2=0 \\ k_2+k_3=0 \end{cases}$$

易知，该齐次线性方程组只有零解：$k_1=k_2=k_3=0$. 也就是说，仅当 $k_1=k_2=k_3=0$ 时，才有 $k_1\boldsymbol{\beta}_1+k_2\boldsymbol{\beta}_2+k_3\boldsymbol{\beta}_3=\mathbf{0}$ 成立，故 $\boldsymbol{\beta}_1,\boldsymbol{\beta}_2,\boldsymbol{\beta}_3$ 线性无关.

进一步，我们给出下面两个重要结论：

定理 3　若向量组 $\boldsymbol{A}:\boldsymbol{\alpha}_1,\boldsymbol{\alpha}_2,\cdots,\boldsymbol{\alpha}_n$ 线性无关，而向量组 $\boldsymbol{B}:\boldsymbol{\alpha}_1,\boldsymbol{\alpha}_2,\cdots,\boldsymbol{\alpha}_n,\boldsymbol{\beta}$ 线性相关，则向量 $\boldsymbol{\beta}$ 可由向量组 $\boldsymbol{A}$ 线性表示，且表示法唯一.

证　先证向量 $\boldsymbol{\beta}$ 可由向量组 $\boldsymbol{A}$ 线性表示.

由于向量组 $\boldsymbol{B}$ 线性相关，可知必存在一组不全为零的数 $k_1,k_2,\cdots,k_n,k$，使得

$$k_1\boldsymbol{\alpha}_1+k_2\boldsymbol{\alpha}_2+\cdots+k_n\boldsymbol{\alpha}_n+k\boldsymbol{\beta}=\mathbf{0}$$

成立，且必有 $k\neq0$.（否则，若 $k=0$，则必有某一个 $k_i\neq0$，从而 $\boldsymbol{\alpha}_1,\boldsymbol{\alpha}_2,\cdots,\boldsymbol{\alpha}_n$ 线性相关，与定理条件矛盾.）从而有

$$\boldsymbol{\beta}=\left(-\frac{k_1}{k}\right)\boldsymbol{\alpha}_1+\left(-\frac{k_2}{k}\right)\boldsymbol{\alpha}_2+\cdots+\left(-\frac{k_n}{k}\right)\boldsymbol{\alpha}_n,$$

即 $\boldsymbol{\beta}$ 可由向量组 $\boldsymbol{A}:\boldsymbol{\alpha}_1,\boldsymbol{\alpha}_2,\cdots,\boldsymbol{\alpha}_n$ 线性表示.

再证表示法唯一.

设 $\boldsymbol{\beta}=h_1\boldsymbol{\alpha}_1+h_2\boldsymbol{\alpha}_2+\cdots+h_n\boldsymbol{\alpha}_n=l_1\boldsymbol{\alpha}_1+l_2\boldsymbol{\alpha}_2+\cdots+l_n\boldsymbol{\alpha}_n$，从而有　$(h_1-l_1)\boldsymbol{\alpha}_1+(h_2-l_2)\boldsymbol{\alpha}_2+\cdots+(h_n-l_n)\boldsymbol{\alpha}_n=\mathbf{0}$ 成立. 又由 $\boldsymbol{\alpha}_1,\boldsymbol{\alpha}_2,\cdots,\boldsymbol{\alpha}_n$ 线性无关，得 $h_i-l_i=0$，即 $h_i=l_i(i=1,2,\cdots,n)$，故表示法唯一.

例 6　设 $\boldsymbol{\alpha}=\begin{pmatrix}a_1\\a_2\\\vdots\\a_n\end{pmatrix}$，证明 $\boldsymbol{\alpha}$ 可由单位坐标向量组 $\boldsymbol{e}_1,\boldsymbol{e}_2,\cdots,\boldsymbol{e}_n$ 线性表示，且表示法唯一.

证　已知单位坐标向量组 $\boldsymbol{e}_1,\boldsymbol{e}_2,\cdots,\boldsymbol{e}_n$ 线性无关，而 $\boldsymbol{e}_1,\boldsymbol{e}_2,\cdots,\boldsymbol{e}_n,\boldsymbol{\alpha}$ 线性相关，由定理 3 可知，$\boldsymbol{\alpha}$ 可由 $\boldsymbol{e}_1,\boldsymbol{e}_2,\cdots,\boldsymbol{e}_n$ 线性表示，且表示法唯一，即

$$\boldsymbol{\alpha}=a_1\boldsymbol{e}_1+a_2\boldsymbol{e}_2+\cdots+a_n\boldsymbol{e}_n=(\boldsymbol{e}_1\boldsymbol{e}_2\cdots\boldsymbol{e}_n)\begin{pmatrix}a_1\\a_2\\\vdots\\a_n\end{pmatrix}.$$

定理 4 设两个向量组

$$A:\boldsymbol{\alpha}_1,\boldsymbol{\alpha}_2,\cdots,\boldsymbol{\alpha}_n;\quad B:\boldsymbol{\beta}_1,\boldsymbol{\beta}_2,\cdots,\boldsymbol{\beta}_s.$$

若向量组 $\boldsymbol{B}$ 可由向量组 $\boldsymbol{A}$ 线性表示,则当 $s>n$ 时,向量组 $\boldsymbol{B}$ 线性相关.

证 由于向量组 $\boldsymbol{B}$ 可由向量组 $\boldsymbol{A}$ 线性表示,则 $R(\boldsymbol{B})\leqslant R(\boldsymbol{A})$,即

$$R(\boldsymbol{\beta}_1,\boldsymbol{\beta}_2,\cdots,\boldsymbol{\beta}_s)\leqslant R(\boldsymbol{\alpha}_1,\boldsymbol{\alpha}_2,\cdots,\boldsymbol{\alpha}_n)$$

因为 $R(\boldsymbol{\alpha}_1;\boldsymbol{\alpha}_2;\cdots;\boldsymbol{\alpha}_n)\leqslant n$,又因为 $s>n$,所以 $R(\boldsymbol{\beta}_1,\boldsymbol{\beta}_2,\cdots,\boldsymbol{\beta}_s)<s$,故向量组 $\boldsymbol{B}$ 线性相关.

推论 4 向量组 $\boldsymbol{B}$ 可由向量组 $\boldsymbol{A}$ 线性表示,且向量组 $\boldsymbol{B}$ 线性无关,则 $s\leqslant n$.

推论 4 是定理 4 的逆否命题.

推论 5 向量组 $\boldsymbol{B}$ 与向量组 $\boldsymbol{A}$ 等价,且均为线性无关组,则 $s=n$.

证 设 $A:\boldsymbol{\alpha}_1,\boldsymbol{\alpha}_2,\cdots,\boldsymbol{\alpha}_n$; $B:\boldsymbol{\beta}_1,\boldsymbol{\beta}_2,\cdots,\boldsymbol{\beta}_s$.

因 $\boldsymbol{B}$ 可由 $\boldsymbol{A}$ 线性表示,且 $\boldsymbol{B}$ 线性无关,得 $s\leqslant n$;又因 $\boldsymbol{A}$ 可由 $\boldsymbol{B}$ 线性表示,且 $\boldsymbol{A}$ 线性无关,得 $s\geqslant n$,由 $s\geqslant n$ 与 $s\leqslant n$ 同时成立,故 $s=n$.

例 7 设向量组 $\boldsymbol{\alpha}_1,\boldsymbol{\alpha}_2,\boldsymbol{\alpha}_3$ 线性相关,向量组 $\boldsymbol{\alpha}_2,\boldsymbol{\alpha}_3,\boldsymbol{\alpha}_4$ 线性无关,证明:(1) $\boldsymbol{\alpha}_1$ 可由 $\boldsymbol{\alpha}_2,\boldsymbol{\alpha}_3$ 线性表示;(2) $\boldsymbol{\alpha}_4$ 不能由 $\boldsymbol{\alpha}_1,\boldsymbol{\alpha}_2,\boldsymbol{\alpha}_3$ 线性表示.

证 (1)因为 $\boldsymbol{\alpha}_2,\boldsymbol{\alpha}_3,\boldsymbol{\alpha}_4$ 线性无关,所以部分组 $\boldsymbol{\alpha}_2,\boldsymbol{\alpha}_3$ 线性无关,而 $\boldsymbol{\alpha}_1,\boldsymbol{\alpha}_2,\boldsymbol{\alpha}_3$ 线性相关,故 $\boldsymbol{\alpha}_1$ 可由 $\boldsymbol{\alpha}_2,\boldsymbol{\alpha}_3$ 线性表示.

(2)假设 $\boldsymbol{\alpha}_4$ 可由 $\boldsymbol{\alpha}_1,\boldsymbol{\alpha}_2,\boldsymbol{\alpha}_3$ 线性表示,又因为 $\boldsymbol{\alpha}_1$ 可由 $\boldsymbol{\alpha}_2,\boldsymbol{\alpha}_3$ 线性表示,从而 $\boldsymbol{\alpha}_4$ 可由 $\boldsymbol{\alpha}_2,\boldsymbol{\alpha}_3$ 线性表示,则 $\boldsymbol{\alpha}_2,\boldsymbol{\alpha}_3,\boldsymbol{\alpha}_4$ 线性相关与已知矛盾,故 $\boldsymbol{\alpha}_4$ 不可由 $\boldsymbol{\alpha}_1,\boldsymbol{\alpha}_2,\boldsymbol{\alpha}_3$ 线性表示.

2.3.3 向量组的极大无关组与秩

引例 考察向量组 $A:\boldsymbol{\alpha}_1=\begin{pmatrix}1\\0\\1\end{pmatrix},\quad \boldsymbol{\alpha}_2=\begin{pmatrix}1\\-1\\1\end{pmatrix},\quad \boldsymbol{\alpha}_3=\begin{pmatrix}3\\0\\3\end{pmatrix},\quad \boldsymbol{\alpha}_4=\begin{pmatrix}-2\\0\\-2\end{pmatrix}$.

由于 $\boldsymbol{A}$ 是由 4 个 3 维向量构成的向量组,故 $\boldsymbol{A}$ 线性相关. 然而在 $\boldsymbol{A}$ 中有线性无关的部分组 $\boldsymbol{\alpha}_1,\boldsymbol{\alpha}_2$,并且在 $\boldsymbol{\alpha}_1,\boldsymbol{\alpha}_2$ 中再添加一个 $\boldsymbol{\alpha}_3$ 或 $\boldsymbol{\alpha}_4$ 进去,又线性相关,也就是说 $\boldsymbol{\alpha}_1,\boldsymbol{\alpha}_2$ 在向量组 A 中作为一个线性无关的部分组,所含的向量个数最多,因此称 $\boldsymbol{\alpha}_1,\boldsymbol{\alpha}_2$ 是向量组 $\boldsymbol{A}$ 的一个极大线性无关组. 一般地,有如下定义:

定义 2 设向量组 $A:\boldsymbol{\alpha}_1,\boldsymbol{\alpha}_2,\cdots,\boldsymbol{\alpha}_n$,如果 $\boldsymbol{A}$ 的一个含有 r 个向量的部分组 $A_0:\boldsymbol{\alpha}_{j_1},\boldsymbol{\alpha}_{j_2},\cdots,\boldsymbol{\alpha}_{j_r}$,满足:

(1) A_0 是线性无关的;

(2) $\boldsymbol{A}$ 中任意一个 $r+1$ 个向量构成的部分组(如果存在的话)都线性相关.

则称 A_0 是 $\boldsymbol{A}$ 的一个**极大线性无关组**,简称**极大无关组**. 规定只含零向量的向量组没有极大无关组.

在引例中，$\boldsymbol{\alpha}_1,\boldsymbol{\alpha}_2$ 是 $\boldsymbol{\alpha}_1,\boldsymbol{\alpha}_2,\boldsymbol{\alpha}_3,\boldsymbol{\alpha}_4$ 的一个极大无关组．可以看出，$\boldsymbol{\alpha}_2,\boldsymbol{\alpha}_3$ 或 $\boldsymbol{\alpha}_2,\boldsymbol{\alpha}_4$ 也是 $\boldsymbol{\alpha}_1,\boldsymbol{\alpha}_2,\boldsymbol{\alpha}_3,\boldsymbol{\alpha}_4$ 的极大无关组，故一个向量组的极大无关组不一定唯一．同时，也可以看出这三个极大无关组所含向量的个数是唯一确定的，都是两个．

定义 3　向量组 $\boldsymbol{A}:\boldsymbol{\alpha}_1,\boldsymbol{\alpha}_2,\cdots,\boldsymbol{\alpha}_n$ 的极大无关组 $\boldsymbol{A}_0:\boldsymbol{\alpha}_{j_1},\boldsymbol{\alpha}_{j_2},\cdots,\boldsymbol{\alpha}_{j_r}$ 所含向量的个数 r 称为向量组 $\boldsymbol{A}$ 的**秩**，记为 $R(\boldsymbol{A})=R(\boldsymbol{\alpha}_1,\boldsymbol{\alpha}_2,\cdots,\boldsymbol{\alpha}_n)=r$.

关于极大无关组，有以下性质：

性质 5　向量组 $\boldsymbol{A}$ 与其任一个极大无关组 $\boldsymbol{A}_0$ 是等价向量组．换句话说，$\boldsymbol{A}$ 与 $\boldsymbol{A}_0$ 的秩相等，即 $R(\boldsymbol{A})=R(\boldsymbol{A}_0)=r$.

证　设 $\boldsymbol{A}:\boldsymbol{\alpha}_1,\boldsymbol{\alpha}_2,\cdots,\boldsymbol{\alpha}_n$，且 $\boldsymbol{A}_0:\boldsymbol{\alpha}_{j_1},\boldsymbol{\alpha}_{j_2},\cdots,\boldsymbol{\alpha}_{j_r}$ 是 $\boldsymbol{A}$ 的一个极大无关组．由于 $\boldsymbol{A}_0$ 是 $\boldsymbol{A}$ 的一个部分组，故 $\boldsymbol{A}_0$ 可由 $\boldsymbol{A}$ 线性表示，即 $R(\boldsymbol{A})=R(\boldsymbol{A},\boldsymbol{A}_0)$．另一方面，对 $\boldsymbol{A}$ 中任意的向量 $\boldsymbol{\alpha}_i$，若 $\boldsymbol{\alpha}_i$ 是 $\boldsymbol{A}_0$ 中向量，则 $\boldsymbol{\alpha}_i$ 可由 $\boldsymbol{A}_0$ 线性表示；若 $\boldsymbol{\alpha}_i$ 不是 $\boldsymbol{A}_0$ 中的向量，则 $\boldsymbol{\alpha}_{j_1},\boldsymbol{\alpha}_{j_2},\cdots,\boldsymbol{\alpha}_{j_r},\boldsymbol{\alpha}_i$ 必线性相关，故 $\boldsymbol{\alpha}_i$ 亦可由 $\boldsymbol{A}_0$ 线性表示．由 $\boldsymbol{\alpha}_i$ 的任意性，知 $\boldsymbol{A}$ 可由 $\boldsymbol{A}_0$ 线性表示，即 $R(\boldsymbol{A}_0)=R(\boldsymbol{A}_0)$

总之，$\boldsymbol{A}$ 与 $\boldsymbol{A}_0$ 等价，且 $R(\boldsymbol{A}_0)=R(\boldsymbol{A})=r$.

性质 6　同一向量组的两个极大无关组是等价向量组，且所含向量的个数相同．

由等价的传递性和定理 4 的推论 2 即可予以证明．

由于向量组 $\boldsymbol{A}$ 与其对应的矩阵 $\boldsymbol{A}$ 是一一对应的，因此可以通过矩阵 $\boldsymbol{A}$ 求向量组 $\boldsymbol{A}$ 的极大无关组和秩．

例 8　设向量组 $\boldsymbol{A}:\boldsymbol{\alpha}_1=\begin{pmatrix}2\\1\\4\\3\end{pmatrix},\quad \boldsymbol{\alpha}_2=\begin{pmatrix}-1\\1\\-6\\6\end{pmatrix},\quad \boldsymbol{\alpha}_3=\begin{pmatrix}-1\\-2\\2\\-9\end{pmatrix},\quad \boldsymbol{\alpha}_4=\begin{pmatrix}1\\1\\2\\-7\end{pmatrix},\quad \boldsymbol{\alpha}_5=\begin{pmatrix}2\\4\\4\\9\end{pmatrix}$.

求 $\boldsymbol{A}$ 的一个极大无关组，并用这个极大无关组表示其余的向量．

解　因为

$$\boldsymbol{A}=(\boldsymbol{\alpha}_1,\boldsymbol{\alpha}_2,\boldsymbol{\alpha}_3,\boldsymbol{\alpha}_4,\boldsymbol{\alpha}_5)=\begin{pmatrix}2&-1&-1&1&2\\1&1&-2&1&4\\4&-6&2&2&4\\3&6&-9&-7&9\end{pmatrix}\xrightarrow{r}\begin{pmatrix}1&0&-1&0&4\\0&1&-1&0&3\\0&0&0&1&-3\\0&0&0&0&0\end{pmatrix}$$

$$=(\boldsymbol{\beta}_1,\boldsymbol{\beta}_2,\boldsymbol{\beta}_3,\boldsymbol{\beta}_4,\boldsymbol{\beta}_5)=\boldsymbol{B}. \tag{2-9}$$

所以方程组 $\boldsymbol{A}\boldsymbol{x}=\boldsymbol{0}$ 与 $\boldsymbol{B}\boldsymbol{x}=\boldsymbol{0}$ 同解，也就是

$$x_1\boldsymbol{\alpha}_1+x_2\boldsymbol{\alpha}_2+\cdots+x_n\boldsymbol{\alpha}_n=\boldsymbol{0}$$

与

$$x_1\boldsymbol{\beta}_1+x_2\boldsymbol{\beta}_2+\cdots+x_n\boldsymbol{\beta}_n=\boldsymbol{0}$$

同解，因此向量组 $\boldsymbol{A}:\boldsymbol{\alpha}_1,\boldsymbol{\alpha}_2,\boldsymbol{\alpha}_3,\boldsymbol{\alpha}_4,\boldsymbol{\alpha}_5$ 与向量组 $\boldsymbol{B}:\boldsymbol{\beta}_1,\boldsymbol{\beta}_2,\boldsymbol{\beta}_3,\boldsymbol{\beta}_4,\boldsymbol{\beta}_5$ 之间有相同的线性关系．

由式(2-9)，得 $\boldsymbol{\beta}_1,\boldsymbol{\beta}_2,\boldsymbol{\beta}_4$ 是向量组 $\boldsymbol{B}$ 的一个极大无关组；且 $\boldsymbol{\beta}_3=-\boldsymbol{\beta}_1-\boldsymbol{\beta}_2,\boldsymbol{\beta}_5=4\boldsymbol{\beta}_1+3\boldsymbol{\beta}_2-3\boldsymbol{\beta}_4$；$R(\boldsymbol{\beta}_1\boldsymbol{\beta}_2\boldsymbol{\beta}_3\boldsymbol{\beta}_4\boldsymbol{\beta}_5)=3$.

因此,$\boldsymbol{\alpha}_1,\boldsymbol{\alpha}_2,\boldsymbol{\alpha}_4$ 是向量组 $\boldsymbol{A}$ 的一个极大无关组;且 $\boldsymbol{\alpha}_3=-\boldsymbol{\alpha}_1-\boldsymbol{\alpha}_2,\boldsymbol{\alpha}_5=4\boldsymbol{\alpha}_1+3\boldsymbol{\alpha}_2-3\boldsymbol{\alpha}_4$;$R(\boldsymbol{\alpha}_1,\boldsymbol{\alpha}_2,\boldsymbol{\alpha}_3,\boldsymbol{\alpha}_4,\boldsymbol{\alpha}_5)=3$.

例 9 设齐次线性方程组

$$\begin{cases}x_1+2x_2+x_3-2x_4=0\\2x_1+3x_2-x_4=0\\x_1-x_2-5x_3+7x_4=0\end{cases}$$

的全体解向量构成的向量组为 $\boldsymbol{S}$,求 $\boldsymbol{S}$ 的一个极大无关组和秩.

解 因为

$$\boldsymbol{A}=\begin{pmatrix}1&2&1&-2\\2&3&0&-1\\1&-1&-5&7\end{pmatrix}\xrightarrow{r}\begin{pmatrix}1&0&-3&4\\0&1&2&-3\\0&0&0&0\end{pmatrix},$$

所以,同解方程组为

$$\begin{cases}x_1=3x_3-4x_4\\x_2=-2x_3+3x_4\end{cases}$$

其解为

$$\boldsymbol{x}=\begin{pmatrix}3c_1-4c_2\\-2c_1+3c_2\\c_1\\c_2\end{pmatrix},c_1,c_2\text{ 为任意常数}.$$

于是,$\boldsymbol{x}$ 可表示为

$$\boldsymbol{x}=c_1\begin{pmatrix}3\\-2\\1\\0\end{pmatrix}+c_2\begin{pmatrix}-4\\3\\0\\1\end{pmatrix}=c_1\boldsymbol{\xi}_1+c_2\boldsymbol{\xi}_2$$

即 $S=\{\boldsymbol{x}\mid\boldsymbol{x}=c_1\boldsymbol{\xi}_1+c_2\boldsymbol{\xi}_2.\ c_1,c_2\text{ 是任意常数}\}$.

因为 $\boldsymbol{\xi}_1,\boldsymbol{\xi}_2$ 是两个线性无关的解,且可以表示所有的解向量,所以 $\boldsymbol{\xi}_1,\boldsymbol{\xi}_2$ 是 S 的一个极大无关组,S 的秩为 2.

2.4 线性方程组解的结构

本节将研究线性方程组 $\boldsymbol{Ax}=\boldsymbol{b}$ 在 $R(\boldsymbol{A})=R(\boldsymbol{A},\boldsymbol{b})<n$ 时,其无穷多个解之间的关系,即线性方程组解的结构问题.

2.4.1　齐次线性方程组解的结构

齐次线性方程组的矩阵形式为 $\boldsymbol{Ax}=\boldsymbol{0}$,其解有以下两个性质.

性质 1　若 $\boldsymbol{\xi}_1,\boldsymbol{\xi}_2$ 是 $\boldsymbol{Ax}=\boldsymbol{0}$ 的解,则 $\boldsymbol{\xi}_1+\boldsymbol{\xi}_2$ 也是 $\boldsymbol{Ax}=\boldsymbol{0}$ 的解.

证　因为 $\boldsymbol{\xi}_1,\boldsymbol{\xi}_2$ 是 $\boldsymbol{Ax}=\boldsymbol{0}$ 的解,所以 $\boldsymbol{A\xi}_1=\boldsymbol{0}$,且 $\boldsymbol{A\xi}_2=\boldsymbol{0}$.

由于 $$\boldsymbol{A}(\boldsymbol{\xi}_1+\boldsymbol{\xi}_2)=\boldsymbol{A\xi}_1+\boldsymbol{A\xi}_2=\boldsymbol{0}+\boldsymbol{0}=\boldsymbol{0},$$

故 $\boldsymbol{\xi}_1+\boldsymbol{\xi}_2$ 是 $\boldsymbol{Ax}=\boldsymbol{0}$ 的解.

性质 2　若 $\boldsymbol{\xi}$ 是 $\boldsymbol{Ax}=\boldsymbol{0}$ 的解,k 为任意常数,则 $k\boldsymbol{\xi}$ 也是 $\boldsymbol{Ax}=\boldsymbol{0}$ 的解.

证　因为 $\boldsymbol{\xi}$ 是 $\boldsymbol{Ax}=\boldsymbol{0}$ 的解,所以 $\boldsymbol{A\xi}=\boldsymbol{0}$.

由于 $$\boldsymbol{A}(k\boldsymbol{\xi})=k(\boldsymbol{A\xi})=\boldsymbol{0},$$

故 $k\boldsymbol{\xi}$ 是 $\boldsymbol{Ax}=\boldsymbol{0}$ 的解.

上述性质可以概括为:齐次线性方程组的解的线性组合仍是齐次线性方程组的解.

设齐次线性方程组 $\boldsymbol{Ax}=\boldsymbol{0}$ 的解向量的集合为 S,易知,或 $S=\{0\}$ 或 S 含有无穷多个向量.当 S 含有无穷多个向量时,可以找到 S 的一个极大无关组,使得 S 中的任意一个解向量可由极大无关组线性表示.于是,有如下定义.

定义　设 $\boldsymbol{\xi}_1,\boldsymbol{\xi}_2\cdots,\boldsymbol{\xi}_s$ 是齐次线性方程组 $\boldsymbol{Ax}=\boldsymbol{0}$ 的一组解向量,且满足:

(1)$\boldsymbol{\xi}_1,\boldsymbol{\xi}_2\cdots,\boldsymbol{\xi}_s$ 线性无关;

(2)解向量集 S 中的任意一个解向量 $\boldsymbol{x}$ 都可由 $\boldsymbol{\xi}_1,\boldsymbol{\xi}_2\cdots,\boldsymbol{\xi}_s$ 线性表示,则称 $\boldsymbol{\xi}_1,\boldsymbol{\xi}_2,\cdots,\boldsymbol{\xi}_s$ 为齐次线性方程组 $\boldsymbol{Ax}=\boldsymbol{0}$ 的基础解系.

由于基础解系是 S 的一个极大无关组,因此,基础解系不唯一.然而,其所含向量的个数是相等的,就是 S 的秩.显然,当 $S=\{0\}$ 时,没有基础解系.

定理 1　设齐次线性方程组 $\boldsymbol{Ax}=\boldsymbol{0}$,且 $R(\boldsymbol{A})=r<n$,则必有基础解系,且其基础解系所含向量的个数为 $n-r$.

证　齐次线性方程组 $\boldsymbol{Ax}=\boldsymbol{0}$,在 $R(\boldsymbol{A})=r<n$ 时,知其有无穷多个解.由前述,不妨设

$$\boldsymbol{A}\xrightarrow{r}\begin{pmatrix}1&0&\cdots&0&c_{11}&\cdots&c_{1,n-r}\\0&1&\cdots&0&c_{21}&\cdots&c_{2,n-r}\\\vdots&\vdots&&\vdots&\vdots&&\vdots\\0&0&\cdots&1&c_{r1}&\cdots&c_{r,n-r}\\0&0&\cdots&0&0&\cdots&0\\\vdots&\vdots&&\vdots&\vdots&&\vdots\\0&0&\cdots&0&0&\cdots&0\end{pmatrix},$$

即 $\boldsymbol{Ax}=\boldsymbol{0}$ 与下面的方程组同解

$$\begin{cases} x_1 = -c_{11}x_{r+1} - c_{12}x_{r+2} - \cdots - c_{1,n-r}x_n \\ x_2 = -c_{21}x_{r+1} - c_{22}x_{r+2} - \cdots - c_{2,n-r}x_n \\ \quad\cdots\cdots \\ x_r = -c_{r1}x_{r+1} - c_{r2}x_{r+2} - \cdots - c_{r,n-r}x_n \end{cases}$$

将 $x_{r+1}, x_{r+2}, \cdots, x_n$ 这 $n-r$ 个变量作为自由未知量,并分别取为

$$\begin{pmatrix} 1 \\ 0 \\ \vdots \\ 0 \end{pmatrix}, \begin{pmatrix} 0 \\ 1 \\ \vdots \\ 0 \end{pmatrix}, \cdots, \begin{pmatrix} 0 \\ 0 \\ \vdots \\ 1 \end{pmatrix},$$

则可得 $\boldsymbol{Ax}=\mathbf{0}$ 的 n-r 个解向量,表示为

$$\boldsymbol{\xi}_1 = \begin{pmatrix} -c_{11} \\ -c_{21} \\ \vdots \\ -c_{r1} \\ 1 \\ 0 \\ \vdots \\ 0 \end{pmatrix}, \boldsymbol{\xi}_2 = \begin{pmatrix} -c_{12} \\ -c_{22} \\ \vdots \\ -c_{r2} \\ 0 \\ 1 \\ \vdots \\ 0 \end{pmatrix}, \cdots, \boldsymbol{\xi}_{n-r} = \begin{pmatrix} -c_{1,n-r} \\ -c_{2,n-r} \\ \vdots \\ -c_{r,n-r} \\ 0 \\ 0 \\ \vdots \\ 1 \end{pmatrix}$$

由 2.3.2 节推论 2 知,$\boldsymbol{\xi}_1, \boldsymbol{\xi}_2, \cdots, \boldsymbol{\xi}_{n-r}$ 线性无关. 又知对于 $\boldsymbol{Ax}=\mathbf{0}$ 的任意解均可表示为

$$\boldsymbol{x} = \begin{pmatrix} -c_{11}k_1 - c_{12}k_2 - \cdots - c_{1,n-r}k_{n-r} \\ -c_{21}k_1 - c_{22}k_2 - \cdots - c_{2,n-r}k_{n-r} \\ \vdots \\ -c_{r1}k_1 - c_{r2}k_2 - \cdots - c_{r,n-r}k_{n-r} \\ k_1 \\ k_2 \\ \vdots \\ k_{n-r} \end{pmatrix} = k_1\boldsymbol{\xi}_1 + k_2\boldsymbol{\xi}_2 + \cdots + k_{n-r}\boldsymbol{\xi}_{n-r}$$

($k_1, k_2, \cdots, k_{n-r}$ 为任意常数)

所以,$\boldsymbol{\xi}_1, \boldsymbol{\xi}_2, \cdots, \boldsymbol{\xi}_{n-r}$ 是 $\boldsymbol{Ax}=\mathbf{0}$ 的一个基础解系,且含有 $n-r$ 个向量. 证毕.

通常,将齐次线性方程组 $\boldsymbol{Ax}=\mathbf{0}$ 的解的表达式

$$\boldsymbol{x} = k_1\boldsymbol{\xi}_1 + k_2\boldsymbol{\xi}_2 + \cdots + k_{n-r}\boldsymbol{\xi}_{n-r} \quad (k_1, k_2, \cdots, k_{n-r} \text{为任意常数})$$

称为 $\boldsymbol{Ax}=\mathbf{0}$ 的通解.

例 1　求齐次线性方程组

$$\begin{cases}x_1+x_2-x_3-x_4=0\\2x_1-5x_2+3x_3+2x_4=0\\7x_1-7x_2+3x_3+x_4=0\end{cases}$$

的一个基础解系与通解.

解　对方程组的系数矩阵施以初等行变换,得

$$\boldsymbol{A}=\begin{pmatrix}1&1&-1&-1\\2&-5&3&2\\7&-7&3&1\end{pmatrix}\xrightarrow[-2r_1+r_2]{-7r_1+r_3}\begin{pmatrix}1&1&-1&-1\\0&-7&5&4\\0&-14&10&8\end{pmatrix}\xrightarrow{-2r_2+r_3}\begin{pmatrix}1&1&-1&-1\\0&-7&5&4\\0&0&0&0\end{pmatrix}$$

$$\xrightarrow{-\frac{1}{7}r_2}\begin{pmatrix}1&1&-1&-1\\0&1&-\frac{5}{7}&-\frac{4}{7}\\0&0&0&0\end{pmatrix}\xrightarrow{-r_2+r_1}\begin{pmatrix}1&0&-\frac{2}{7}&-\frac{3}{7}\\0&1&-\frac{5}{7}&-\frac{4}{7}\\0&0&0&0\end{pmatrix}$$

由 $R(\boldsymbol{A})=2$,故有 $4-2$ 个自由未知量,选取 x_3,x_4 为自由未知量,得基础解系为

$$\boldsymbol{\xi}_1=\begin{pmatrix}\frac{2}{7}\\\frac{5}{7}\\1\\0\end{pmatrix},\quad\boldsymbol{\xi}_2=\begin{pmatrix}\frac{3}{7}\\\frac{4}{7}\\0\\1\end{pmatrix},$$

因而通解为 $\boldsymbol{x}=k_1\boldsymbol{\xi}_1+k_2\boldsymbol{\xi}_2$　(k_1,k_2 为任意常数).

当然,如果取

$$\boldsymbol{\eta}_1=\begin{pmatrix}2\\5\\7\\0\end{pmatrix},\quad\boldsymbol{\eta}_2=\begin{pmatrix}3\\4\\0\\7\end{pmatrix}$$

为基础解系,就可以避免分量出现分数的情形.

注意:自由未知量的选取也是自由的.本例中,也可以选取 x_2,x_4 为自由未知量,还可以选取 x_2,x_3 为自由未知量.诚然,选取不同的自由未知量,虽然得到表现形式不同的基础解系,但是这些基础解系是相互等价的,且都可以表示任意解.

还请注意,为什么不能选取 x_1 作为一个自由未知量?

例 2　证明 $R(\boldsymbol{A}^{\mathrm{T}}\boldsymbol{A})=R(\boldsymbol{A})$.

证明　设 $\boldsymbol{A}$ 为 $m\times n$ 矩阵,$\boldsymbol{x}$ 为 n 维列向量.

若 $\boldsymbol{x}$ 满足 $\boldsymbol{A}\boldsymbol{x}=\boldsymbol{0}$,则有 $\boldsymbol{A}^{\mathrm{T}}(\boldsymbol{A}\boldsymbol{x})=\boldsymbol{0}$,即 $(\boldsymbol{A}^{\mathrm{T}}\boldsymbol{A})\boldsymbol{x}=\boldsymbol{0}$,也就是 $\boldsymbol{x}$ 满足 $(\boldsymbol{A}^{\mathrm{T}}\boldsymbol{A})\boldsymbol{x}=\boldsymbol{0}$;

若 $\boldsymbol{x}$ 满足 $(\boldsymbol{A}^{\mathrm{T}}\boldsymbol{A})\boldsymbol{x}=\boldsymbol{0}$,则 $\boldsymbol{x}^{\mathrm{T}}(\boldsymbol{A}^{\mathrm{T}}\boldsymbol{A})\boldsymbol{x}=\boldsymbol{0}$,$(\boldsymbol{x}^{\mathrm{T}}\boldsymbol{A}^{\mathrm{T}})(\boldsymbol{A}\boldsymbol{x})=\boldsymbol{0}$,进而 $(\boldsymbol{A}\boldsymbol{x})^{\mathrm{T}}(\boldsymbol{A}\boldsymbol{x})=\boldsymbol{0}$,从而得 $\boldsymbol{A}\boldsymbol{x}=\boldsymbol{0}$,也就是 $\boldsymbol{x}$ 满足 $\boldsymbol{A}\boldsymbol{x}=\boldsymbol{0}$.

由于方程组 $\boldsymbol{A}\boldsymbol{x}=\boldsymbol{0}$ 与 $(\boldsymbol{A}^{\mathrm{T}}\boldsymbol{A})\boldsymbol{x}=\boldsymbol{0}$ 同解,故 $R(\boldsymbol{A}^{\mathrm{T}}\boldsymbol{A})=R(\boldsymbol{A})$.

2.4.2 非齐次线性方程组解的结构

设非齐次线性方程组 $\boldsymbol{A}\boldsymbol{x}=\boldsymbol{b}$,且 $R(\boldsymbol{A})=R(\boldsymbol{A},\boldsymbol{b})=r<n$,其解集记为 $\tilde{S}$. 并称齐次线性方程组 $\boldsymbol{A}\boldsymbol{x}=\boldsymbol{0}$ 为 $\boldsymbol{A}\boldsymbol{x}=\boldsymbol{b}$ 的导出线性方程组. 易知,若 $\boldsymbol{\eta}_1,\boldsymbol{\eta}_2$ 是 $\boldsymbol{A}\boldsymbol{x}=\boldsymbol{b}$ 的两个解,那么其和 $\boldsymbol{\eta}_1+\boldsymbol{\eta}_2$ 则不是 $\boldsymbol{A}\boldsymbol{x}=\boldsymbol{b}$ 的解. 然而,关于非齐次线性方程组的解却有以下性质.

性质 3 设 $\boldsymbol{\eta}_1,\boldsymbol{\eta}_2$ 是 $\boldsymbol{A}\boldsymbol{x}=\boldsymbol{b}$ 的两个解,则 $\boldsymbol{\eta}_1-\boldsymbol{\eta}_2$ 是其导出线性方程组 $\boldsymbol{A}\boldsymbol{x}=\boldsymbol{0}$ 的一个解.

性质 4 设 $\boldsymbol{\eta}$ 是 $\boldsymbol{A}\boldsymbol{x}=\boldsymbol{b}$ 的一个解,$\boldsymbol{\xi}$ 是其导出线性方程组 $\boldsymbol{A}\boldsymbol{x}=\boldsymbol{0}$ 的一个解,则 $\boldsymbol{\eta}+\boldsymbol{\xi}$ 是 $\boldsymbol{A}\boldsymbol{x}=\boldsymbol{b}$ 的一个解.

于是,关于非齐次线性方程组 $\boldsymbol{A}\boldsymbol{x}=\boldsymbol{b}$ 有如下解的结构定理.

定理 2 设 $\boldsymbol{\eta}^*$ 是非齐次线性方程组 $\boldsymbol{A}\boldsymbol{x}=\boldsymbol{b}$ 的一个特解,$\boldsymbol{\xi}$ 是其导出线性方程组 $\boldsymbol{A}\boldsymbol{x}=\boldsymbol{0}$ 的一个解,则 $\boldsymbol{A}\boldsymbol{x}=\boldsymbol{b}$ 的任意一个解 $\boldsymbol{x}$ 可由 $\boldsymbol{\eta}^*$ 与 $\boldsymbol{\xi}$ 之和表示,即 $\boldsymbol{x}=\boldsymbol{\eta}^*+\boldsymbol{\xi}$.

定理 2 表明,当 $\boldsymbol{\xi}$ 取遍 $\boldsymbol{A}\boldsymbol{x}=\boldsymbol{0}$ 的全部解时,$\boldsymbol{X}=\boldsymbol{\eta}^*+\boldsymbol{\xi}$ 就是 $\boldsymbol{A}\boldsymbol{x}=\boldsymbol{b}$ 的全部解. 设 $\boldsymbol{\xi}_1,\boldsymbol{\xi}_2,\cdots,\boldsymbol{\xi}_{n-r}$ 是 $\boldsymbol{A}\boldsymbol{x}=\boldsymbol{0}$ 的基础解系,且 $k_1,k_2,\cdots,k_{n-r}$ 是任意一组常数,则非齐次线性方程组 $\boldsymbol{A}\boldsymbol{x}=\boldsymbol{b}$ 的全部解为

$$\boldsymbol{x}=\boldsymbol{\eta}^*+k_1\boldsymbol{\xi}_1+k_2\boldsymbol{\xi}_2+\cdots+k_{n-r}\boldsymbol{\xi}_{n-r}\quad(k_1,k_2\cdots,k_{n-r}\text{为任意常数}).$$

上述解又称为 $\boldsymbol{A}\boldsymbol{x}=\boldsymbol{b}$ 的通解.

至此,我们已解决了线性方程组的所有问题,从中还可以发现矩阵所起到的至关重要的作用.

例 3 求非齐次线性方程组

$$\begin{cases} x_1+x_2-3x_3-x_4=1 \\ 3x_1-x_2-3x_3+4x_4=4 \\ x_1+5x_2-9x_3-8x_4=0 \end{cases}$$

的通解.

解 对方程组的增广矩阵施以初等行变换,得

$$(\boldsymbol{A},\boldsymbol{b})=\left(\begin{array}{cccc|c} 1 & 1 & -3 & -1 & 1 \\ 3 & -1 & -3 & 4 & 4 \\ 1 & 5 & -9 & -8 & 0 \end{array}\right)\xrightarrow[-r_1+r_3]{-3r_1+r_2}\left(\begin{array}{cccc|c} 1 & 1 & -3 & -1 & 1 \\ 0 & -4 & 6 & 7 & 1 \\ 0 & 4 & -6 & -7 & -1 \end{array}\right)$$

$$\xrightarrow[-\frac{1}{4}r_2]{r_2+r_3}\begin{pmatrix}1 & 1 & -3 & -1 & 1\\ 0 & 1 & -\frac{3}{2} & -\frac{7}{4} & -\frac{1}{4}\\ 0 & 0 & 0 & 0 & 0\end{pmatrix}\xrightarrow{-r_2+r_1}\begin{pmatrix}1 & 0 & -\frac{3}{2} & \frac{3}{4} & \frac{5}{4}\\ 0 & 1 & -\frac{3}{2} & -\frac{7}{4} & -\frac{1}{4}\\ 0 & 0 & 0 & 0 & 0\end{pmatrix}$$

于是,该方程组的同解方程组为

$$\begin{cases}x_1=\frac{5}{4}+\frac{3}{2}x_3-\frac{3}{4}x_4\\ x_2=-\frac{1}{4}+\frac{3}{2}x_3+\frac{7}{4}x_4\end{cases}$$

令 $x_3=x_4=0$,得特解 $\boldsymbol{\eta}^*=\begin{pmatrix}\frac{5}{4}\\ -\frac{1}{4}\\ 0\\ 0\end{pmatrix}$.

由于其导出线性方程组的基础解系为

$$\boldsymbol{\xi}_1=\begin{pmatrix}\frac{3}{2}\\ \frac{3}{2}\\ 1\\ 0\end{pmatrix},\quad \boldsymbol{\xi}_2=\begin{pmatrix}-\frac{3}{4}\\ \frac{7}{4}\\ 0\\ 1\end{pmatrix},$$

所以该非齐次线性方程组的通解为

$$\boldsymbol{x}=\boldsymbol{\eta}^*+k_1\boldsymbol{\xi}_1+k_2\boldsymbol{\xi}_2\quad (k_1,k_2\text{ 为任意常数}).$$

2.5 向量空间

在初等数学中,对空间的概念进行了一些初步的介绍．比如:平面是二维空间,立体是三维空间,等等．本节将把二维、三维空间推广到 n 维空间,并研究向量空间的内部结构,以及基、维数、坐标等基本概念,从而使代数与几何向在新的理论高度得以统一．

2.5.1 向量空间的概念

定义 1　设 V 是 n 维向量的非空集合,且 V 对向量的加法和数乘运算封闭,也就是

(1)若任意的 $\boldsymbol{\xi}_1,\boldsymbol{\xi}_2\in V$,则必有 $\boldsymbol{\xi}_1+\boldsymbol{\xi}_2\in V$;

(2)若任意的$\boldsymbol{\xi}\in V$,且k是任意常数,则必有$k\boldsymbol{\xi}\in V$.

则称V为**向量空间**.

若V_1,V_2均为向量空间,且$V_1\subseteq V_2$,称V_1是V_2的**向量子空间**,简称**子空间**.

例1 讨论下列向量的集合是否构成向量空间:

(1)所有n维向量构成的集合,记为$\mathbf{R}^n$;

(2)$\mathbf{R}^3$中x轴上的所有向量构成的集合,记为V_x;

(3)集合$V_1=\left\{\boldsymbol{x}\mid \boldsymbol{x}=\begin{pmatrix}0\\x_2\\x_3\\\vdots\\x_n\end{pmatrix},x_i\in\mathbf{R},i=2,3,\cdots,n\right\}$;

(4)集合$V_2=\left\{\boldsymbol{x}\mid \boldsymbol{x}=\begin{pmatrix}1\\x_2\\x_3\\\vdots\\x_n\end{pmatrix},\boldsymbol{x}_i\in\mathbf{R},i=2,3,\cdots,n\right\}$;

(5)零向量构成的集合,记为$\{0\}$;

(6)齐次线性方程组$\boldsymbol{Ax}=\boldsymbol{0}$的解集$S$;

(7)非齐次线性方程组$\boldsymbol{Ax}=\boldsymbol{b}$的解集$\tilde{S}$;

解 (1)因为对于任意的$\boldsymbol{\xi}_1,\boldsymbol{\xi}_2\in\mathbf{R}^n$,必有$\boldsymbol{\xi}_1+\boldsymbol{\xi}_2\in\mathbf{R}^n$;对于任意的$\boldsymbol{\xi}\in\mathbf{R}^n$,且$k$是任意常数,必有$k\boldsymbol{\xi}\in\mathbf{R}^n$,所以$\mathbf{R}^n$构成向量空间.特别地,$\mathbf{R}^2$是平面上所有向量的集合,它是二维向量空间;$\mathbf{R}^3$是立体空间中所有向量的集合,它是三维向量空间.当$n\geqslant 4$时,$\mathbf{R}^n$不再有直观的几何意义.

(2)在三维向量空间$\mathbf{R}^3$中,x轴上的所有向量的集合可表示为

$$V_x=\left\{\boldsymbol{x}\mid \boldsymbol{x}=k\begin{pmatrix}1\\0\\0\end{pmatrix},k\text{是任意常数}\right\}.$$

对于任意的$\boldsymbol{\xi}_1,\boldsymbol{\xi}_2\in V_x$,即$\boldsymbol{\xi}_1=\begin{pmatrix}k_1\\0\\0\end{pmatrix},\boldsymbol{\xi}_2=\begin{pmatrix}k_2\\0\\0\end{pmatrix}$,必有$\boldsymbol{\xi}_1+\boldsymbol{\xi}_2=\begin{pmatrix}k_1+k_2\\0\\0\end{pmatrix}\in V_x$;同时,对于任意的$\boldsymbol{\xi}_1\in V_x$,且$k$是任意常数,必有$k\boldsymbol{\xi}_1=\begin{pmatrix}kk_1\\0\\0\end{pmatrix}\in V_x$.

所以,V_x是向量空间.由于$V_x\subset\mathbf{R}^3$,则V_x是$\mathbf{R}^3$的一个子空间.

(3) 因为对于任意的 $\boldsymbol{\xi}_1=\begin{pmatrix}0\\x_2\\x_3\\\vdots\\x_n\end{pmatrix}$，$\boldsymbol{\xi}_2=\begin{pmatrix}0\\y_2\\y_3\\\vdots\\y_n\end{pmatrix}\in V_1$，必有 $\boldsymbol{\xi}_1+\boldsymbol{\xi}_2=\begin{pmatrix}0\\x_2+y_2\\x_3+y_3\\\vdots\\x_n+y_n\end{pmatrix}\in V_1$；同时，对于任意的 $\boldsymbol{\xi}_1=\begin{pmatrix}0\\x_2\\x_3\\\vdots\\x_n\end{pmatrix}\in V_1$，且 k 是任意常数，必有 $k\boldsymbol{\xi}_1=\begin{pmatrix}0\\kx_2\\kx_3\\\vdots\\kx_n\end{pmatrix}\in V_1$，故 V_1 是向量空间．又因 $V_1\subset\mathbf{R}^n$，所以 V_1 是向量空间 $\mathbf{R}^n$ 的一个子空间．

(4) 对于任意的 $\boldsymbol{\xi}=\begin{pmatrix}1\\x_2\\\vdots\\x_n\end{pmatrix}\in V_2$，当 $k=2$ 时，就有 $k\boldsymbol{\xi}=\begin{pmatrix}2\\2x_2\\\vdots\\2x_n\end{pmatrix}\notin V_2$，所以 V_2 不是向量空间．

(5) 由于 $0\in\{0\}$，必有 $0+0=0\in\{0\}$；又由于当 k 是任意常数时，必有 $k0=0\in\{0\}$，所以 $\{0\}$ 是向量空间．这里，还特别指出，零向量构成的集合 $\{0\}$ 是唯一的由单个元素构成的向量空间．

(6) 齐次线性方程组 $\boldsymbol{Ax}=\mathbf{0}$ 的解集 S 构成向量空间，这是因为齐次线性方程组的解对加法和数乘两种运算是封闭的．一般地，称解集 S 为齐次线性方程组 $\boldsymbol{Ax}=\mathbf{0}$ 的解空间．

(7) 对于非齐次线性方程组 $\boldsymbol{Ax}=\boldsymbol{b}$ 的解集 $\tilde{S}$，当 $\tilde{S}$ 是空集时，即 $\tilde{S}=\varnothing$，显然 $\tilde{S}$ 不是向量空间——因为它不满足定义 1.

当 $\tilde{S}\neq\varnothing$ 时，由于非齐次线性方程组的解对加法和数乘两种运算均不封闭．比如，非齐次线性方程组的任意两个解相加，一定不是该非齐次线性方程组的解．所以，此时 $\tilde{S}$ 也不是向量空间．

故非齐次线性方程组的 $\boldsymbol{Ax}=\boldsymbol{b}$ 的解集 $\tilde{S}$ 不构成向量空间．

例 2　设 $A:\boldsymbol{\alpha}_1,\boldsymbol{\alpha}_2,\cdots,\boldsymbol{\alpha}_s$ 是 s 个 m 维向量组成的向量组，试证明：$V=L(\boldsymbol{\alpha}_1,\boldsymbol{\alpha}_2,\cdots,\boldsymbol{\alpha}_s)=\{\boldsymbol{x}\mid k_1\boldsymbol{\alpha}_1+k_2\boldsymbol{\alpha}_2+\cdots+k_s\boldsymbol{\alpha}_s,k_i\in\mathbf{R},i=1,2,\cdots,s\}$ 构成向量空间．

证　设 $\boldsymbol{\xi}_1=h_1\boldsymbol{\alpha}_1+h_2\boldsymbol{\alpha}_2+\cdots+h_s\boldsymbol{\alpha}_s,(h_i\in\mathbf{R},i=1,2,\cdots,s)$，$\boldsymbol{\xi}_2=l_1\boldsymbol{\alpha}_1+l_2\boldsymbol{\alpha}_2+\cdots+l_s\boldsymbol{\alpha}_s(l_i\in\mathbf{R},i=1,2,\cdots,s)$ 是 V 中任意两个向量，则

$$\boldsymbol{\xi}_1+\boldsymbol{\xi}_2=(h_1+l_1)\boldsymbol{\alpha}_1+(h_2+l_2)\boldsymbol{\alpha}_2+\cdots+(h_s+l_s)\boldsymbol{\alpha}_s$$

必是 V 中的向量；

又,对于任意的常数 k,

$$k\boldsymbol{\xi}_1=(kh_1)\boldsymbol{\alpha}_1+(kh_2)\boldsymbol{\alpha}_2+\cdots+(kh_s)\boldsymbol{\alpha}_s$$

也必是 V 中的向量.

所以,$V=L(\alpha_1,\alpha_2,\cdots,\alpha_s)$ 构成向量空间,亦称 V 是由向量组 A 生成的向量空间,且称 $\boldsymbol{\alpha}_1,\boldsymbol{\alpha}_2,\cdots,\boldsymbol{\alpha}_s$ 是 V 的生成元.

2.5.2 向量空间的基、维数、坐标

从本质上看,向量空间就是对加法和数乘两种运算封闭的向量组.基于此,只要对向量空间的极大无关组和秩进行研究,就可以对向量空间有进一步深入的理解了.为此,有

定义 2 设 V 是向量空间,若 r 个向量 $\boldsymbol{\alpha}_1,\boldsymbol{\alpha}_2,\cdots,\boldsymbol{\alpha}_r\in V$,且满足:

(1) $\boldsymbol{\alpha}_1,\boldsymbol{\alpha}_2,\cdots,\boldsymbol{\alpha}_r$ 线性无关;

(2) V 中任一向量 $\boldsymbol{a}$ 都可由 $\boldsymbol{\alpha}_1,\boldsymbol{\alpha}_2,\cdots,\boldsymbol{\alpha}_r$ 线性表示,

则称 $\boldsymbol{\alpha}_1,\boldsymbol{\alpha}_2,\cdots,\boldsymbol{\alpha}_r$ 是 V 的一个**基**,r 称为向量空间 V 的**维数**,记为 $\dim V=r$.

特别地,零空间 $\{0\}$ 没有基,维数为 0.

下面对例 1 中凡构成向量空间的集合的基与维数进行讨论.

(1) 易知,$\mathbf{R}^n$ 的一个基,记为 $E:\boldsymbol{e}_1=\begin{pmatrix}1\\0\\\vdots\\0\end{pmatrix},\boldsymbol{e}_2=\begin{pmatrix}0\\1\\\vdots\\0\end{pmatrix},\cdots,\boldsymbol{e}_n=\begin{pmatrix}0\\0\\\vdots\\1\end{pmatrix}$,故其维数 $\dim\mathbf{R}^n=n$;

(2) 因为 V_x 的一个基为 $\boldsymbol{e}=\begin{pmatrix}1\\0\\0\end{pmatrix}$,故其维数 $\dim V_x=1$;

(3) 易知,V_1 的一个基为 $A:\boldsymbol{e}_2=\begin{pmatrix}0\\1\\0\\\vdots\\0\end{pmatrix},\boldsymbol{e}_3=\begin{pmatrix}0\\0\\1\\\vdots\\0\end{pmatrix},\cdots,\boldsymbol{e}_n=\begin{pmatrix}0\\0\\0\\\vdots\\1\end{pmatrix}$,故其维数 $\dim V_1=n-1$;

(4) 由于 $\boldsymbol{Ax}=\boldsymbol{0}$ 的解空间 S 的基就是基础解系,所以其维数 $\dim S=n-R(\boldsymbol{A})$.

再对例 2 已论证的向量空间 V 的基与维数进行讨论.

因为记 $V=L(\boldsymbol{\alpha}_1,\boldsymbol{\alpha}_2,\cdots,\boldsymbol{\alpha}_s)$,所以向量组 $\boldsymbol{\alpha}_1,\boldsymbol{\alpha}_2,\cdots,\boldsymbol{\alpha}_s$ 的极大无关组,就是 V 的基,其维数 $\dim L(\boldsymbol{\alpha}_1,\boldsymbol{\alpha}_2,\cdots,\boldsymbol{\alpha}_s)=R(\boldsymbol{\alpha}_1,\boldsymbol{\alpha}_2,\cdots,\boldsymbol{\alpha}_s)$.

定义 3 设 V 是向量空间，$A:\boldsymbol{\alpha}_1,\boldsymbol{\alpha}_2,\cdots,\boldsymbol{\alpha}_r$ 是 V 的一个基，对 V 中向量

$$\boldsymbol{\alpha}=x_1\boldsymbol{\alpha}_1+x_2\boldsymbol{\alpha}_2+\cdots+x_r\boldsymbol{\alpha}_r=(\boldsymbol{\alpha}_1,\boldsymbol{\alpha}_2,\cdots,\boldsymbol{\alpha}_r)\begin{pmatrix}x_1\\x_2\\\vdots\\x_r\end{pmatrix},$$

称 $\begin{pmatrix}x_1\\x_2\\\vdots\\x_r\end{pmatrix}$ 为向量 $\boldsymbol{\alpha}$ 在基 A 下的**坐标**.

显然，一个向量在固定基下的坐标是唯一的.

例 3 设 $\mathbf{R}^3$ 的一组向量 $A:\boldsymbol{\alpha}_1=\begin{pmatrix}-2\\4\\1\end{pmatrix},\boldsymbol{\alpha}_2=\begin{pmatrix}-1\\3\\5\end{pmatrix},\boldsymbol{\alpha}_3\begin{pmatrix}2\\-3\\1\end{pmatrix}$，且 $\boldsymbol{\beta}=\begin{pmatrix}1\\1\\3\end{pmatrix}$. 证明向量组 $\boldsymbol{A}$ 是 $\mathbf{R}^3$ 的一个基，并求 $\boldsymbol{\beta}$ 在基 $\boldsymbol{A}$ 下的坐标.

证明 为证明向量组 A 是 $\mathbf{R}^3$ 的一个基，只需证 $R(\boldsymbol{A})=3$. 同时，为求 $\boldsymbol{\beta}$ 在基 $\boldsymbol{A}$ 下的坐标，只要求出 $(\boldsymbol{\alpha}_1\boldsymbol{\alpha}_2\boldsymbol{\alpha}_3)\boldsymbol{x}=\boldsymbol{\beta}$ 中的 $\boldsymbol{x}$. 基于此，求解非齐次线性组 $\boldsymbol{Ax}=\boldsymbol{\beta}$.

由于

$$(\boldsymbol{A},\boldsymbol{\beta})=\left(\begin{array}{ccc|c}-2&-1&2&1\\4&3&-3&1\\1&5&1&3\end{array}\right)\xrightarrow{r}\left(\begin{array}{ccc|c}1&0&0&4\\0&1&0&-1\\0&0&1&4\end{array}\right)$$

可得 $R(\boldsymbol{A})=3$，即 $\boldsymbol{\alpha}_1,\boldsymbol{\alpha}_2,\boldsymbol{\alpha}_3$ 线性无关，所以向量组 $\boldsymbol{A}$ 是 $\mathbf{R}^3$ 的一个基. 且由

$$\beta=4\alpha_1-\alpha_2+4\alpha_3=(\alpha_1\alpha_2\alpha_3)\begin{pmatrix}4\\-1\\4\end{pmatrix},$$

得 $\boldsymbol{\beta}$ 在基 $\boldsymbol{A}$ 下的坐标为 $\begin{pmatrix}4\\-1\\4\end{pmatrix}$.

2.5.3 基变换与坐标变换

由于基就是极大无关组，所以向量空间的基不唯一，因此同一向量在不同基下的坐标也不同. 基于此，必须讨论基与基之间的关系和坐标之间的关系，也就是讨论所谓的基变换与坐标变换问题.

设向量空间 V，$\boldsymbol{A}:\boldsymbol{\alpha}_1,\boldsymbol{\alpha}_2,\cdots,\boldsymbol{\alpha}_r;\boldsymbol{B}:\boldsymbol{\beta}_1,\boldsymbol{\beta}_2,\cdots,\boldsymbol{\beta}_r$ 是 V 的两个基，故 $\boldsymbol{A}$ 与 $\boldsymbol{B}$ 等价，可得

$$(\boldsymbol{\beta}_1\ \boldsymbol{\beta}_2 \cdots \boldsymbol{\beta}_r) = (\boldsymbol{\alpha}_1\ \boldsymbol{\alpha}_2 \cdots \boldsymbol{\alpha}_r)\begin{pmatrix} p_{11} & p_{12} & \cdots & p_{1r} \\ p_{21} & p_{22} & \cdots & p_{2r} \\ \vdots & \vdots & & \vdots \\ p_{r1} & p_{r2} & \cdots & p_{rr} \end{pmatrix} \tag{2-10}$$

即
$$(\boldsymbol{\beta}_1\ \boldsymbol{\beta}_2 \cdots \boldsymbol{\beta}_r) = (\boldsymbol{\alpha}_1 \boldsymbol{\alpha}_2 \cdots \boldsymbol{\alpha}_r)\boldsymbol{P}.$$

显然,$\boldsymbol{P}$ 是 r 阶可逆矩阵,称 $\boldsymbol{P}$ 为由基 $\boldsymbol{A}$ 到基 $\boldsymbol{B}$ 的**过渡矩阵**,又称式(2-10)**为基变换公式**于是,有

$$(\boldsymbol{\alpha}_1\ \boldsymbol{\alpha}_2 \cdots \boldsymbol{\alpha}_r) = (\boldsymbol{\beta}_1\ \boldsymbol{\beta}_2 \cdots \boldsymbol{\beta}_r)\boldsymbol{P}^{-1} \tag{2-11}$$

亦称 $\boldsymbol{P}^{-1}$为由基 $\boldsymbol{B}$ 到基 $\boldsymbol{A}$ 的**过渡矩阵**.

若 $\boldsymbol{\xi} \in V$,且

$$\boldsymbol{\xi} = (\boldsymbol{\alpha}_1\ \boldsymbol{\alpha}_2 \cdots \boldsymbol{\alpha}_r)\boldsymbol{X} = (\boldsymbol{\beta}_1\ \boldsymbol{\beta}_2 \cdots \boldsymbol{\beta}_r)\boldsymbol{Y},$$

于是

$$\boldsymbol{\xi} = (\boldsymbol{\alpha}_1\ \boldsymbol{\alpha}_2 \cdots \boldsymbol{\alpha}_r)\boldsymbol{X} = (\boldsymbol{\alpha}_1\ \boldsymbol{\alpha}_2 \cdots \boldsymbol{\alpha}_r)\boldsymbol{P}\boldsymbol{Y}$$

故

$$\boldsymbol{X} = \boldsymbol{P}\boldsymbol{Y} \tag{2-12}$$

称式(2-12)为**坐标变换公式**.

例 4 设 $\mathbf{R}^3$ 的两个基分别为

$$\boldsymbol{A}:\boldsymbol{\alpha}_1 = \begin{pmatrix}0\\1\\1\end{pmatrix},\quad \boldsymbol{\alpha}_2 = \begin{pmatrix}1\\0\\1\end{pmatrix},\quad \boldsymbol{\alpha}_3 = \begin{pmatrix}1\\1\\0\end{pmatrix};$$

$$\boldsymbol{B}:\boldsymbol{\beta}_1 = \begin{pmatrix}1\\2\\1\end{pmatrix},\quad \boldsymbol{\beta}_2 = \begin{pmatrix}2\\3\\4\end{pmatrix},\quad \boldsymbol{\beta}_3 = \begin{pmatrix}3\\4\\3\end{pmatrix}.$$

求:(1)由基 $\boldsymbol{B}$ 到基 $\boldsymbol{A}$ 的过渡矩阵 $\boldsymbol{P}^{-1}$;

(2)向量 $\boldsymbol{\xi} = \begin{pmatrix}-1\\0\\2\end{pmatrix}$在基 $\boldsymbol{A}$ 下的坐标 $\boldsymbol{x}$,并利用过渡矩阵 $\boldsymbol{P}^{-1}$,求 $\boldsymbol{\xi}$ 在基 $\boldsymbol{B}$ 下的坐标 $\boldsymbol{Y}$.

解 (1)由$(\boldsymbol{\alpha}_1\ \boldsymbol{\alpha}_2\ \boldsymbol{\alpha}_3) = (\boldsymbol{\beta}_1\ \boldsymbol{\beta}_2\ \boldsymbol{\beta}_3)\boldsymbol{P}^{-1}$,

于是
$$\boldsymbol{P}^{-1} = (\boldsymbol{\beta}_1\ \boldsymbol{\beta}_2\ \boldsymbol{\beta}_3)^{-1}(\boldsymbol{\alpha}_1\ \boldsymbol{\alpha}_2\ \boldsymbol{\alpha}_3) = \boldsymbol{B}^{-1}\boldsymbol{A},$$

因为

$$(\boldsymbol{B},\boldsymbol{A})=\left(\begin{array}{ccc|ccc}1&2&3&0&1&1\\2&3&4&1&0&1\\1&4&3&1&1&0\end{array}\right)\xrightarrow{r}\left(\begin{array}{ccc|ccc}1&0&0&\frac{5}{4}&-2&-\frac{1}{4}\\0&1&0&\frac{1}{2}&0&-\frac{1}{2}\\0&0&1&-\frac{3}{4}&1&\frac{3}{4}\end{array}\right)$$

故由基 $\boldsymbol{B}$ 到基 $\boldsymbol{A}$ 的过渡矩阵

$$\boldsymbol{P}^{-1}=\begin{pmatrix}\frac{5}{4}&-2&-\frac{1}{4}\\\frac{1}{2}&0&-\frac{1}{2}\\-\frac{3}{4}&1&\frac{3}{4}\end{pmatrix}.$$

(2)记 $\boldsymbol{\xi}=(\boldsymbol{\alpha}_1\ \boldsymbol{\alpha}_2\ \boldsymbol{\alpha}_3)\boldsymbol{x}$，

于是由

$$(\boldsymbol{A},\boldsymbol{\xi})=\left(\begin{array}{ccc|c}0&1&1&-1\\1&0&1&0\\1&1&0&2\end{array}\right)\xrightarrow{r}\left(\begin{array}{ccc|c}1&0&0&-\frac{1}{2}\\0&1&0&-\frac{3}{2}\\0&0&1&\frac{1}{2}\end{array}\right)$$

可得 $\boldsymbol{\xi}$ 在基 $\boldsymbol{A}$ 下的坐标 $\boldsymbol{x}=\begin{pmatrix}-\frac{1}{2}\\-\frac{3}{2}\\\frac{1}{2}\end{pmatrix}$.

又因为 $\boldsymbol{\xi}=(\boldsymbol{\alpha}_1\ \boldsymbol{\alpha}_2\ \boldsymbol{\alpha}_3)\boldsymbol{x}=(\boldsymbol{\beta}_1\ \boldsymbol{\beta}_2\ \boldsymbol{\beta}_3)\boldsymbol{P}^{-1}\boldsymbol{x}$，

所以 $\boldsymbol{\xi}$ 在基 $\boldsymbol{B}$ 下的坐标

$$\boldsymbol{Y}=\boldsymbol{P}^{-1}\boldsymbol{x}=\begin{pmatrix}\frac{5}{4}&-2&-\frac{1}{4}\\\frac{1}{2}&0&\frac{1}{2}\\-\frac{3}{4}&1&\frac{3}{4}\end{pmatrix}\begin{pmatrix}-\frac{1}{2}\\-\frac{3}{2}\\\frac{1}{2}\end{pmatrix}=\begin{pmatrix}\frac{9}{4}\\-\frac{1}{2}\\-\frac{3}{4}\end{pmatrix}.$$

2.6 向量的内积与正交性

2.6.1 向量的内积

定义 1 设 $\boldsymbol{\alpha}=\begin{pmatrix}a_1\\a_2\\\vdots\\a_n\end{pmatrix},\boldsymbol{\beta}=\begin{pmatrix}b_1\\b_2\\\vdots\\b_n\end{pmatrix}$ 是 $\mathbf{R}^n$ 中的两个向量，称数

$$\sum_{i=1}^{n}a_ib_i=a_1b_1+a_2b_2+\cdots+a_nb_n$$

为向量 $\boldsymbol{\alpha}$ 与 $\boldsymbol{\beta}$ 的内积，记为 $(\boldsymbol{\alpha},\boldsymbol{\beta})$，即

$$(\boldsymbol{\alpha},\boldsymbol{\beta})=\sum_{i=1}^{n}a_ib_i=\boldsymbol{\alpha}^{\mathrm{T}}\boldsymbol{\beta}. \tag{2-13}$$

内积具有下列性质：

(1) $(\boldsymbol{\alpha},\boldsymbol{\beta})=(\boldsymbol{\beta},\boldsymbol{\alpha})$；

(2) $(k\boldsymbol{\alpha},\boldsymbol{\beta})=k(\boldsymbol{\alpha},\boldsymbol{\beta})$；

(3) $(\boldsymbol{\alpha}+\boldsymbol{\beta},\boldsymbol{\gamma})=(\boldsymbol{\alpha},\boldsymbol{\gamma})+(\boldsymbol{\beta},\boldsymbol{\gamma})$；

(4) 当 $\boldsymbol{\alpha}=\mathbf{0}$ 时，$(\boldsymbol{\alpha},\boldsymbol{\alpha})=\mathbf{0}$；当 $\boldsymbol{\alpha}\neq\mathbf{0}$ 时，$(\boldsymbol{\alpha},\boldsymbol{\alpha})>0$，

其中 $\boldsymbol{\alpha},\boldsymbol{\beta},\boldsymbol{\gamma}$ 为 n 维向量，k 为任意常数．

上述性质的证明并不困难．利用这些性质，还可证明著名的柯西-施瓦茨不等式．

定理 1 （柯西—施瓦茨不等式）对于任意两个向量 $\boldsymbol{\alpha},\boldsymbol{\beta}$，有

$$(\boldsymbol{\alpha},\boldsymbol{\beta})^2\leqslant(\boldsymbol{\alpha},\boldsymbol{\alpha})\cdot(\boldsymbol{\beta},\boldsymbol{\beta})$$

其中等号成立的充分必要条件是 $\boldsymbol{\alpha}$ 与 $\boldsymbol{\beta}$ 线性相关．

上述定理证明，请读者自行完成．

由内积的定义及性质，可以定义 n 维向量的长度和两非零向量的夹角．

定义 2 设 $\boldsymbol{\alpha}=\begin{pmatrix}a_1\\a_2\\\vdots\\a_n\end{pmatrix}$，令

$$\|\boldsymbol{\alpha}\|=\sqrt{(\boldsymbol{\alpha},\boldsymbol{\alpha})}=\sqrt{\boldsymbol{\alpha}^{\mathrm{T}}\boldsymbol{\alpha}}=\sqrt{a_1^2+a_2^2+\cdots+a_n^2},$$

称 $\|\boldsymbol{\alpha}\|$ 为 $\boldsymbol{\alpha}$ 的**长度**或**范数**．

长度具有下列性质：

(1)非负性：$\|\boldsymbol{\alpha}\| \geqslant 0$，当且仅当 $\boldsymbol{\alpha}=\mathbf{0}$ 时，$\|\boldsymbol{\alpha}\|=0$；

(2)齐次性：$\|k\boldsymbol{\alpha}\|=|k|\cdot\|\boldsymbol{\alpha}\|$；

(3)三角不等式：$\|\boldsymbol{\alpha}+\boldsymbol{\beta}\| \leqslant \|\boldsymbol{\alpha}\|+\|\boldsymbol{\beta}\|$.

特别地，当 $\|\boldsymbol{\alpha}\|=1$ 时，称 $\boldsymbol{\alpha}$ 为**单位向量**. 对于 $\mathbf{R}^n$ 中任一非零向量 $\boldsymbol{\alpha}$，我们有

$$\left\|\frac{1}{\|\boldsymbol{\alpha}\|}\boldsymbol{\alpha}\right\|=\frac{1}{\|\boldsymbol{\alpha}\|}\|\boldsymbol{\alpha}\|=1,$$

即 $\frac{1}{\|\boldsymbol{\alpha}\|}\boldsymbol{\alpha}$ 是一单位向量，此过程称为将向量 $\boldsymbol{\alpha}$ **单位化**.

定义 3　设 $\boldsymbol{\alpha}\neq\mathbf{0},\boldsymbol{\beta}\neq\mathbf{0}$，称

$$\theta=\arccos\frac{(\boldsymbol{\alpha},\boldsymbol{\beta})}{\|\boldsymbol{\alpha}\|\cdot\|\boldsymbol{\beta}\|},(0\leqslant\theta<\pi)$$

为向量 $\boldsymbol{\alpha}$ 与 $\boldsymbol{\beta}$ 的**夹角**.

定义 4　设 $\boldsymbol{\alpha},\boldsymbol{\beta}\in\mathbf{R}^n$，若 $(\boldsymbol{\alpha},\boldsymbol{\beta})=0$，则称向量 $\boldsymbol{\alpha}$ 与 $\boldsymbol{\beta}$ **正交**，记为 $\boldsymbol{\alpha}\perp\boldsymbol{\beta}$.

显然，零向量与任意向量都是正交的，两个非零向量正交，其夹角是 $\frac{\pi}{2}$，向量正交是向量垂直概念的推广.

例 1　求向量

$$\boldsymbol{\alpha}=\begin{pmatrix}1\\0\\-1\\2\end{pmatrix},\quad \boldsymbol{\beta}=\begin{pmatrix}0\\1\\2\\1\end{pmatrix}$$

的夹角.

解　因为

$$\|\boldsymbol{\alpha}\|=\sqrt{(\boldsymbol{\alpha},\boldsymbol{\alpha})}=\sqrt{1^2+0^2+(-1)^2+2^2}=\sqrt{6},$$

$$\|\boldsymbol{\beta}\|=\sqrt{(\boldsymbol{\beta},\boldsymbol{\beta})}=\sqrt{0^2+1^2+2^2+1^2}=\sqrt{6}.$$

又因为

$$(\boldsymbol{\alpha},\boldsymbol{\beta})=\boldsymbol{\alpha}^{\mathrm{T}}\boldsymbol{\beta}=1\times0+0\times1+(-1)\times2+2\times1=0,$$

所以

$$\theta=\arccos\frac{(\boldsymbol{\alpha},\boldsymbol{\beta})}{(\|\boldsymbol{\alpha}\|\cdot\|\boldsymbol{\beta}\|)}=\arccos 0=\frac{\pi}{2}.$$

即 $\boldsymbol{\alpha}$ 与 $\boldsymbol{\beta}$ 的夹角为 $\frac{\pi}{2}$，向量 $\boldsymbol{\alpha}$ 与 $\boldsymbol{\beta}$ 正交.

2.6.2　正交向量组

定义 5　如果非零向量组 $A:\boldsymbol{\alpha}_1,\boldsymbol{\alpha}_2,\cdots,\boldsymbol{\alpha}_r$ 中的向量是两两正交的，则称向量组 A

为**正交向量组**. A 中的每一向量 $\boldsymbol{\alpha}_i(i=1,2,\cdots,n)$ 均为单位向量,则称 A 为**单位正交向量组**.

例如,$\mathbf{R}^n$ 中的向量组 $\boldsymbol{E}:\boldsymbol{e}_1=\begin{pmatrix}1\\0\\\vdots\\0\end{pmatrix},\boldsymbol{e}_2=\begin{pmatrix}0\\1\\\vdots\\0\end{pmatrix},\cdots,\boldsymbol{e}_n=\begin{pmatrix}0\\0\\\vdots\\1\end{pmatrix}$ 是单位正交向量组.

定理 2 正交向量组是线性无关组.

证 设 $\boldsymbol{\alpha}_1,\boldsymbol{\alpha}_2,\cdots,\boldsymbol{\alpha}_r$ 是正交向量组,于是有当 $i\neq j$ 时,$(\boldsymbol{\alpha}_i,\boldsymbol{\alpha}_j)=0$;当 $i=j$ 时 $(\boldsymbol{\alpha}_i,\boldsymbol{\alpha}_j)>0(i,j=1,2,\cdots,r)$.

若设
$$k_1\boldsymbol{\alpha}_1+k_2\boldsymbol{\alpha}_2+\cdots+k_r\boldsymbol{\alpha}_r=\mathbf{0},$$
上式两端与 $\boldsymbol{\alpha}_1$ 做内积,有 $k_1(\boldsymbol{\alpha}_1,\boldsymbol{\alpha}_1)=0$,得 $k_1=0$.

同理,可得 $k_2=k_3=\cdots=k_r=0$.

故向量组 $\boldsymbol{\alpha}_1,\boldsymbol{\alpha}_2,\cdots,\boldsymbol{\alpha}_r$ 线性无关.

定义 6 设 $\boldsymbol{\alpha}_1,\boldsymbol{\alpha}_2,\cdots,\boldsymbol{\alpha}_n$ 是 n 维向量空间 V 的一个基,且两两正交,则称 $\boldsymbol{\alpha}_1,\boldsymbol{\alpha}_2,\cdots,\boldsymbol{\alpha}_n$ 是 V 的一个**正交基**. 每一个 $\boldsymbol{\alpha}_i(i=1,2,\cdots,n)$ 均为单位向量,则称 $\boldsymbol{\alpha}_1,\boldsymbol{\alpha}_2,\cdots,\boldsymbol{\alpha}_n$ 为 V 的一个**标准正交基**.

显然,基 $\boldsymbol{E}$ 就是 $\mathbf{R}^n$ 的一个标准正交基. 特别地,$\boldsymbol{e}_1=\begin{pmatrix}1\\0\\0\end{pmatrix},\boldsymbol{e}_2=\begin{pmatrix}0\\1\\0\end{pmatrix},\boldsymbol{e}_3=\begin{pmatrix}0\\0\\1\end{pmatrix}$ 是 $\mathbf{R}^3$ 的一个标准正交基,而 $\boldsymbol{\alpha}_1=\begin{pmatrix}\frac{1}{\sqrt{2}}\\\frac{1}{\sqrt{2}}\\0\end{pmatrix},\boldsymbol{\alpha}_2=\begin{pmatrix}-\frac{1}{\sqrt{2}}\\\frac{1}{\sqrt{2}}\\0\end{pmatrix},\boldsymbol{\alpha}_3=\begin{pmatrix}0\\0\\1\end{pmatrix}$ 也是 $\mathbf{R}^3$ 的一个标准正交基.

若 $\boldsymbol{A}:\boldsymbol{\alpha}_1,\boldsymbol{\alpha}_2,\cdots,\boldsymbol{\alpha}_n$ 是 V 的一个标准正交基. 易知,V 中的任意一个向量 $\boldsymbol{\alpha}$,在基 $\boldsymbol{A}$ 下的坐标为 $\boldsymbol{x}=\begin{pmatrix}(\alpha,\alpha_1)\\(\alpha,\alpha_2)\\\vdots\\(\alpha,\alpha_n)\end{pmatrix}$. 因此,为研究的方便,给向量空间取基时,通常都取标准正交基.

那么,如何得到标准正交基呢? 下面就介绍由线性无关组 $\boldsymbol{A}:\boldsymbol{\alpha}_1,\boldsymbol{\alpha}_2,\cdots,\boldsymbol{\alpha}_r$ 出发,导出正交向量组 $\boldsymbol{B}:\boldsymbol{\beta}_1,\boldsymbol{\beta}_2,\cdots,\boldsymbol{\beta}_r$,且使 $\boldsymbol{A}$ 与 $\boldsymbol{B}$ 等价的方法. 这个方法就是施密特正交化过程,通常简称为**正交化方法**. 正交化方法的具体步骤是:
$$\boldsymbol{\beta}_1=\boldsymbol{\alpha}_1;$$

$$\boldsymbol{\beta}_2=\boldsymbol{\alpha}_2-\frac{(\boldsymbol{\beta}_1,\boldsymbol{\alpha}_2)}{(\boldsymbol{\beta}_1,\boldsymbol{\beta}_1)}\boldsymbol{\beta}_1;$$

$$\boldsymbol{\beta}_3=\boldsymbol{\alpha}_3-\frac{(\boldsymbol{\beta}_1,\boldsymbol{\alpha}_3)}{(\boldsymbol{\beta}_1,\boldsymbol{\beta}_1)}\boldsymbol{\beta}_1-\frac{(\boldsymbol{\beta}_2,\boldsymbol{\alpha}_3)}{(\boldsymbol{\beta}_2,\boldsymbol{\beta}_2)}\boldsymbol{\beta}_2;$$

$$\cdots\cdots$$

$$\boldsymbol{\beta}_r=\boldsymbol{\alpha}_r-\frac{(\boldsymbol{\beta}_1,\boldsymbol{\alpha}_r)}{(\boldsymbol{\beta}_1,\boldsymbol{\beta}_1)}\boldsymbol{\beta}_1-\frac{(\boldsymbol{\beta}_2,\boldsymbol{\alpha}_r)}{(\boldsymbol{\beta}_2,\boldsymbol{\beta}_2)}\boldsymbol{\beta}_2-\cdots-\frac{(\boldsymbol{\beta}_{r-1},\boldsymbol{\alpha}_r)}{(\boldsymbol{\beta}_{r-1},\boldsymbol{\beta}_{r-1})}\boldsymbol{\beta}_{r-1}.$$

再进行标准化,若令

$$\boldsymbol{\varepsilon}_i=\frac{1}{\|\boldsymbol{\beta}_i\|}\boldsymbol{\beta}_i(i=1,2,\cdots,r)$$

则得出一组 $\boldsymbol{\varepsilon}_1,\boldsymbol{\varepsilon}_2,\cdots,\boldsymbol{\varepsilon}_r$,它是与 $\boldsymbol{\alpha}_1,\boldsymbol{\alpha}_2,\cdots,\boldsymbol{\alpha}_r$ 等价的标准正交向量组. 若 $\boldsymbol{\alpha}_1,\boldsymbol{\alpha}_2,\cdots,\boldsymbol{\alpha}_r$ 是向量空间 V 的一个基,则 $\boldsymbol{\varepsilon}_1,\boldsymbol{\varepsilon}_2,\cdots,\boldsymbol{\varepsilon}_r$ 就是向量空间 V 的一个标准正交基.

例 2　设 $\mathbf{R}^3$ 的一个基为 $\boldsymbol{A}:\boldsymbol{\alpha}_1=\begin{pmatrix}1\\2\\-1\end{pmatrix},\boldsymbol{\alpha}_2=\begin{pmatrix}-1\\3\\1\end{pmatrix},\boldsymbol{\alpha}_3=\begin{pmatrix}4\\-1\\0\end{pmatrix}$,试求由 $\boldsymbol{A}:\boldsymbol{\alpha}_1,\boldsymbol{\alpha}_2,\boldsymbol{\alpha}_3$ 出发,得出 $\mathbf{R}^3$ 的一个标准正交基.

解　首先进行正交化得

$$\boldsymbol{\beta}_1=\boldsymbol{\alpha}_1=\begin{pmatrix}1\\2\\-1\end{pmatrix};$$

$$\boldsymbol{\beta}_2=\boldsymbol{\alpha}_2-\frac{(\boldsymbol{\beta}_1,\boldsymbol{\alpha}_2)}{(\boldsymbol{\beta}_1,\boldsymbol{\beta}_1)}\boldsymbol{\beta}_1=\begin{pmatrix}-1\\3\\1\end{pmatrix}-\frac{4}{6}\begin{pmatrix}1\\2\\-1\end{pmatrix}=\frac{5}{3}\begin{pmatrix}-1\\1\\1\end{pmatrix},\text{可取 }\boldsymbol{\beta}_2=\begin{pmatrix}-1\\1\\1\end{pmatrix};$$

$$\boldsymbol{\beta}_3=\boldsymbol{\alpha}_3-\frac{(\boldsymbol{\beta}_1,\boldsymbol{\alpha}_3)}{(\boldsymbol{\beta}_1,\boldsymbol{\beta}_1)}\boldsymbol{\beta}_1-\frac{(\boldsymbol{\beta}_2,\boldsymbol{\alpha}_3)}{(\boldsymbol{\beta}_2,\boldsymbol{\beta}_2)}\boldsymbol{\beta}_2=\begin{pmatrix}4\\-1\\0\end{pmatrix}-\frac{1}{3}\begin{pmatrix}1\\2\\-1\end{pmatrix}+\frac{5}{3}\begin{pmatrix}-1\\1\\1\end{pmatrix}=2\begin{pmatrix}1\\0\\1\end{pmatrix},\text{可取 }\boldsymbol{\beta}_3=\begin{pmatrix}1\\0\\1\end{pmatrix}.$$

于是 $\boldsymbol{\beta}_1,\boldsymbol{\beta}_2,\boldsymbol{\beta}_3$ 是 $\mathbf{R}^3$ 的一个正交基.

再进行单位化. 由于 $\|\boldsymbol{\beta}_1\|=\sqrt{6},\|\boldsymbol{\beta}_2\|=\sqrt{3},\|\boldsymbol{\beta}_3\|=\sqrt{2}$,因此得

$$\boldsymbol{\varepsilon}_1=\frac{1}{\|\boldsymbol{\beta}_1\|}\boldsymbol{\beta}_1=\begin{pmatrix}\frac{1}{\sqrt{6}}\\ \frac{2}{\sqrt{6}}\\ \frac{-1}{\sqrt{6}}\end{pmatrix},\boldsymbol{\varepsilon}_2=\frac{1}{\|\boldsymbol{\beta}_2\|}\boldsymbol{\beta}_2=\begin{pmatrix}\frac{-1}{\sqrt{3}}\\ \frac{1}{\sqrt{3}}\\ \frac{1}{\sqrt{3}}\end{pmatrix},\boldsymbol{\varepsilon}_3=\frac{1}{\|\boldsymbol{\beta}_3\|}\boldsymbol{\beta}_3=\begin{pmatrix}\frac{1}{\sqrt{2}}\\ 0\\ \frac{1}{\sqrt{2}}\end{pmatrix}.$$

于是 $\boldsymbol{\varepsilon}_1,\boldsymbol{\varepsilon}_2,\boldsymbol{\varepsilon}_3$ 就是 $\mathbf{R}^3$ 的一个标准正交基.

2.6.3 正交矩阵与正交变换

定义 7 如果 n 阶方阵 $\boldsymbol{A}$ 满足 $\boldsymbol{A}^{\mathrm{T}}\boldsymbol{A}=\boldsymbol{E}$,则称 $\boldsymbol{A}$ 为**正交矩阵**.

显然,$\boldsymbol{A}$ 为正交矩阵,则 $\boldsymbol{A}^{-1}=\boldsymbol{A}^{\mathrm{T}}$.

正交矩阵具有下列性质:

(1)若 $\boldsymbol{A}$ 为正交矩阵,则 $\boldsymbol{A}^{-1}=\boldsymbol{A}^{\mathrm{T}}$ 也是正交矩阵,且 $|\boldsymbol{A}|=\pm1$;

(2)若 $\boldsymbol{A},\boldsymbol{B}$ 均为 n 阶正交矩阵,则 $\boldsymbol{AB}$、$\boldsymbol{BA}$ 也是正交矩阵.

上述性质,请读者自行证明之.

定理 3 n 阶矩阵 $\boldsymbol{A}$ 为正交矩阵的充分必要条件是 $\boldsymbol{A}$ 的列向量组是 $\mathbf{R}^n$ 的一个标准正交基.

证明 设 $\boldsymbol{A}=(\boldsymbol{\alpha}_1\boldsymbol{\alpha}_2\cdots\boldsymbol{\alpha}_n)$,则

$$\boldsymbol{A}^{\mathrm{T}}=\begin{pmatrix}\boldsymbol{\alpha}_1^{\mathrm{T}}\\ \boldsymbol{\alpha}_2^{\mathrm{T}}\\ \vdots\\ \boldsymbol{\alpha}_n^{\mathrm{T}}\end{pmatrix}$$

于是

$$\boldsymbol{A}^{\mathrm{T}}\boldsymbol{A}=\begin{pmatrix}\boldsymbol{\alpha}_1^{\mathrm{T}}\\ \boldsymbol{\alpha}_2^{\mathrm{T}}\\ \vdots\\ \boldsymbol{\alpha}_n^{\mathrm{T}}\end{pmatrix}(\boldsymbol{\alpha}_1\boldsymbol{\alpha}_2\cdots\boldsymbol{\alpha}_n)=\begin{pmatrix}\boldsymbol{\alpha}_1^{\mathrm{T}}\boldsymbol{\alpha}_1 & \boldsymbol{\alpha}_1^{\mathrm{T}}\boldsymbol{\alpha}_2 & \cdots & \boldsymbol{\alpha}_1^{\mathrm{T}}\boldsymbol{\alpha}_n\\ \boldsymbol{\alpha}_2^{\mathrm{T}}\boldsymbol{\alpha}_1 & \boldsymbol{\alpha}_2^{\mathrm{T}}\boldsymbol{\alpha}_2 & \cdots & \boldsymbol{\alpha}_2^{\mathrm{T}}\boldsymbol{\alpha}_n\\ \vdots & \vdots & & \vdots\\ \boldsymbol{\alpha}_n^{\mathrm{T}}\boldsymbol{\alpha}_1 & \boldsymbol{\alpha}_n^{\mathrm{T}}\boldsymbol{\alpha}_2 & \cdots & \boldsymbol{\alpha}_n^{\mathrm{T}}\boldsymbol{\alpha}_n\end{pmatrix}$$

由此可得 $\boldsymbol{A}^{\mathrm{T}}\boldsymbol{A}=\boldsymbol{E}$ 的充分必要条件是

$$(\boldsymbol{\alpha}_i,\boldsymbol{\alpha}_j)=\boldsymbol{\alpha}_i^{\mathrm{T}}\boldsymbol{\alpha}_j=\begin{cases}1 & 当\ i=j\\ 0 & 当\ i\neq j\end{cases}\qquad i,j=1,2,\cdots,n.$$

于是证明了 $\boldsymbol{A}$ 为正交矩阵的充分必要条件是 $\boldsymbol{\alpha}_1,\boldsymbol{\alpha}_2,\cdots,\boldsymbol{\alpha}_n$ 是 $\mathbf{R}^n$ 的标准正交基.

例 3 验证矩阵

$$A=\begin{pmatrix} \frac{1}{2} & -\frac{1}{2} & \frac{1}{2} & -\frac{1}{2} \\ \frac{1}{2} & -\frac{1}{2} & -\frac{1}{2} & \frac{1}{2} \\ \frac{1}{\sqrt{2}} & \frac{1}{\sqrt{2}} & 0 & 0 \\ 0 & 0 & \frac{1}{\sqrt{2}} & \frac{1}{\sqrt{2}} \end{pmatrix}$$

是正交矩阵．

解　记 $A=(\boldsymbol{\alpha}_1\ \boldsymbol{\alpha}_2\ \boldsymbol{\alpha}_3\ \boldsymbol{\alpha}_4)$，于是有 $\|\boldsymbol{\alpha}_1\|=1$，$\|\boldsymbol{\alpha}_2\|=1$，$\|\boldsymbol{\alpha}_3\|=1$，$\|\boldsymbol{\alpha}_4\|=1$，且 $(\boldsymbol{\alpha}_i,\boldsymbol{\alpha}_j)=0(i\neq j)$，所以 A 的列向量组 $\boldsymbol{\alpha}_1,\boldsymbol{\alpha}_2,\boldsymbol{\alpha}_3,\boldsymbol{\alpha}_4$ 是 $\mathbf{R}^4$ 的标准正交基，故 A 为正交矩阵．

定义8　设 A 为正交矩阵，则线性变换 $Y=Ax$ 称为**正交变换**．

设 $Y=Ax$ 是正交变换，则有

$$\|Y\|=\sqrt{Y^{\mathrm{T}}Y}=\sqrt{x^{\mathrm{T}}A^{\mathrm{T}}Ax}=\sqrt{x^{\mathrm{T}}x}=\|x\|.$$

上式表示，正交变换保持长度不变，这是正交变换的优良特性，故在实际中有广泛的应用．

习题二

1. 求解下列齐次线性方程组：

(1) $\begin{cases}2x_1+3x_2-4x_3=0\\ x_1+2x_2+3x_3=0\\ 3x_1-7x_2+8x_3=0\end{cases}$；　(2) $\begin{cases}x_1+2x_2+8x_3=0\\ x_1+2x_2-3x_3=0\\ 2x_1+3x_2+5x_3=0\end{cases}$；

(3) $\begin{cases}x_1-2x_2+5x_3=0\\ 2x_1-3x_2+6x_3=0\\ -x_1+2x_2-5x_3=0\end{cases}$；　(4) $\begin{cases}x_1+2x_2+x_3-x_4=0\\ 2x_1+x_2+x_3-x_4=0\\ 2x_1+2x_2+x_3+2x_4=0\end{cases}$；

2. 求解下列非齐次线性方程组：

(1) $\begin{cases}2x_1-3x_2+x_3-x_4=3\\ 3x_1+x_2+x_3+x_4=0\\ 4x_1-x_2-x_3-x_4=7\\ -2x_1-x_2+x_3+x_4=-5\end{cases}$；　(2) $\begin{cases}3x_1+2x_2-x_3=3\\ 2x_1+3x_2+x_3=12\\ x_1+x_2+2x_3=11\end{cases}$；

(3) $\begin{cases} x_1-2x_2+x_3+x_4=1 \\ x_1-2x_2+x_3-x_4=-1 \\ x_1-2x_2+x_3-5x_4=5 \end{cases}$；　(4) $\begin{cases} x_1+5x_2-9x_3=-7 \\ x_2-7x_3=6 \\ x_1+3x_2+5x_3=5 \end{cases}$；

(5) $\begin{cases} x_1+3x_2-5x_3=-1 \\ 2x_1+6x_2-3x_3=5 \\ 3x_1+9x_2-10x_3=2 \end{cases}$；　(6) $\begin{cases} -8x_1+2x_2-2x_3=-26 \\ 2x_1-5x_2-4x_3=2 \\ -2x_1-4x_2-5x_3=-11 \end{cases}$.

3. 设含参数 λ 的线性方程组为

$$\begin{cases} (1+\lambda)x_1+x_2+x_3=0 \\ x_1+(1+\lambda)x_2+x_3=3. \\ x_1+x_2+(1+\lambda)x_3=\lambda \end{cases}$$

问 λ 分别取何值时，方程组有唯一解、无解、无穷多解？并在有解时求其解．

4. 讨论 a,b 分别取何值时，线性方程组

$$\begin{cases} x_1+x_2-x_3=1 \\ 2x_1+(a+3)x_2-3x_3=3 \\ -2x_1+(a-1)x_2+bx_3=a-1 \end{cases}$$

无解？有唯一解？有无穷多解？并在有解时求其解．

5. 设线性方程组为

$$\begin{cases} x_1-x_2=a_1 \\ x_2-x_3=a_2 \\ x_3-x_4=a_3 \\ x_4-x_5=a_4 \\ x_5-x_1=a_5 \end{cases}$$

求证：方程组有解的充分必要条件是 $\sum\limits_{i=1}^{5} a_i=0$.

6. 设

$$\boldsymbol{\alpha}_1=\begin{pmatrix}1\\1\\2\\2\end{pmatrix},\quad \boldsymbol{\alpha}_2=\begin{pmatrix}1\\2\\1\\3\end{pmatrix},\quad \boldsymbol{\alpha}_3=\begin{pmatrix}1\\-1\\4\\0\end{pmatrix},\quad \boldsymbol{\beta}=\begin{pmatrix}1\\0\\3\\1\end{pmatrix}.$$

证明：向量 $\boldsymbol{\beta}$ 可由 $\boldsymbol{\alpha}_1,\boldsymbol{\alpha}_2,\boldsymbol{\alpha}_3$ 线性表示，并求出表示式．

7. 设向量 $\boldsymbol{x}$ 满足 $3(\boldsymbol{\alpha}_1-\boldsymbol{x})+2(\boldsymbol{\alpha}_2+\boldsymbol{x})=5(\boldsymbol{\alpha}_3+\boldsymbol{x})$，求向量 $\boldsymbol{x}$.

其中
$$\boldsymbol{\alpha}_1=\begin{pmatrix}2\\5\\1\\3\end{pmatrix},\quad \boldsymbol{\alpha}_2=\begin{pmatrix}10\\1\\5\\10\end{pmatrix},\quad \boldsymbol{\alpha}_3=\begin{pmatrix}4\\1\\-1\\1\end{pmatrix}.$$

8. 已知向量组

$$\boldsymbol{A}:\boldsymbol{\alpha}_1=\begin{pmatrix}0\\1\\2\\3\end{pmatrix},\quad \boldsymbol{\alpha}_2=\begin{pmatrix}3\\0\\1\\2\end{pmatrix},\quad \boldsymbol{\alpha}_3=\begin{pmatrix}2\\3\\0\\1\end{pmatrix};\quad \boldsymbol{B}:\boldsymbol{\beta}_1=\begin{pmatrix}2\\1\\1\\2\end{pmatrix}.\quad \boldsymbol{\beta}_2=\begin{pmatrix}0\\-2\\1\\1\end{pmatrix},\quad \boldsymbol{\beta}_3=\begin{pmatrix}4\\4\\1\\3\end{pmatrix}.$$

证明:$\boldsymbol{B}$ 可由 $\boldsymbol{A}$ 线性表示,而 $\boldsymbol{A}$ 不可由 $\boldsymbol{B}$ 线性表示.

9. 已知向量组

$$\boldsymbol{A}:\boldsymbol{\alpha}_1=\begin{pmatrix}0\\1\\1\end{pmatrix},\quad \boldsymbol{\alpha}_2=\begin{pmatrix}1\\1\\0\end{pmatrix};\quad \boldsymbol{B}:\boldsymbol{\beta}_1=\begin{pmatrix}-1\\0\\1\end{pmatrix},\quad \boldsymbol{\beta}_2=\begin{pmatrix}1\\2\\1\end{pmatrix},\quad \boldsymbol{\beta}_3=\begin{pmatrix}3\\2\\-1\end{pmatrix}.$$

证明:向量组 $\boldsymbol{A}$ 与向量组 $\boldsymbol{B}$ 等价.

10. 判断下列向量组的线性相关性:

(1) $\boldsymbol{\alpha}_1=\begin{pmatrix}1\\-1\\1\end{pmatrix},\quad \boldsymbol{\alpha}_2=\begin{pmatrix}1\\2\\0\end{pmatrix},\quad \boldsymbol{\alpha}_3=\begin{pmatrix}1\\0\\3\end{pmatrix},\quad \boldsymbol{\alpha}_4=\begin{pmatrix}2\\-3\\7\end{pmatrix}$;

(2) $\boldsymbol{\alpha}_1=\begin{pmatrix}1\\1\\1\end{pmatrix},\quad \boldsymbol{\alpha}_2=\begin{pmatrix}0\\2\\5\end{pmatrix},\quad \boldsymbol{\alpha}_3=\begin{pmatrix}2\\4\\7\end{pmatrix}$;

(3) $\boldsymbol{\alpha}_1=\begin{pmatrix}1\\1\\1\end{pmatrix},\quad \boldsymbol{\alpha}_2=\begin{pmatrix}1\\1\\0\end{pmatrix},\quad \boldsymbol{\alpha}_3=\begin{pmatrix}1\\0\\0\end{pmatrix}$;

(4) $\boldsymbol{\alpha}_1=\begin{pmatrix}1\\0\\2\\1\end{pmatrix},\boldsymbol{\alpha}_2=\begin{pmatrix}1\\1\\1\\1\end{pmatrix},\quad \boldsymbol{\alpha}_3=\begin{pmatrix}2\\1\\3\\2\end{pmatrix},\quad \boldsymbol{\alpha}_4=\begin{pmatrix}2\\5\\-1\\4\end{pmatrix}$.

11. 设 $\boldsymbol{A}:\boldsymbol{\alpha}_1=\begin{pmatrix}1\\2\\3\end{pmatrix},\quad \boldsymbol{\alpha}_2=\begin{pmatrix}2\\1\\6\end{pmatrix},\quad \boldsymbol{\alpha}_3=\begin{pmatrix}3\\4\\a\end{pmatrix}$.

问 a 取何值时,$\boldsymbol{A}$ 线性相关? a 取何值时,$\boldsymbol{A}$ 线性无关?

12. 设向量组 $A:\boldsymbol{\alpha}_1,\boldsymbol{\alpha}_2,\cdots,\boldsymbol{\alpha}_n$ 线性无关,证明向量组 $\boldsymbol{B}$:

$\boldsymbol{\beta}_1=\boldsymbol{\alpha}_1,$

$\boldsymbol{\beta}_2=\boldsymbol{\alpha}_1+\boldsymbol{\alpha}_2,$

$\boldsymbol{\beta}_3=\boldsymbol{\alpha}_1+\boldsymbol{\alpha}_2+\boldsymbol{\alpha}_3,$

……

$\boldsymbol{\beta}_n=\boldsymbol{\alpha}_1+\boldsymbol{\alpha}_2+\cdots+\boldsymbol{\alpha}_n,$

线性无关.

13. 求下列向量组的一个极大无关组,并用所得的极大无关组表示其余向量:

(1) $\boldsymbol{\alpha}_1=\begin{pmatrix}1\\0\\2\\1\end{pmatrix},\quad \boldsymbol{\alpha}_2=\begin{pmatrix}1\\2\\0\\1\end{pmatrix},\quad \boldsymbol{\alpha}_3=\begin{pmatrix}2\\1\\3\\0\end{pmatrix},\quad \boldsymbol{\alpha}_4=\begin{pmatrix}2\\5\\-1\\4\end{pmatrix},\quad \boldsymbol{\alpha}_5=\begin{pmatrix}1\\-1\\3\\-1\end{pmatrix};$

(2) $\boldsymbol{\alpha}_1=\begin{pmatrix}1\\1\\1\\1\end{pmatrix},\quad \boldsymbol{\alpha}_2=\begin{pmatrix}1\\1\\-1\\-1\end{pmatrix},\quad \boldsymbol{\alpha}_3=\begin{pmatrix}1\\-1\\-1\\1\end{pmatrix},\quad \boldsymbol{\alpha}_4=\begin{pmatrix}-1\\-1\\-1\\1\end{pmatrix};$

(3) $\boldsymbol{\alpha}_1=\begin{pmatrix}2\\4\\2\end{pmatrix},\quad \boldsymbol{\alpha}_2=\begin{pmatrix}1\\1\\0\end{pmatrix},\quad \boldsymbol{\alpha}_3=\begin{pmatrix}2\\3\\1\end{pmatrix},\quad \boldsymbol{\alpha}_4=\begin{pmatrix}3\\5\\2\end{pmatrix}.$

14. 设 $\boldsymbol{A}$: $\boldsymbol{\alpha}_1=\begin{pmatrix}a\\3\\1\end{pmatrix},\quad \boldsymbol{\alpha}_2=\begin{pmatrix}2\\b\\3\end{pmatrix},\quad \boldsymbol{\alpha}_3=\begin{pmatrix}1\\2\\1\end{pmatrix},\quad \boldsymbol{\alpha}_4=\begin{pmatrix}2\\3\\1\end{pmatrix}$,已知 $\boldsymbol{A}$ 的秩为2,求 a, b.

15. 设 $\boldsymbol{A}:\boldsymbol{\alpha}_1,\boldsymbol{\alpha}_2,\cdots,\boldsymbol{\alpha}_n$ 是一组 n 维向量,已知单位坐标向量组 $\boldsymbol{E}:\boldsymbol{e}_1,\boldsymbol{e}_2,\cdots,\boldsymbol{e}_n$ 可由向量组 $\boldsymbol{A}$ 线性表示,证明:向量组 $\boldsymbol{A}$ 是线性无关的.

16. 求下列齐次线性方程组的基础解系和通解:

(1) $\begin{cases}2x_1+x_2-2x_3+3x_4=0\\3x_1+2x_2-x_3+2x_4=0\\x_1+x_2+x_3-x_4=0\end{cases}$; (2) $\begin{cases}x_1+x_2-x_3+2x_4+x_5=0\\x_3+3x_4-x_5=0\\2x_3+x_4-2x_5=0\end{cases}$

17. 求下列非齐次线性方程组的通解:

(1) $\begin{cases}x_1-x_2-x_3+x_4=0\\x_1-x_2+x_3-3x_4=1\\2x_1-2x_2-4x_3+6x_4=-1\end{cases}$; (2) $\begin{cases}x_1+2x_2-x_3+3x_4+x_5=2\\2x_1+4x_2-2x_3+6x_4+3x_5=6\\-x_1-2x_2+x_3-x_4+3x_5=4\end{cases}$;

(3) $\begin{cases} x_1+x_2+x_3+3x_4+x_5=7 \\ 3x_1+x_2+2x_3+x_4-3x_5=-2 \\ 2x_2+x_3+2x_4+6x_5=23 \\ 8x_1+3x_2+4x_3+3x_4-x_5=12 \end{cases}$.

18. 求一个齐次线性方程组，使其基础解系由下列向量组成：

$$\boldsymbol{\xi}_1=\begin{pmatrix}1\\2\\3\\4\end{pmatrix},\quad \boldsymbol{\xi}_2=\begin{pmatrix}4\\3\\2\\1\end{pmatrix}.$$

19. 设四元非齐次线性方程组 $\boldsymbol{Ax}=\boldsymbol{b}$ 的系数矩阵 $\boldsymbol{A}$ 的秩是 3，$\boldsymbol{\eta}_1,\boldsymbol{\eta}_2,\boldsymbol{\eta}_3$ 是 $\boldsymbol{Ax}=\boldsymbol{b}$ 的三个解，且

$$\boldsymbol{\eta}_1=\begin{pmatrix}3\\-4\\1\\2\end{pmatrix},\quad \boldsymbol{\eta}_2+\boldsymbol{\eta}_3=\begin{pmatrix}4\\6\\8\\0\end{pmatrix}.$$

求 $\boldsymbol{Ax}=\boldsymbol{b}$ 的通解．

20. 设矩阵 $\boldsymbol{A}=(a_{ij})_{m\times n}$，$\boldsymbol{B}=(b_{ij})_{n\times s}$ 满足 $\boldsymbol{AB}=\boldsymbol{O}$，且 $R(\boldsymbol{A})=r$，试证：$R(\boldsymbol{B})\leqslant n-r$.

21. 设 $\boldsymbol{\eta}^*$ 是非齐次线性方程组 $\boldsymbol{Ax}=\boldsymbol{b}$ 的一个特解，$\boldsymbol{\xi}_1,\boldsymbol{\xi}_2,\cdots,\boldsymbol{\xi}_{n-r}$ 是其导出线性方程组 $\boldsymbol{Ax}=\boldsymbol{0}$ 的一个基础解系，试证明：

(1) $\boldsymbol{\eta}^*,\boldsymbol{\xi}_1,\boldsymbol{\xi}_2,\cdots,\boldsymbol{\xi}_{n-r}$ 线性无关；

(2) $\boldsymbol{\eta}^*,\boldsymbol{\eta}^*+\boldsymbol{\xi}_1,\boldsymbol{\eta}^*+\boldsymbol{\xi}_2,\cdots,\boldsymbol{\eta}^*+\boldsymbol{\xi}_{n-r}$ 线性无关．

22. 设 $\boldsymbol{\eta}_1,\boldsymbol{\eta}_2,\cdots,\boldsymbol{\eta}_s$ 是非齐次线性方程组 $\boldsymbol{Ax}=\boldsymbol{b}$ 的 s 个解，试证明：$k_1\boldsymbol{\eta}_1+k_2\boldsymbol{\eta}_2+\cdots+k_s\boldsymbol{\eta}_s$ 也是 $\boldsymbol{Ax}=\boldsymbol{b}$ 的解的充分必要条件是 $\sum\limits_{i=1}^{s}k_i=1$.

23. 判定下列向量的集合是否构成向量空间，并说明理由．若是向量空间，求其一个基和维数．

(1) $\mathbf{R}^3$ 中 xOy 坐标面上所有向量的集合 V_{xOy}；

(2) $V_1=\left\{\boldsymbol{x}\mid \boldsymbol{x}=\begin{pmatrix}x_1\\x_2\\\vdots\\x_n\end{pmatrix}，且\ x_1+x_2+\cdots+x_n=0\right\}$；

(3) $V_2=\left\{\boldsymbol{x}\mid\boldsymbol{x}=\begin{pmatrix}x_1\\x_2\\\vdots\\x_n\end{pmatrix},且\ x_1+x_2+\cdots+x_n=1\right\}$;

(4) $V_3=L\left(\begin{pmatrix}1\\1\end{pmatrix},\begin{pmatrix}2\\2\end{pmatrix},\begin{pmatrix}-1\\-1\end{pmatrix},\begin{pmatrix}0\\0\end{pmatrix}\right)$.

24. 证明向量组

$$\boldsymbol{A}:\boldsymbol{\alpha}_1=\begin{pmatrix}1\\1\\1\end{pmatrix},\quad \boldsymbol{\alpha}_2=\begin{pmatrix}1\\0\\-1\end{pmatrix},\quad \boldsymbol{\alpha}_3=\begin{pmatrix}1\\0\\1\end{pmatrix}$$

是 $\mathbf{R}^3$ 的一个基,并求向量 $\boldsymbol{\xi}=\begin{pmatrix}1\\2\\1\end{pmatrix}$ 在基 $\boldsymbol{A}$ 下的坐标.

25. 设 $\boldsymbol{A}:\boldsymbol{\alpha}_1=\begin{pmatrix}-2\\1\\0\\3\end{pmatrix},\quad \boldsymbol{\alpha}_2=\begin{pmatrix}1\\-3\\2\\4\end{pmatrix},\quad \boldsymbol{\alpha}_3=\begin{pmatrix}3\\0\\2\\1\end{pmatrix},\quad \boldsymbol{\alpha}_4=\begin{pmatrix}0\\-2\\4\\8\end{pmatrix}$.

求 $L(\boldsymbol{\alpha}_1,\boldsymbol{\alpha}_2,\boldsymbol{\alpha}_3,\boldsymbol{\alpha}_4)$ 的一个基与维数.

26. 设 $\mathbf{R}^3$ 中的两个基为

$$\boldsymbol{A}:\boldsymbol{\alpha}_1=\begin{pmatrix}1\\1\\0\end{pmatrix},\quad \boldsymbol{\alpha}_2=\begin{pmatrix}0\\-1\\1\end{pmatrix},\quad \boldsymbol{\alpha}_3=\begin{pmatrix}1\\0\\2\end{pmatrix};\quad \boldsymbol{B}:\boldsymbol{\beta}_1=\begin{pmatrix}3\\1\\0\end{pmatrix},\quad \boldsymbol{\beta}_2=\begin{pmatrix}0\\1\\1\end{pmatrix},\quad \boldsymbol{\beta}_3=\begin{pmatrix}1\\0\\4\end{pmatrix}.$$

求:(1)从基 $\boldsymbol{A}$ 到基 $\boldsymbol{B}$ 的过渡矩阵 $\boldsymbol{P}$;

(2)向量 $\boldsymbol{\xi}=\begin{pmatrix}2\\1\\2\end{pmatrix}$ 在这两个基下的坐标.

27. 求向量 $\boldsymbol{\alpha},\boldsymbol{\beta}$ 的长度及夹角.

(1) $\boldsymbol{\alpha}=\begin{pmatrix}4\\0\\3\end{pmatrix},\quad \boldsymbol{\beta}=\begin{pmatrix}-\sqrt{3}\\3\\2\end{pmatrix}$; (2) $\boldsymbol{\alpha}=\begin{pmatrix}-1\\2\\-1\end{pmatrix},\quad \boldsymbol{\beta}=\begin{pmatrix}0\\1\\-1\end{pmatrix}$.

28. 已知三维向量 $\boldsymbol{\alpha}_1=\begin{pmatrix}1\\1\\1\end{pmatrix},\boldsymbol{\alpha}_2=\begin{pmatrix}1\\-2\\1\end{pmatrix}$ 正交,试求一个非零向量 $\boldsymbol{\alpha}_3$,使得 $\boldsymbol{\alpha}_1,\boldsymbol{\alpha}_2$,

$\boldsymbol{\alpha}_3$ 是正交向量组.

29. 已知 $\boldsymbol{\alpha}_1=\begin{pmatrix}1\\1\\1\end{pmatrix}$,求一组非零向量 $\boldsymbol{\alpha}_2,\boldsymbol{\alpha}_3$,使得 $\boldsymbol{\alpha}_1,\boldsymbol{\alpha}_2,\boldsymbol{\alpha}_3$ 是正交向量组.

30. 用正交化方法,将下列向量组化为标准正交向量组:

(1) $\boldsymbol{\alpha}_1=\begin{pmatrix}1\\1\\1\end{pmatrix}$, $\boldsymbol{\alpha}_2=\begin{pmatrix}1\\2\\3\end{pmatrix}$, $\boldsymbol{\alpha}_3=\begin{pmatrix}1\\4\\9\end{pmatrix}$;

(2) $\boldsymbol{\alpha}_1=\begin{pmatrix}1\\1\\1\\1\end{pmatrix}$, $\boldsymbol{\alpha}_2=\begin{pmatrix}1\\-1\\0\\4\end{pmatrix}$, $\boldsymbol{\alpha}_3=\begin{pmatrix}3\\5\\1\\-1\end{pmatrix}$.

31. 设 $\boldsymbol{A},\boldsymbol{B}$ 均为 n 阶正交矩阵,证明:$\boldsymbol{AB}$ 也是正交矩阵.

32. 设 $\boldsymbol{x}$ 为 n 维向量,$\boldsymbol{x}^{\mathrm{T}}\boldsymbol{x}=1$,令 $\boldsymbol{H}=\boldsymbol{E}-2\boldsymbol{x}\boldsymbol{x}^{\mathrm{T}}$,证明 $\boldsymbol{H}$ 是对称的正交矩阵.

第3章 矩阵的相似对角化

思想方法与内容提要

矩阵的对角化问题是线性代数的一个重要问题，它与矩阵相似的概念紧密相关，于是本章冠之以“矩阵的相似对角化”这个名称.

由于线性代数在工程技术各领域和经济类许多分支的渗透与结合的日趋深入，使得求矩阵的特征值与特征向量已经成为广大从业者的常见问题. 而对于矩阵来说，其特征值与特征向量反映了矩阵的内在特征，刻画了矩阵对角化的本质内涵，它是描述矩阵的一个核心概念. 事实上，工程技术中的振动问题、图像处理问题、稳定性问题等，经济理论及其应用中的动态经济模型研究、计量经济学的研究等，以及计算机科学技术中的许多问题，最终都会归结到讨论矩阵的特征值与特征向量的求解上.

本章首先介绍矩阵的特征值与特征向量的概念、计算方法以及它们的一些基本性质. 其后，讨论了矩阵相似对角化的充分必要条件. 最后，证明了实对称矩阵一定可以相似对角化这样一个重要结论.

3.1　特征值与特征向量

矩阵的特征值与特征向量在某些工程技术问题中经常用到.本节将介绍特征值与特征向量的概念,研究它们的一些性质,并给出计算特征值与特征向量的方法.

3.1.1　特征值与特征向量的概念与计算

定义 1　设 $\boldsymbol{A}$ 是 n 阶矩阵,若对于数 λ 以及非零向量 $\boldsymbol{\alpha}$,满足关系式

$$\boldsymbol{A\alpha}=\lambda\boldsymbol{\alpha} \tag{3-1}$$

则称 λ 为矩阵 $\boldsymbol{A}$ 的**特征值**,非零向量 $\boldsymbol{\alpha}$ 为 $\boldsymbol{A}$ 的属于特征值 λ 的**特征向量**.

关于特征向量,要特别注意,它是非零向量.由定义 1 可以得出以下两个结论:

(1)设 λ_0 是 $\boldsymbol{A}$ 的特征值,$\boldsymbol{\alpha}$ 是 $\boldsymbol{A}$ 的属于 λ_0 的特征向量,则对于任意非零数 k,$k\boldsymbol{\alpha}$ 是 $\boldsymbol{A}$ 的对应于 λ_0 的特征向量;

(2)若两个互异的非零向量 $\boldsymbol{\alpha}_1$、$\boldsymbol{\alpha}_2$ 均是矩阵 $\boldsymbol{A}$ 的属于特征值 λ_0 的特征向量,则非零向量 $\boldsymbol{\alpha}_1+\boldsymbol{\alpha}_2$ 是 $\boldsymbol{A}$ 的属于 λ_0 的特征向量.

证明　(1)　由定义 1,有

$$\boldsymbol{A}(k\boldsymbol{\alpha})=k(\boldsymbol{A\alpha})=k(\lambda_0\boldsymbol{\alpha})=\lambda_0(k\boldsymbol{\alpha}).$$

故 $k\boldsymbol{\alpha}$ 是 $\boldsymbol{A}$ 的属于 λ_0 的特征向量.

(2)
$$\boldsymbol{A}(\boldsymbol{\alpha}_1+\boldsymbol{\alpha}_2)=\boldsymbol{A\alpha}_1+\boldsymbol{A\alpha}_2=\lambda_0\boldsymbol{\alpha}_1+\lambda_0\boldsymbol{\alpha}_2=\lambda_0(\boldsymbol{\alpha}_1+\boldsymbol{\alpha}_2).$$

由定义 1 知,$\boldsymbol{\alpha}_1+\boldsymbol{\alpha}_2$ 是 $\boldsymbol{A}$ 的属于 λ_0 的特征向量.

由(1)、(2)知,若已知矩阵 $\boldsymbol{A}$ 的属于特征值 λ 的特征向量是 $\boldsymbol{\alpha}_1,\boldsymbol{\alpha}_2,\cdots,\boldsymbol{\alpha}_s$,则它们的任一非零线性组合

$$\boldsymbol{\alpha}=k_1\boldsymbol{\alpha}_1+k_2\boldsymbol{\alpha}_2+\cdots+k_s\boldsymbol{\alpha}_s$$

也是 $\boldsymbol{A}$ 的属于 λ 的特征向量.因此属于特征值 λ 的特征向量不唯一.

那么如何求 $\boldsymbol{A}$ 的全部特征值与特征向量?下面将探讨这一问题.

设 $\boldsymbol{\alpha}$ 为 $\boldsymbol{A}$ 的属于 λ_0 的一个特征向量,即

$$\boldsymbol{A\alpha}=\lambda_0\boldsymbol{\alpha}.$$

上式可写为

$$(\boldsymbol{A}-\lambda_0\boldsymbol{E})\boldsymbol{\alpha}=\boldsymbol{0},\boldsymbol{\alpha}\neq\boldsymbol{0}. \tag{3-2}$$

式(3-2)说明 $\boldsymbol{\alpha}$ 是齐次线性方程组 $(\boldsymbol{A}-\lambda_0\boldsymbol{E})\boldsymbol{x}=\boldsymbol{0}$ 的一个非零解.由方程组解的判定条件知,式(3-2)有非零解的充分必要条件是

$$|\boldsymbol{A}-\lambda_0\boldsymbol{E}|=0.$$

定义 2 设 $A=(\alpha_{ij})$ 为 n 阶矩阵，记

$$f(\lambda)=|A-\lambda E|=\begin{vmatrix}\alpha_{11}-\lambda & \alpha_{12} & \cdots & \alpha_{1n}\\ \alpha_{21} & \alpha_{22}-\lambda & \cdots & \alpha_{2n}\\ \vdots & \vdots & & \vdots\\ \alpha_{n1} & \alpha_{n2} & \cdots & \alpha_{nn}-\lambda\end{vmatrix},$$

称 $|A-\lambda E|$ 为矩阵 A 的**特征多项式**，称 $|A-\lambda E|=0$ 为 A 的**特征方程**.

由以上分析知：若 λ_0 是矩阵 A 的特征值，则 $|A-\lambda_0 E|=0$；反之，若 λ_0 是特征方程 $|A-\lambda_0 E|=0$ 的根，则 $(A-\lambda_0 E)x=0$ 必有非零解，此解记为 α，从而 λ_0 是 A 的一个特征值，α 为 A 的属于 λ_0 的特征向量.

值得说明的是，特征多项式 $f(\lambda)=|A-\lambda E|$ 是一个 n 次多项式. 当在复数域中考虑时，$|A-\lambda E|=0$ 一定有 n 个根（重根按重数计算）.

因此，求 n 阶矩阵 A 的全部特征值与特征向量的步骤是：

(1) 写出 A 的特征多项式 $f(\lambda)=|A-\lambda E|$；

(2) 由 $|A-\lambda E|=0$，求出 A 的 n 个特征值 $\lambda_1,\lambda_2,\cdots,\lambda_n$（可能有重根）；

(3) 对于每个特征值 λ_i，得到相应的齐次线性方程组 $(A-\lambda_i E)x=0$，求出 $(A-\lambda_i E)x=0$ 的基础解系 $\eta_1,\eta_2,\cdots,\eta_s$，则此基础解系的非零线性组合

$$\alpha=k_1\eta_1+k_2\eta_2+\cdots+k_s\eta_s$$

为 A 的属于 λ_i 的全体特征向量，其中 $k_1,k_2,\cdots,k_s$ 为任意常数，且不同时为零.

例 1 求矩阵

$$A=\begin{pmatrix}1 & -1 & 1\\ 2 & 4 & -2\\ -3 & -3 & 5\end{pmatrix}$$

的特征值与特征向量.

解 先求 A 的特征多项式.

$$f(\lambda)=|A-\lambda E|=\begin{vmatrix}1-\lambda & -1 & 1\\ 2 & 4-\lambda & -2\\ -3 & -3 & 5-\lambda\end{vmatrix}$$

$$\xlongequal{2r_1+r_2}\begin{vmatrix}1-\lambda & -1 & 1\\ 4-2\lambda & 2-\lambda & 0\\ -3 & -3 & 5-\lambda\end{vmatrix}=-(\lambda-2)\begin{vmatrix}1-\lambda & -1 & 1\\ 2 & 1 & 0\\ -3 & -3 & 5-\lambda\end{vmatrix}$$

$$\xlongequal{(-2)c_2+c_1}-(\lambda-2)\begin{vmatrix}3-\lambda & -1 & 1\\ 0 & 1 & 0\\ 3 & -3 & 5-\lambda\end{vmatrix}=-(\lambda-2)\begin{vmatrix}3-\lambda & 1\\ 3 & 5-\lambda\end{vmatrix}$$

$$=-(\lambda-2)[(3-\lambda)(5-\lambda)-3]=-(\lambda-2)^2(\lambda-6).$$

由 $|\boldsymbol{A}-\lambda\boldsymbol{E}|=0$ 得矩阵 $\boldsymbol{A}$ 的特征值分别为 $\lambda_1=\lambda_2=2$（二重根），$\lambda_3=6$.

当 $\lambda_1=\lambda_2=2$ 时，求解的线性方程组为 $(\boldsymbol{A}-2\boldsymbol{E})\boldsymbol{x}=\boldsymbol{0}$. 由于

$$\boldsymbol{A}-2\boldsymbol{E}=\begin{pmatrix}-1&-1&1\\2&2&-2\\-3&-3&3\end{pmatrix}\longrightarrow\begin{pmatrix}1&1&-1\\0&0&0\\0&0&0\end{pmatrix}.$$

因此，与 $(\boldsymbol{A}-2\boldsymbol{E})\boldsymbol{x}=\boldsymbol{0}$ 同解的方程组为

$$x_1+x_2-x_3=0.$$

解之，得基础解系为：

$$\boldsymbol{\xi}_1=\begin{pmatrix}1\\-1\\0\end{pmatrix},\boldsymbol{\xi}_2=\begin{pmatrix}1\\0\\1\end{pmatrix}.$$

则 $k_1\boldsymbol{\xi}_1+k_2\boldsymbol{\xi}_2$（$k_1$ 与 k_2 不全为零）是 $\boldsymbol{A}$ 的属于特征值 $\lambda_1=\lambda_2=2$ 的全部特征向量.

当 $\lambda_3=6$ 时，求解的线性方程组为 $(\boldsymbol{A}-6\boldsymbol{E})\boldsymbol{x}=\boldsymbol{0}$. 由于

$$\boldsymbol{A}-6\boldsymbol{E}=\begin{pmatrix}-5&-1&1\\2&-2&-2\\-3&-3&-1\end{pmatrix}\longrightarrow\begin{pmatrix}1&-1&-1\\0&3&2\\0&0&0\end{pmatrix}.$$

因此，上述方程组同解于

$$\begin{cases}x_1-x_2-x_3=0,\\3x_2+2x_3=0.\end{cases}$$

解之，得基础解系为

$$\boldsymbol{\xi}_3=\begin{pmatrix}1\\-2\\3\end{pmatrix},$$

则 $k_3\boldsymbol{\xi}_3$（$k_3\neq0$）是 $\boldsymbol{A}$ 的属于特征值 $\lambda_3=6$ 的全部特征向量.

例 2　求矩阵

$$\boldsymbol{A}=\begin{pmatrix}1&2&3\\2&1&3\\3&3&6\end{pmatrix}$$

的特征值与特征向量.

解　因为

$$f(\lambda)=|A-\lambda E|=\begin{vmatrix}1-\lambda&2&3\\2&1-\lambda&3\\3&3&6-\lambda\end{vmatrix}\xlongequal{(-1)r_1+r_2}\begin{vmatrix}1-\lambda&2&3\\1+\lambda&-1-\lambda&0\\3&3&6-\lambda\end{vmatrix}$$

$$=(\lambda+1)\begin{vmatrix}1-\lambda & 2 & 3\\ 1 & -1 & 0\\ 3 & 3 & 6-\lambda\end{vmatrix}\xlongequal{c_2+c_1}(\lambda+1)\begin{vmatrix}3-\lambda & 2 & 3\\ 0 & -1 & 0\\ 6 & 3 & 6-\lambda\end{vmatrix}$$

$$=-(\lambda+1)\begin{vmatrix}3-\lambda & 3\\ 6 & 6-\lambda\end{vmatrix}=-(\lambda+1)[(3-\lambda)(6-\lambda)-18]=-\lambda(\lambda+1)(\lambda-9),$$

则矩阵 $\boldsymbol{A}$ 的特征值为 $\lambda_1=0,\lambda_2=-1,\lambda_3=9$.

当 $\lambda_1=0$ 时,求解齐次线性方程组 $(\boldsymbol{A}-0\boldsymbol{E})\boldsymbol{x}=\boldsymbol{0}$,即 $\boldsymbol{A}\boldsymbol{x}=\boldsymbol{0}$. 由于

$$\boldsymbol{A}=\begin{pmatrix}1&2&3\\2&1&3\\3&3&6\end{pmatrix}\xrightarrow[(-3)r_1+r_3]{(-2)r_1+r_2}\begin{pmatrix}1&2&3\\0&-3&-3\\0&-3&-3\end{pmatrix}\xrightarrow[\left(-\frac{1}{3}\right)r_2]{(-1)r_2+r_3}\begin{pmatrix}1&2&3\\0&1&1\\0&0&0\end{pmatrix}\xrightarrow{(-2)r_2+r_1}\begin{pmatrix}1&0&1\\0&1&1\\0&0&0\end{pmatrix}.$$

因此,上述方程组同解于

$$\begin{cases}x_1+x_3=0\\x_2+x_3=0\end{cases}.$$

解之,得基础解系为

$$\boldsymbol{\xi}_1=\begin{pmatrix}-1\\-1\\1\end{pmatrix}.$$

故 $k_1\boldsymbol{\xi}_1(k_1\neq0)$ 是矩阵 $\boldsymbol{A}$ 的属于特征值 $\lambda_1=0$ 的全部特征向量.

当 $\lambda_2=-1$ 时,求解的线性方程组为 $[\boldsymbol{A}-(-\boldsymbol{E})]\boldsymbol{x}=\boldsymbol{0}$,由于

$$\boldsymbol{A}-(-\boldsymbol{E})=\boldsymbol{A}+\boldsymbol{E}=\begin{pmatrix}2&2&3\\2&2&3\\3&3&7\end{pmatrix}\xrightarrow{\substack{(-1)r_1+r_2\\ \left(-\frac{3}{2}\right)r_1+r_3}}\begin{pmatrix}2&2&3\\0&0&0\\0&0&\frac{5}{2}\end{pmatrix}\xrightarrow{\substack{\frac{2}{5}r_3\\ r_2\leftrightarrow r_3}}\begin{pmatrix}2&2&3\\0&0&1\\0&0&0\end{pmatrix}$$

$$\xrightarrow{\substack{(-3)r_2+r_1\\ \frac{1}{2}r_1}}\begin{pmatrix}1&1&0\\0&0&1\\0&0&0\end{pmatrix}.$$

故上述方程组同解于

$$\begin{cases}x_1+x_2=0\\ \qquad x_3=0\end{cases}.$$

解之,得其基础解系

$$\boldsymbol{\xi}_2=\begin{pmatrix}-1\\1\\0\end{pmatrix},$$

故 $k_2\boldsymbol{\xi}_2(k_2\neq0)$ 为矩阵 $\boldsymbol{A}$ 的属于特征值 $\lambda_2=-1$ 的全部特征向量.

当 $\lambda_3=9$ 时,求解的线性方程组为 $(\boldsymbol{A}-9\boldsymbol{E})\boldsymbol{x}=\boldsymbol{0}$. 由于

$$\boldsymbol{A}-9\boldsymbol{E}=\begin{pmatrix}-8&2&3\\2&-8&3\\3&3&-3\end{pmatrix}\xrightarrow[\frac{1}{3}r_1]{r_1\leftrightarrow r_3}\begin{pmatrix}1&1&-1\\2&-8&3\\-8&2&3\end{pmatrix}$$

$$\xrightarrow[8r_1+r_3]{(-2)r_1+r_2}\begin{pmatrix}1&1&-1\\0&-10&5\\0&10&-5\end{pmatrix}\xrightarrow[\left(-\frac{1}{5}\right)r_2]{r_2+r_3}\begin{pmatrix}1&1&-1\\0&2&-1\\0&0&0\end{pmatrix}\xrightarrow{\left(-\frac{1}{2}\right)r_2+r_1}\begin{pmatrix}1&0&-\frac{1}{2}\\0&2&-1\\0&0&0\end{pmatrix},$$

其对应的方程组为

$$\begin{cases}x_1-\dfrac{1}{2}x_3=0\\2x_2-x_3=0\end{cases},$$

解之,得其基础解系

$$\boldsymbol{\xi}_3=\begin{pmatrix}1\\1\\2\end{pmatrix},$$

故 $k_3\boldsymbol{\xi}_3(k_3\neq0)$ 为矩阵 $\boldsymbol{A}$ 的属于特征值 $\lambda_3=9$ 的全部特征向量.

例 3　求矩阵

$$\boldsymbol{A}=\begin{pmatrix}-2&0&1\\1&3&1\\-4&0&2\end{pmatrix}$$

的特征值与特征向量.

解　因为

$$f(\lambda)=|\boldsymbol{A}-\lambda\boldsymbol{E}|=\begin{vmatrix}-2-\lambda&0&1\\1&3-\lambda&1\\-4&0&2-\lambda\end{vmatrix}=(3-\lambda)\begin{vmatrix}-2-\lambda&1\\-4&2-\lambda\end{vmatrix}=\lambda^2(3-\lambda),$$

故 $\boldsymbol{A}$ 的特征值为 $\lambda_1=\lambda_2=0,\lambda_3=3$.

当 $\lambda_1=\lambda_2=0$ 时,求解 $(\boldsymbol{A}-0\boldsymbol{E})\boldsymbol{x}=\boldsymbol{0}$,由于

$$A-0E=A=\begin{pmatrix}-2&0&1\\1&3&1\\-4&0&2\end{pmatrix}\xrightarrow[\left(-\frac{1}{2}\right)r_1]{(-2)r_1+r_3}\begin{pmatrix}1&0&-\frac{1}{2}\\1&3&1\\0&0&0\end{pmatrix}$$

$$\xrightarrow{(-1)r_1+r_2}\begin{pmatrix}1&0&-\frac{1}{2}\\0&3&\frac{3}{2}\\0&0&0\end{pmatrix}\xrightarrow{\frac{1}{3}r_2}\begin{pmatrix}1&0&-\frac{1}{2}\\0&1&\frac{1}{2}\\0&0&0\end{pmatrix},$$

其对应的方程组为

$$\begin{cases}x_1-\frac{1}{2}x_3=0\\x_2+\frac{1}{2}x_3=0\end{cases},$$

解之,得基础解系为

$$\boldsymbol{\eta}_1=\begin{pmatrix}1\\-1\\2\end{pmatrix},$$

故 $k_1\boldsymbol{\eta}_1(k_1\neq0)$是 $\boldsymbol{A}$ 的属于特征值 $\lambda_1=\lambda_2=0$ 的全部特征向量.

当 $\lambda_3=3$ 时,求解$(\boldsymbol{A}-3\boldsymbol{E})\boldsymbol{x}=\boldsymbol{0}$. 由于

$$A-3E=\begin{pmatrix}-5&0&1\\1&0&1\\-4&0&-1\end{pmatrix}\xrightarrow{r_1\leftrightarrow r_2}\begin{pmatrix}1&0&1\\-5&0&1\\-4&0&-1\end{pmatrix}$$

$$\xrightarrow[4r_1+r_3]{r_3+r_2}\begin{pmatrix}1&0&1\\-9&0&0\\0&0&3\end{pmatrix}\xrightarrow{-\frac{1}{9}r_2}\begin{pmatrix}1&0&1\\1&0&0\\0&0&3\end{pmatrix}\xrightarrow[(-1)r_3+r_1]{\frac{1}{3}r_3}\begin{pmatrix}1&0&0\\1&0&0\\0&0&1\end{pmatrix}\xrightarrow[r_2\leftrightarrow r_3]{(-1)r_1+r_2}\begin{pmatrix}1&0&0\\0&0&1\\0&0&0\end{pmatrix},$$

其对应的方程组为

$$\begin{cases}x_1=0\\x_3=0\end{cases}.$$

易知,其基础解系为

$$\boldsymbol{\eta}_2=\begin{pmatrix}0\\1\\0\end{pmatrix},$$

则 $k_2\boldsymbol{\eta}_2(k_2\neq0)$是 $\boldsymbol{A}$ 的属于特征值 $\lambda_3=3$ 的全部特征向量.

细心的读者会发现，在例 1 中，特征值 $\lambda=2$ 是二重根，它对应的线性无关的特征向量有两个，分别为 $\boldsymbol{\xi}_1=\begin{pmatrix}1\\-1\\0\end{pmatrix}$ 与 $\boldsymbol{\xi}_2=\begin{pmatrix}1\\0\\1\end{pmatrix}$. 而在例 3 中，特征值 $\lambda=0$ 也是二重根，而它所对应的线性无关的特征向量只有一个，为 $\boldsymbol{\eta}_1=\begin{pmatrix}1\\-1\\2\end{pmatrix}$. 那么，特征值的重数与它所对应的线性无关的特征向量的个数是否存在某种关系？下列定理回答了此问题.

定理 1　设 λ 为矩阵 $\boldsymbol{A}$ 的一个 k 重特征值，则它所对应的特征向量组中线性无关的向量的最大个数 $s\leqslant k$.

有兴趣的读者可自己证明该定理.

3.1.2　特征值的性质

定理 2　设 $\boldsymbol{A}=(a_{ij})$ 为 n 阶矩阵，若 $\lambda_1,\lambda_2,\cdots,\lambda_n$ 为 $\boldsymbol{A}$ 的 n 个特征值，则

(1) $\lambda_1+\lambda_2+\cdots+\lambda_n=a_{11}+a_{22}+\cdots+a_{nn}$;

(2) $\lambda_1\lambda_2\cdots\lambda_n=|\boldsymbol{A}|$.

证明　矩阵 $\boldsymbol{A}$ 的特征多项式为

$$f(\lambda)=|\boldsymbol{A}-\lambda\boldsymbol{E}|=\begin{vmatrix}a_{11}-\lambda & a_{12} & \cdots & a_{1n}\\ a_{21} & a_{22}-\lambda & \cdots & a_{2n}\\ \vdots & \vdots & & \vdots\\ a_{n1} & a_{n2} & \cdots & a_{nn}-\lambda\end{vmatrix},$$

由多项式的展开式定理知，特征多项式中含 λ^n 与 λ^{n-1} 的项只能在主对角线元素乘积项

$$(a_{11}-\lambda)(a_{22}-\lambda)\cdots(a_{nn}-\lambda)$$

中出现. 而 $f(\lambda)=|\boldsymbol{A}-\lambda\boldsymbol{E}|$ 中的常数项为 $f(0)=|\boldsymbol{A}|$，从而有

$$f(\lambda)=|\boldsymbol{A}-\lambda\boldsymbol{E}|=(-1)^n\lambda^n+(-1)^{n-1}(a_{11}+a_{22}+\cdots+a_{nn})\lambda^{n-1}+\cdots+|A|. \tag{3-3}$$

另一方面，$\lambda_1,\lambda_2,\cdots,\lambda_n$ 为 A 的 n 个特征值，故 $f(\lambda)$ 又可表示为

$$\begin{aligned}f(\lambda)=|\boldsymbol{A}-\lambda\boldsymbol{E}|&=(\lambda_1-\lambda)(\lambda_2-\lambda)\cdots(\lambda_n-\lambda)\\&=(-1)^n\lambda^n+(-1)^{n-1}(\lambda_1+\lambda_2+\cdots+\lambda_n)\lambda+\cdots+\lambda_1\lambda_2\cdots\lambda_n.\end{aligned} \tag{3-4}$$

比较式(3-3)与式(3-4)，可得

$$\lambda_1+\lambda_2+\cdots+\lambda_n=a_{11}+a_{22}+\cdots+a_{nn},$$

$$\lambda_1\lambda_2\cdots\lambda_n=|\boldsymbol{A}|.$$

对于矩阵的主对角线上各元素之和,这里引入一个概念.

定义 3 设 $\boldsymbol{A}=(a_{ij})$ 为 n 阶矩阵,则 $a_{11}+a_{22}+\cdots+a_{nn}$ 称为矩阵 $\boldsymbol{A}$ 的**迹**,记为 $\mathrm{tr}(\boldsymbol{A})$.

推论 n 阶矩阵 $\boldsymbol{A}$ 可逆的充分必要条件是 $\boldsymbol{A}$ 的全部特征值均非零.

定理 3 n 阶矩阵 $\boldsymbol{A}$ 与它的转置矩阵 $\boldsymbol{A}^{\mathrm{T}}$ 具有相同的特征值.

证明 因为

$$|\boldsymbol{A}^{\mathrm{T}}-\lambda\boldsymbol{E}|=|\boldsymbol{A}^{\mathrm{T}}-(\lambda\boldsymbol{E})^{\mathrm{T}}|=|(\boldsymbol{A}-\lambda\boldsymbol{E})^{\mathrm{T}}|=|\boldsymbol{A}-\lambda\boldsymbol{E}|.$$

即 $\boldsymbol{A}$ 与 $\boldsymbol{A}^{\mathrm{T}}$ 有相同的特征多项式,故 $\boldsymbol{A}$ 与 $\boldsymbol{A}^{\mathrm{T}}$ 有相同的特征值.

定理 4 设 λ 为 n 阶矩阵 $\boldsymbol{A}$ 的特征值,$\boldsymbol{\alpha}$ 为 $\boldsymbol{A}$ 的属于 λ 的特征向量,则

(1) $k\lambda$ 是 $k\boldsymbol{A}$ 的特征值,$\boldsymbol{\alpha}$ 为 $k\boldsymbol{A}$ 的属于 $k\lambda$ 的特征向量(k 为任意常数);

(2) λ^n 是 $\boldsymbol{A}^n$ 的特征值,$\boldsymbol{\alpha}$ 为 $\boldsymbol{A}^n$ 的属于 λ^n 的特征向量(n 为正整数);

(3) 当 $\boldsymbol{A}$ 可逆时,$\frac{1}{\lambda}$是 $\boldsymbol{A}^{-1}$的特征值,$\boldsymbol{\alpha}$ 为 $\boldsymbol{A}^{-1}$的属于$\frac{1}{\lambda}$的特征向量;

(4) 当 $\boldsymbol{A}$ 可逆时,$\frac{|\boldsymbol{A}|}{\lambda}$是 $\boldsymbol{A}^*$ 的特征值,$\boldsymbol{\alpha}$ 为 $\boldsymbol{A}^*$的属于$\frac{|\boldsymbol{A}|}{\lambda}$的特征向量.

证明 (1) 由已知条件 $\boldsymbol{A\alpha}=\lambda\boldsymbol{\alpha}$,可得

$$k\boldsymbol{A\alpha}=k(\boldsymbol{A\alpha})=k(\lambda\boldsymbol{\alpha})=k\lambda\boldsymbol{\alpha}.$$

由定义 1 知,$k\lambda$ 是 $k\boldsymbol{A}$ 的特征值,$\boldsymbol{\alpha}$ 是 $k\boldsymbol{A}$ 的属于 $k\lambda$ 的特征向量.

(2) 由 $\boldsymbol{A\alpha}=\lambda\boldsymbol{\alpha}$,有

$$\boldsymbol{A}^2\boldsymbol{\alpha}=\boldsymbol{A}(\boldsymbol{A\alpha})=\boldsymbol{A}(\lambda\boldsymbol{\alpha})=\lambda(\boldsymbol{A\alpha})=\lambda(\lambda\boldsymbol{\alpha})=\lambda^2\boldsymbol{\alpha},$$
$$\boldsymbol{A}^3\boldsymbol{\alpha}=\boldsymbol{A}(\boldsymbol{A}^2\boldsymbol{\alpha})=\boldsymbol{A}(\lambda^2\boldsymbol{\alpha})=\lambda^2(\boldsymbol{A\alpha})=\lambda^2(\lambda\boldsymbol{\alpha})=\lambda^3\boldsymbol{\alpha},$$

依此类推,可得

$$\boldsymbol{A}^n\boldsymbol{\alpha}=\lambda^n\boldsymbol{\alpha}.$$

故 λ^n 是 $\boldsymbol{A}^n$ 的特征值,且 $\boldsymbol{\alpha}$ 为 $\boldsymbol{A}^n$ 的对应于 λ^n 的特征向量.

(3) 当 $\boldsymbol{A}$ 可逆且 $\lambda\neq 0$ 时,在 $\boldsymbol{A\alpha}=\lambda\boldsymbol{\alpha}$ 两边同时右乘 $\boldsymbol{A}^{-1}$,可得

$$\boldsymbol{A}^{-1}(\boldsymbol{A\alpha})=\boldsymbol{A}^{-1}(\lambda\boldsymbol{\alpha}),$$

即

$$\lambda(\boldsymbol{A}^{-1}\boldsymbol{\alpha})=\boldsymbol{\alpha},$$

从而

$$\boldsymbol{A}^{-1}\boldsymbol{\alpha}=\frac{1}{\lambda}\boldsymbol{\alpha}.$$

故$\frac{1}{\lambda}$是 $\boldsymbol{A}^{-1}$的特征值,$\boldsymbol{\alpha}$ 为 $\boldsymbol{A}^{-1}$的属于$\frac{1}{\lambda}$的特征向量.

(4) 当 $\boldsymbol{A}$ 可逆且 $\lambda\neq 0$ 时,在 $\boldsymbol{A\alpha}=\lambda\boldsymbol{\alpha}$ 两边同时右乘 $\boldsymbol{A}^*$,得

$$\boldsymbol{A}^*\boldsymbol{A\alpha}=\boldsymbol{A}^*(\lambda\boldsymbol{\alpha}),$$

进一步有

$$|A|\boldsymbol{\alpha}=\lambda A^{*}\boldsymbol{\alpha},$$

从而

$$A^{*}\boldsymbol{\alpha}=\frac{|A|}{\lambda}\boldsymbol{\alpha}.$$

故$\frac{|A|}{\lambda}$为A^{*}的特征值,$\boldsymbol{\alpha}$为$\frac{|A|}{\lambda}$的特征向量.

例 4　设$f(x)=a_nx^n+a_{n-1}x^{n-1}+\cdots+a_1x+a_0$为$n$次多项式,$\lambda$为$n$阶方阵$A$的特征值,$\boldsymbol{\alpha}$为$A$的属于$\lambda$的特征向量.试证:$f(\lambda)$为矩阵多项式$f(A)$的特征值,$\boldsymbol{\alpha}$为$f(A)$的属于$f(\lambda)$的特征向量.

证明　因为

$$\begin{aligned}f(A)\boldsymbol{\alpha}&=(a_nA^n+a_{n-1}A^{n-1}+\cdots+a_1A+a_0E)\boldsymbol{\alpha}\\&=a_nA^n\boldsymbol{\alpha}+a_{n-1}A^{n-1}\boldsymbol{\alpha}+\cdots+a_1A\boldsymbol{\alpha}+a_0\boldsymbol{\alpha}\\&=a_n\lambda^n\boldsymbol{\alpha}+a_{n-1}\lambda^{n-1}\boldsymbol{\alpha}+\cdots+a_1\lambda\boldsymbol{\alpha}+a_0\boldsymbol{\alpha}\\&=(a_n\lambda^n+a_{n-1}\lambda^{n-1}+\cdots+a_1\lambda+a_0)\boldsymbol{\alpha}\\&=f(\lambda)\boldsymbol{\alpha}.\end{aligned}$$

故$f(\lambda)$为$f(A)$的特征值,且$\boldsymbol{\alpha}$为对应的特征向量.

例 5　已知$A\in\mathbf{R}^{3\times3}$,且$A$的特征值为1,-2,3,$A^{*}$为$A$的伴随矩阵,求:

(1)$|A^{*}|$;

(2)$|A^2-3A+4E|$;

(3)$\left|(2A)^{-1}-\frac{1}{4}A^{*}\right|$.

解　(1)因为

$$A^{*}A=|A|E,$$

两边同时取行列式,有

$$|A^{*}A|=||A|E|,$$

即

$$|A^{*}||A|=|A|^3.$$

由定理 2 知

$$|A|=1\times(-2)\times3=-6,$$

故

$$|A^{*}|=|A|^2=(-6)^2=36.$$

(2)$A^2-3A+4E$的对应的多项式为

$$f(x)=x^2-3x+4,$$

由例 4 知$A^2-3A+4E$的特征值为$f(1)$,$f(-2)$及$f(3)$.

故

$$|A^2-3A+4E|=f(1)\cdot f(-2)\cdot f(3)=2\times14\times4=112.$$

(3)因为

$$A^*=|A|A^{-1}=(-6)A^{-1},$$

故 $$\left|(2A)^{-1}-\frac{1}{4}A^*\right|=\left|\frac{1}{2}A^{-1}-\frac{1}{4}\times(-6)A^{-1}\right|=|2A^{-1}|=2^3\frac{1}{|A|}$$

$$=-\frac{4}{3}.$$

例 6 设 $A^2=A$,证明 A 的特征值只能为 0 或 1.

证明 设 λ 为 A 的特征值,α 为 λ 所对应的特征向量,由定义,有

$$A\alpha=\lambda\alpha,$$

进而

$$A^2\alpha=\lambda^2\alpha,$$

又由已知条件 $A^2=A$,有 $\lambda^2\alpha=\lambda\alpha$,即

$$(\lambda^2-\lambda)\alpha=0.$$

因为 $\alpha\neq0$,所以 $\lambda^2-\lambda=0$,即 $\lambda=0$ 或 $\lambda=1$.

例 7 设

$$A=\begin{pmatrix}1&0&1\\0&2&0\\2&0&a\end{pmatrix},$$

已知 0 是 A 的一个特征值,求 a 及 A 的其他特征值.

解 因为 0 是 A 的一个特征值,故 $|A|=0$,即

$$\begin{vmatrix}1&0&1\\0&2&0\\2&0&a\end{vmatrix}=0,$$

而

$$\begin{vmatrix}1&0&1\\0&2&0\\2&0&a\end{vmatrix}=2\begin{vmatrix}1&1\\2&a\end{vmatrix}=2(a-2),$$

故 $a=2$. 下面求 A 的其他特征值.

$$|A-\lambda E|=\begin{vmatrix}1-\lambda&0&1\\0&2-\lambda&0\\2&0&2-\lambda\end{vmatrix}=(2-\lambda)\begin{vmatrix}1-\lambda&1\\2&2-\lambda\end{vmatrix}=(2-\lambda)(\lambda-3)\lambda,$$

所以 A 的另外两个特征值分别为 2 和 3.

例 8 设矩阵

$$A=\begin{pmatrix}a & -1 & 4\\ 2 & -1 & 2\\ 1 & 3 & b\end{pmatrix}$$

有一个特征向量 $\boldsymbol{\alpha}=\begin{pmatrix}1\\1\\-1\end{pmatrix}$,求 a,b 以及 $\boldsymbol{\alpha}$ 对应的特征值.

解　设 $\boldsymbol{\alpha}$ 对应的特征值为 λ,由特征值与特征向量的定义有

$$\boldsymbol{A\alpha}=\lambda\boldsymbol{\alpha},$$

即

$$\begin{pmatrix}a & -1 & 4\\ 2 & -1 & 2\\ 1 & 3 & b\end{pmatrix}\begin{pmatrix}1\\1\\-1\end{pmatrix}=\lambda\begin{pmatrix}1\\1\\-1\end{pmatrix},$$

解之,得 $\lambda=-1,a=4,b=3$.

3.2　相似矩阵

3.2.1　矩阵相似的概念

定义1　设 $\boldsymbol{A},\boldsymbol{B}$ 都是 n 阶矩阵,若存在一个可逆矩阵 $\boldsymbol{P}$,使得

$$\boldsymbol{P}^{-1}\boldsymbol{AP}=\boldsymbol{B}$$

成立,则称矩阵 $\boldsymbol{A}$ 与 $\boldsymbol{B}$ **相似**,或称矩阵 $\boldsymbol{A}$ 相似于矩阵 $\boldsymbol{B}$,记作 $\boldsymbol{A}\sim\boldsymbol{B}$.
可逆矩阵 $\boldsymbol{P}$ 称为将 $\boldsymbol{A}$ 变成 $\boldsymbol{B}$ 的**相似变换矩阵**.

不难看出,若 $\boldsymbol{A}$ 与 $\boldsymbol{B}$ 相似,则 $\boldsymbol{B}$ 与 $\boldsymbol{A}$ 也相似. 因为

$$\boldsymbol{P}^{-1}\boldsymbol{AP}=\boldsymbol{B},$$

记 $\boldsymbol{Q}=\boldsymbol{P}^{-1}$,则

$$(\boldsymbol{P}^{-1})^{-1}\boldsymbol{P}^{-1}\boldsymbol{AP}(\boldsymbol{P}^{-1})=(\boldsymbol{P}^{-1})^{-1}\boldsymbol{B}(\boldsymbol{P}^{-1}),$$

即

$$\boldsymbol{Q}^{-1}\boldsymbol{BQ}=\boldsymbol{A}.$$

由定义知,若 $\boldsymbol{A}$ 与 $\boldsymbol{B}$ 相似,则 $\boldsymbol{A}$ 与 $\boldsymbol{B}$ 等价. 反之,不成立.

相似作为方阵之间的一种等价关系,它具有下列性质:

(1)自反性:$\boldsymbol{A}\sim\boldsymbol{A}$;

(2)对称性:若 $\boldsymbol{A}\sim\boldsymbol{B}$,则 $\boldsymbol{B}\sim\boldsymbol{A}$;

(3)传递性:若 $\boldsymbol{A}\sim\boldsymbol{B},\boldsymbol{B}\sim\boldsymbol{C}$,则 $\boldsymbol{A}\sim\boldsymbol{C}$.

相似矩阵之间还有如下重要性质:

定理1　设 $\boldsymbol{A}$ 与 $\boldsymbol{B}$ 均为 n 阶矩阵,若 $\boldsymbol{A}$ 相似于 $\boldsymbol{B}$,则

(1) $\boldsymbol{A}$ 与 $\boldsymbol{B}$ 具有相同的行列式；

(2) $\boldsymbol{A}$ 与 $\boldsymbol{B}$ 具有相同的秩；

(3) $\boldsymbol{A}$ 与 $\boldsymbol{B}$ 具有相同的特征多项式和相同的特征值；

(4) $\boldsymbol{A}$ 与 $\boldsymbol{B}$ 具有相同的迹；

(5) $\boldsymbol{A}^k$ 与 $\boldsymbol{B}^k$ 相似，k 为正整数；

(6) $\boldsymbol{A}^{\mathrm{T}}$ 与 $\boldsymbol{B}^{\mathrm{T}}$ 相似；

(7) 若 $\boldsymbol{A}$ 可逆，则 $\boldsymbol{B}$ 可逆，且 $\boldsymbol{A}^{-1}$ 与 $\boldsymbol{B}^{-1}$ 相似；

(8) $f(\boldsymbol{A})$ 与 $f(\boldsymbol{B})$ 相似，其中 $f(\boldsymbol{A})$ 与 $f(\boldsymbol{B})$ 分别为 $\boldsymbol{A}$ 与 $\boldsymbol{B}$ 的矩阵多项式.

证明 因为 $\boldsymbol{A}$ 与 $\boldsymbol{B}$ 相似，故存在可逆矩阵 $\boldsymbol{P}$，使得 $\boldsymbol{P}^{-1}\boldsymbol{A}\boldsymbol{P}=\boldsymbol{B}$.

(3) $|\boldsymbol{B}-\lambda\boldsymbol{E}|=|\boldsymbol{P}^{-1}\boldsymbol{A}\boldsymbol{P}-\lambda\boldsymbol{E}|=|\boldsymbol{P}^{-1}\boldsymbol{A}\boldsymbol{P}-\boldsymbol{P}^{-1}\lambda\boldsymbol{E}\boldsymbol{P}|=|\boldsymbol{P}^{-1}(\boldsymbol{A}-\lambda\boldsymbol{E})\boldsymbol{P}|=|\boldsymbol{A}-\lambda\boldsymbol{E}|$，即 $\boldsymbol{A}$ 与 $\boldsymbol{B}$ 具有相同的特征多项式，进而具有相同的特征值.

(5) $$\boldsymbol{B}^k=\underbrace{(\boldsymbol{P}^{-1}\boldsymbol{A}\boldsymbol{P})(\boldsymbol{P}^{-1}\boldsymbol{A}\boldsymbol{P})\cdots(\boldsymbol{P}^{-1}\boldsymbol{A}\boldsymbol{P})}_{k\text{个}}=\boldsymbol{P}^{-1}\boldsymbol{A}\boldsymbol{P}\boldsymbol{P}^{-1}\boldsymbol{A}\boldsymbol{P}\cdots\boldsymbol{P}^{-1}\boldsymbol{A}\boldsymbol{P}=\boldsymbol{P}^{-1}\boldsymbol{A}^k\boldsymbol{P},$$

故 $\boldsymbol{A}^k$ 与 $\boldsymbol{B}^k$ 相似.

(7) 当 $\boldsymbol{A}$ 可逆时，$(\boldsymbol{P}^{-1}\boldsymbol{A}\boldsymbol{P})^{-1}$ 有意义. 由 $\boldsymbol{B}=\boldsymbol{P}^{-1}\boldsymbol{A}\boldsymbol{P}$ 知

$$(\boldsymbol{P}^{-1}\boldsymbol{A}\boldsymbol{P})^{-1}=\boldsymbol{P}^{-1}\boldsymbol{A}^{-1}\boldsymbol{P}=\boldsymbol{B}^{-1},$$

故 $\boldsymbol{A}^{-1}$ 与 $\boldsymbol{B}^{-1}$ 相似.

(8) 设 $f(\boldsymbol{x})=a_mx^m+a_{m-1}x^{m-1}+\cdots+a_1x+a_0$，则

$$\begin{aligned}\boldsymbol{P}^{-1}f(\boldsymbol{A})\boldsymbol{P}&=\boldsymbol{P}^{-1}(a_m\boldsymbol{A}^m+a_{m-1}\boldsymbol{A}^{m-1}+\cdots+a_0\boldsymbol{E})\boldsymbol{P}\\&=\boldsymbol{P}^{-1}(a_m\boldsymbol{A}^m)\boldsymbol{P}+\boldsymbol{P}^{-1}(a_{m-1}\boldsymbol{A}^{m-1})\boldsymbol{P}+\cdots+\boldsymbol{P}^{-1}(a_0\boldsymbol{E})\boldsymbol{P}\\&=a_m(\boldsymbol{P}^{-1}\boldsymbol{A}^m\boldsymbol{P})+a_{m-1}(\boldsymbol{P}^{-1}\boldsymbol{A}^{m-1}\boldsymbol{P})+\cdots+a_0(\boldsymbol{P}^{-1}\boldsymbol{E}\boldsymbol{P})\\&=a_m\boldsymbol{B}^m+a_{m-1}\boldsymbol{B}^{m-1}+\cdots+a_0\boldsymbol{E}\\&=f(\boldsymbol{B}).\end{aligned}$$

(1)，(2)，(4)，(6) 留给读者作为练习.

3.2.2 相似对角化

由于相似矩阵之间有许多本质属性是相同的，如特征值、行列式、秩等，因此，若矩阵 $\boldsymbol{A}$ 与一个较简单的矩阵（如对角矩阵）相似，则对研究矩阵 $\boldsymbol{A}$ 的性质会带来极大的方便.

定义 2 若矩阵 $\boldsymbol{A}$ 相似于对角矩阵 $\boldsymbol{\Lambda}$，则称 $\boldsymbol{A}$ 可对角化.

值得读者注意的是，并非任何方阵均可对角化. 下面分析方阵可对角化的条件.

设 n 阶矩阵 $\boldsymbol{A}$ 可对角化，即存在可逆矩阵 $\boldsymbol{P}$，使得 $\boldsymbol{P}^{-1}\boldsymbol{A}\boldsymbol{P}=\boldsymbol{\Lambda}$. 设对角矩阵

$$\boldsymbol{\Lambda}=\begin{pmatrix}\lambda_1&&&\\&\lambda_2&&\\&&\ddots&\\&&&\lambda_n\end{pmatrix},$$

矩阵 $\boldsymbol{P}$ 按列分块,并记 $\boldsymbol{P}=(\boldsymbol{p}_1,\boldsymbol{p}_2,\cdots,\boldsymbol{p}_n)$,因为 $\boldsymbol{P}$ 是可逆矩阵,故 $\boldsymbol{p}_1,\boldsymbol{p}_2,\cdots,\boldsymbol{p}_n$ 均为非零向量.

由已知条件 $\boldsymbol{P}^{-1}\boldsymbol{AP}=\boldsymbol{\Lambda}$,可得

$$\boldsymbol{AP}=\boldsymbol{P\Lambda},$$

即

$$\boldsymbol{A}(\boldsymbol{p}_1,\boldsymbol{p}_2,\cdots,\boldsymbol{p}_n)=(\boldsymbol{p}_1,\boldsymbol{p}_2,\cdots,\boldsymbol{p}_n)\begin{pmatrix}\lambda_1&&&\\&\lambda_2&&\\&&\ddots&\\&&&\lambda_n\end{pmatrix},$$

进而有

$$(\boldsymbol{Ap}_1,\boldsymbol{Ap}_2,\cdots,\boldsymbol{Ap}_n)=(\lambda_1\boldsymbol{p}_1,\lambda_2\boldsymbol{p}_2,\cdots,\lambda_n\boldsymbol{p}_n),$$

即

$$\boldsymbol{Ap}_i=\lambda_i\boldsymbol{p}_i,\quad i=1,2,\cdots,n. \tag{3-5}$$

由特征值与特征向量的定义以及式(3-5)可知,λ_i 是 $\boldsymbol{A}$ 的特征值,而 $\boldsymbol{p}_i$ 为 $\boldsymbol{A}$ 的属于 λ_i 的特征向量. 又因为 $\boldsymbol{P}$ 是可逆矩阵,故非零向量 $\boldsymbol{p}_1,\boldsymbol{p}_2,\cdots,\boldsymbol{p}_n$ 线性无关.

定理 2　n 阶矩阵 $\boldsymbol{A}$ 可对角化的充分必要条件是 $\boldsymbol{A}$ 有 n 个线性无关的特征向量.

那么,怎样判断矩阵 $\boldsymbol{A}$ 是否有 n 个线性无关的特征向量? 下面的定理给出了回答.

定理 3　矩阵 $\boldsymbol{A}$ 的不同特征值所对应的特征向量是线性无关的.

证明　设 $\lambda_1,\lambda_2,\cdots,\lambda_k$ 是 $\boldsymbol{A}$ 的不同的特征值,$\boldsymbol{\alpha}_1,\boldsymbol{\alpha}_2,\cdots,\boldsymbol{\alpha}_k$ 是依次与之对应的特征向量. 往证 $\boldsymbol{\alpha}_1,\boldsymbol{\alpha}_2,\cdots,\boldsymbol{\alpha}_k$ 线性无关,应用数学归纳法予以证明.

当 $k=1$ 时,因为 $\boldsymbol{\alpha}_1$ 是 λ_1 对应的特征向量,故 $\boldsymbol{\alpha}_1\neq 0$,结论显然成立.

假设当 $k=s$ 时结论成立,即 s 个不同的特征值 $\lambda_1,\lambda_2,\cdots,\lambda_s$ 对应的特征向量 $\boldsymbol{\alpha}_1,\boldsymbol{\alpha}_2,\cdots,\boldsymbol{\alpha}_s$ 是线性无关. 下面证明当 $k=s+1$ 时,互不相同的特征值 $\lambda_1,\lambda_2,\cdots,\lambda_{s+1}$ 所对应的特征向量 $\boldsymbol{\alpha}_1,\boldsymbol{\alpha}_2,\cdots,\boldsymbol{\alpha}_{s+1}$ 也是线性无关.

设存在一组数 $k_1,k_2,\cdots,k_{s+1}$,使得

$$k_1\boldsymbol{\alpha}_1+k_2\boldsymbol{\alpha}_2+\cdots+k_{s+1}\boldsymbol{\alpha}_{s+1}=\boldsymbol{0}. \tag{3-6}$$

在式(3-6)两端左乘矩阵 $\boldsymbol{A}$,可得

$$k_1\boldsymbol{A\alpha}_1+k_2\boldsymbol{A\alpha}_2+\cdots+k_{s+1}\boldsymbol{A\alpha}_{s+1}=\boldsymbol{0},$$

从而

$$k_1\lambda_1\boldsymbol{\alpha}_1+k_2\lambda_2\boldsymbol{\alpha}_2+\cdots+k_{s+1}\lambda_{s+1}\boldsymbol{\alpha}_{s+1}=\mathbf{0}. \tag{3-7}$$

在式(3-6)两端同乘以 λ_{s+1}，有

$$k_1\lambda_{s+1}\boldsymbol{\alpha}_1+k_2\lambda_{s+1}\boldsymbol{\alpha}_2+\cdots+k_{s+1}\lambda_{s+1}\boldsymbol{\alpha}_{s+1}=\mathbf{0}. \tag{3-8}$$

式(3-8)与式(3-7)相减，得

$$k_1(\lambda_{s+1}-\lambda_1)\boldsymbol{\alpha}_1+k_2(\lambda_{s+1}-\lambda_2)\boldsymbol{\alpha}_2+\cdots+k_s(\lambda_{s+1}-\lambda_s)\boldsymbol{\alpha}_s=\mathbf{0}.$$

因为 $\boldsymbol{\alpha}_1,\boldsymbol{\alpha}_2,\cdots,\boldsymbol{\alpha}_s$ 线性无关，从而有

$$\begin{gathered}k_1(\lambda_{s+1}-\lambda_1)=0,\\ k_2(\lambda_{s+1}-\lambda_2)=0,\\ \cdots\cdots\\ k_s(\lambda_{s+1}-\lambda_s)=0.\end{gathered}$$

又因为 $\lambda_1,\lambda_2,\cdots,\lambda_{s+1}$ 互不相同，故有 $k_1=k_2=\cdots=k_s=0$.

再将 $k_i=0,i=1,2,\cdots,s$ 代入式(3-6)，得

$$k_{s+1}\boldsymbol{\alpha}_{s+1}=0.$$

而 $\boldsymbol{\alpha}_{s+1}$ 是特征向量，故 $\boldsymbol{\alpha}_{s+1}\neq0$，从而 $k_{s+1}=0$.

即

$$k_1=k_2=\cdots=k_{s+1}=0.$$

故 $\boldsymbol{\alpha}_1,\boldsymbol{\alpha}_2,\cdots,\boldsymbol{\alpha}_{s+1}$ 线性无关.

推论 若 n 阶矩阵 $\boldsymbol{A}$ 有 n 个不相同的特征值，则 $\boldsymbol{A}$ 必可对角化.

定理3可进一步推广为下列定理：

定理4 设 $\boldsymbol{A}$ 为 n 阶矩阵，$\lambda_1,\lambda_2,\cdots,\lambda_m$ 为 $\boldsymbol{A}$ 的 $m(m\leqslant n)$ 个互不相同的特征值.

$\boldsymbol{\alpha}_{11},\boldsymbol{\alpha}_{12},\cdots,\boldsymbol{\alpha}_{1k_1}$ 为 λ_1 对应的特征向量；

$\boldsymbol{\alpha}_{21},\boldsymbol{\alpha}_{22},\cdots,\boldsymbol{\alpha}_{2k_2}$ 为 λ_2 对应的特征向量；

……

$\boldsymbol{\alpha}_{m1},\boldsymbol{\alpha}_{m2},\cdots,\boldsymbol{\alpha}_{mk_m}$ 为 λ_m 对应的特征向量.

则向量组 $\boldsymbol{\alpha}_{11},\boldsymbol{\alpha}_{12},\cdots,\boldsymbol{\alpha}_{1k_1},\boldsymbol{\alpha}_{21},\boldsymbol{\alpha}_{22},\cdots,\boldsymbol{\alpha}_{2k_2},\cdots,\boldsymbol{\alpha}_{m1},\boldsymbol{\alpha}_{m2},\cdots,\boldsymbol{\alpha}_{mk_m}$ 线性无关.

证明方法类似，略之.

例1 设

$$\boldsymbol{A}=\begin{pmatrix}0&0&1\\2&1&a\\1&0&0\end{pmatrix},$$

试问 a 为何值时，矩阵 $\boldsymbol{A}$ 可对角化.

解 因为

$$|\boldsymbol{A}-\lambda\boldsymbol{E}|=\begin{vmatrix}-\lambda&0&1\\2&1-\lambda&a\\1&0&-\lambda\end{vmatrix}=(1-\lambda)\begin{vmatrix}-\lambda&1\\1&-\lambda\end{vmatrix}=(1-\lambda)^2(1+\lambda),$$

故 A 的特征值为 $\lambda_1=-1,\lambda_2=\lambda_3=1$（二重根）.

由于 $\lambda_1=-1$ 为单根，它仅对应一个线性无关的特征向量．由定理 2 知，矩阵 A 可对角化的充要条件是 A 要有三个线性无关的特征向量，因此二重根 $\lambda_2=\lambda_3=1$ 所对应的线性无关的特征向量必须要有两个，即方程组

$$(A-E)x=0$$

的基础解系由两个向量组成，故 $R(A-E)=1$.

又因为

$$A-E=\begin{pmatrix}-1&0&1\\2&0&a\\1&0&-1\end{pmatrix}\xrightarrow[(-1)r_1]{\substack{2r_1+r_2\\r_1+r_3}}\begin{pmatrix}1&0&-1\\0&0&a+2\\0&0&0\end{pmatrix},$$

由 $R(A-E)=1$ 得 $a+2=0$，即 $a=-2$.

故当 $a=-2$ 时，A 可对角化.

例 2　已知

$$A=\begin{pmatrix}-1&1&0\\-2&2&0\\4&-2&1\end{pmatrix},$$

(1) 求可逆矩阵 P，使得 A 可对角化；

(2) 求 A^n.

解　(1) 先求 A 的特征值．由于

$$|A-\lambda E|=\begin{vmatrix}-1-\lambda&1&0\\-2&2-\lambda&0\\4&-2&1-\lambda\end{vmatrix}=\lambda(\lambda-1)^2,$$

故 A 的特征值为 $\lambda_1=\lambda_2=1,\lambda_3=0$.

当 $\lambda_1=\lambda_2=1$ 时，求解方程组 $(A-E)x=0$．因为

$$A-E=\begin{pmatrix}-2&1&0\\-2&1&0\\4&-2&0\end{pmatrix}\xrightarrow[(-1)r_1]{\substack{(-1)r_1+r_2\\2r_1+r_3}}\begin{pmatrix}2&-1&0\\0&0&0\\0&0&0\end{pmatrix},$$

故对应于 $\lambda_1=\lambda_2=1$ 的特征向量为

$$\xi_1=\begin{pmatrix}1\\2\\0\end{pmatrix},\ \xi_2\begin{pmatrix}0\\0\\1\end{pmatrix}.$$

当 $\lambda_3=0$ 时，求解方程组 $Ax=0$．因为

$$A=\begin{pmatrix}-1&1&0\\-2&2&0\\4&-2&1\end{pmatrix}\xrightarrow[(-1)r_1]{\substack{(-2)r_1+r_2\\4r_1+r_3}}\begin{pmatrix}1&-1&0\\0&0&0\\0&2&1\end{pmatrix}\xrightarrow{r_2\longleftrightarrow r_3}\begin{pmatrix}1&-1&0\\0&2&1\\0&0&0\end{pmatrix},$$

故对应于 $\lambda_3=0$ 的特征向量为

$$\boldsymbol{\xi}_3=\begin{pmatrix}1\\1\\-2\end{pmatrix}.$$

于是得可逆矩阵

$$\boldsymbol{P}=\begin{pmatrix}1&0&1\\2&0&1\\0&1&-2\end{pmatrix},$$

使得

$$\boldsymbol{P}^{-1}\boldsymbol{A}\boldsymbol{P}=\boldsymbol{\Lambda}=\begin{pmatrix}1&0&0\\0&1&0\\0&0&0\end{pmatrix}.$$

(2) 因为 $\boldsymbol{P}^{-1}\boldsymbol{A}\boldsymbol{P}=\boldsymbol{\Lambda}$，于是有 $\boldsymbol{A}=\boldsymbol{P}\boldsymbol{\Lambda}\boldsymbol{P}^{-1}$. 由

$$\boldsymbol{P}=\begin{pmatrix}1&0&1\\2&0&1\\0&1&-2\end{pmatrix}$$

有

$$\boldsymbol{P}^{-1}=\begin{pmatrix}-1&1&0\\4&-2&1\\2&-1&0\end{pmatrix}$$

而

$$\boldsymbol{A}^n=(\boldsymbol{P}\boldsymbol{\Lambda}\boldsymbol{P}^{-1})\cdot(\boldsymbol{P}\boldsymbol{\Lambda}\boldsymbol{P}^{-1})\cdot\cdots\cdot(\boldsymbol{P}\boldsymbol{\Lambda}\boldsymbol{P}^{-1})=\boldsymbol{P}\boldsymbol{\Lambda}^n\boldsymbol{P}^{-1}$$

$$\boldsymbol{\Lambda}^n=\begin{pmatrix}1&0&0\\0&1&0\\0&0&0\end{pmatrix},$$

故

$$\boldsymbol{A}^n=\begin{pmatrix}1&0&1\\2&0&1\\0&1&-2\end{pmatrix}\begin{pmatrix}1&0&0\\0&1&0\\0&0&0\end{pmatrix}\begin{pmatrix}-1&1&0\\4&-2&1\\2&-1&0\end{pmatrix}=\begin{pmatrix}-1&1&0\\-2&2&0\\4&-2&1\end{pmatrix}.$$

例 3 已知向量 $\boldsymbol{P}=\begin{pmatrix}1\\1\\-1\end{pmatrix}$ 是矩阵 $\boldsymbol{A}=\begin{pmatrix}2&-1&2\\5&a&3\\-1&b&-2\end{pmatrix}$ 的一个特征向量，

(1)试确定参数 a,b 及特征向量 $\boldsymbol{P}$ 对应的特征值；

(2)问 $\boldsymbol{A}$ 能否相似对角化，并说明理由.

解 (1)设 $\boldsymbol{P}$ 是属于特征值 λ_0 的特征向量，由特征值与特征向量的定义，有 $\boldsymbol{AP}=\lambda_0\boldsymbol{P}$，

即

$$\begin{pmatrix}2&-1&2\\5&a&3\\-1&b&-2\end{pmatrix}\begin{pmatrix}1\\1\\-1\end{pmatrix}=\lambda_0\begin{pmatrix}1\\1\\-1\end{pmatrix},$$

从而有

$$\begin{cases}2-1-2=\lambda_0,\\5+a-3=\lambda_0,\\-1+b+2=-\lambda_0.\end{cases}$$

解之，得

$$\lambda_0=-1,a=-3,b=0.$$

(2)因为

$$|\boldsymbol{A}-\lambda\boldsymbol{E}|=\begin{vmatrix}2-\lambda&-1&2\\5&-3-\lambda&3\\-1&0&-2-\lambda\end{vmatrix}=-(\lambda+1)^3,$$

故 $\lambda=-1$ 为 $\boldsymbol{A}$ 的三重特征值.由定理2知，$\boldsymbol{A}$ 可对角化的充要条件是 $\lambda=-1$ 对应三个线性无关的特征向量，即方程组 $(\boldsymbol{A}+\boldsymbol{E})\boldsymbol{x}=\boldsymbol{0}$ 的基础解系必须由三个向量组成.由于

$$\boldsymbol{A}+\boldsymbol{E}=\begin{pmatrix}3&-1&2\\5&-2&3\\-1&0&-1\end{pmatrix}\xrightarrow[(-1)r_3]{\substack{3r_3+r_1\\5r_3+r_2}}\begin{pmatrix}0&-1&-1\\0&-2&-2\\1&0&1\end{pmatrix}\xrightarrow[(-1)r_1]{-2r_1+r_2}\begin{pmatrix}0&1&1\\0&0&0\\1&0&1\end{pmatrix}\xrightarrow[r_2\leftrightarrow r_3]{r_1\leftrightarrow r_3}\begin{pmatrix}1&0&1\\0&1&1\\0&0&0\end{pmatrix},$$

即 $R(\boldsymbol{A}+\boldsymbol{E})=2$.因此方程组 $(\boldsymbol{A}+\boldsymbol{E})\boldsymbol{x}=\boldsymbol{0}$ 的基础解系只由一个向量组成，即 $\lambda=1$ 所对应的线性无关的特征向量只有一个，因此 $\boldsymbol{A}$ 不可对角化.

例4 设 $\boldsymbol{A}$ 是 n 阶方阵，其 n 个特征值分别为 $1,3,5,\cdots,2n-1$，求 $|\boldsymbol{A}-2\boldsymbol{E}|$.

解法1 因为 $\boldsymbol{A}$ 有 n 个不同的特征值，故 $\boldsymbol{A}$ 必可对角化，因此存在可逆矩阵 $\boldsymbol{P}$，使得

$$\boldsymbol{P}^{-1}\boldsymbol{AP}=\begin{pmatrix}1&&&\\&3&&\\&&\ddots&\\&&&2n-1\end{pmatrix},$$

即

$$A=P\begin{pmatrix}1&&&\\&3&&\\&&\ddots&\\&&&2n-1\end{pmatrix}P^{-1},$$

则

$$|A-2E|=\left|P\begin{pmatrix}1&&&\\&3&&\\&&\ddots&\\&&&2n-1\end{pmatrix}P^{-1}-2PP^{-1}\right|$$

$$=|P|\left|\begin{pmatrix}1&&&\\&3&&\\&&\ddots&\\&&&2n-1\end{pmatrix}-\begin{pmatrix}2&&&\\&2&&\\&&\ddots&\\&&&2\end{pmatrix}\right||P^{-1}|$$

$$=\begin{vmatrix}-1&&&&\\&1&&&\\&&3&&\\&&&\ddots&\\&&&&2n-3\end{vmatrix}$$

$$=(-1)\cdot1\cdot3\cdot\cdots\cdot(2n-3).$$

解法2 设 λ 是矩阵 A 的特征值，则矩阵多项式 $f(A)=A-2E$ 对应的特征值为 $\lambda-2$，即 $A-2E$ 的 n 个特征值分别为

$$-1,1,3,\cdots,2n-3.$$

所以

$$|A-2E|=(-1)\cdot1\cdot3\cdot\cdots\cdot(2n-3).$$

例5 求 $\lim\limits_{k\to\infty}\begin{pmatrix}\frac{1}{2}&2&5\\0&0&-1\\0&0&-\frac{1}{3}\end{pmatrix}^k$.

解 记

$$A=\begin{pmatrix}\frac{1}{2}&2&5\\0&0&-1\\0&0&-\frac{1}{3}\end{pmatrix},$$

显然,上三角形矩阵 $\boldsymbol{A}$ 的特征值分别为 $\lambda_1=\frac{1}{2},\lambda_2=0,\lambda_3=-\frac{1}{3}$,因为它们互不相同,所以矩阵 $\boldsymbol{A}$ 可以相似于对角阵,即存在可逆矩阵 $\boldsymbol{P}$,使得

$$\boldsymbol{P}^{-1}\boldsymbol{AP}=\begin{pmatrix}\frac{1}{2} & & \\ & 0 & \\ & & -\frac{1}{3}\end{pmatrix},$$

从而

$$\boldsymbol{A}=\boldsymbol{P}\begin{pmatrix}\frac{1}{2} & & \\ & 0 & \\ & & -\frac{1}{3}\end{pmatrix}\boldsymbol{P}^{-1},$$

故

$$\begin{aligned}\lim_{k\to\infty}\boldsymbol{A}^k&=\lim_{k\to\infty}\left[\boldsymbol{P}\begin{pmatrix}\frac{1}{2} & & \\ & 0 & \\ & & -\frac{1}{3}\end{pmatrix}\boldsymbol{P}^{-1}\right]^k\\&=\lim_{k\to\infty}\boldsymbol{P}\begin{pmatrix}\frac{1}{2} & & \\ & 0 & \\ & & -\frac{1}{3}\end{pmatrix}^k\boldsymbol{P}^{-1}\\&=\lim_{k\to\infty}\boldsymbol{P}\begin{pmatrix}\left(\frac{1}{2}\right)^k & & \\ & 0 & \\ & & \left(-\frac{1}{3}\right)^k\end{pmatrix}\boldsymbol{P}^{-1}\\&=\boldsymbol{P}\cdot\boldsymbol{O}\cdot\boldsymbol{P}^{-1}\\&=\boldsymbol{O}.\end{aligned}$$

例6 设 $\boldsymbol{A},\boldsymbol{B}$ 均为 n 阶矩阵,$\boldsymbol{A}$ 有 n 个互异的特征值,且 $\boldsymbol{AB}=\boldsymbol{BA}$,证明:存在可逆矩阵 $\boldsymbol{P}$,使得 $\boldsymbol{P}^{-1}\boldsymbol{AP}$ 和 $\boldsymbol{P}^{-1}\boldsymbol{BP}$ 均为对角矩阵.

证明 由于 $\boldsymbol{A}$ 的特征值是互异的,故存在可逆矩阵 $\boldsymbol{P}$,使得

$$P^{-1}AP=\begin{pmatrix}\lambda_1 & & & \\ & \lambda_2 & & \\ & & \ddots & \\ & & & \lambda_n\end{pmatrix},$$

其中 $\lambda_i(i=1,2\cdots,n)$ 为 A 的 n 个互异的特征值.

由 $AB=BA$,可得

$$(P^{-1}AP)(P^{-1}BP)=P^{-1}ABP=P^{-1}BAP=(P^{-1}BP)(P^{-1}AP),$$

设

$$P^{-1}BP=\begin{pmatrix}a_{11} & a_{12} & \cdots & a_{1n}\\ a_{21} & a_{22} & \cdots & a_{2n}\\ \vdots & \vdots & & \vdots\\ a_{n1} & a_{n2} & \cdots & a_{nn}\end{pmatrix},$$

由等式 $(P^{-1}AP)(P^{-1}BP)=(P^{-1}BP)(P^{-1}AP)$,有

$$\begin{pmatrix}\lambda_1 & & & \\ & \lambda_2 & & \\ & & \ddots & \\ & & & \lambda_n\end{pmatrix}\begin{pmatrix}a_{11} & a_{12} & \cdots & a_{1n}\\ a_{21} & a_{22} & \cdots & a_{2n}\\ \vdots & \vdots & & \vdots\\ a_{n1} & a_{n2} & \cdots & a_{nn}\end{pmatrix}=\begin{pmatrix}a_{11} & a_{12} & \cdots & a_{1n}\\ a_{21} & a_{22} & \cdots & a_{2n}\\ \vdots & \vdots & & \vdots\\ a_{n1} & a_{n2} & \cdots & a_{nn}\end{pmatrix}\begin{pmatrix}\lambda_1 & & & \\ & \lambda_2 & & \\ & & \ddots & \\ & & & \lambda_n\end{pmatrix},$$

比较两边第 i 行第 j 列 $(i\neq j)$ 元素,得

$$\lambda_i a_{ij}=\lambda_j a_{ij}.$$

由于 $\lambda_i\neq\lambda_j(i\neq j)$,故

$$a_{ij}=0\quad(i\neq j).$$

这说明 $P^{-1}BP$ 也是对角矩阵.

3.3 对称矩阵的对角化

3.3.1 对称矩阵

3.2.2 节指出,并非任意的 n 阶矩阵均可对角化.关于对角化问题,我们不作一般性的讨论,而仅讨论对称矩阵的对角化问题.

需要强调的一点是,这里指的对称矩阵均为实对称矩阵.

定理 1 对称矩阵的特征值必为实数.

证明 设 λ_0 为对称矩阵 A 的任一特征值,$\boldsymbol{\alpha}=\begin{pmatrix}a_1\\ a_2\\ \vdots\\ a_n\end{pmatrix}$ 为 A 的对应于 λ_0 的特征向

量，则有

$$A\boldsymbol{\alpha}=\lambda_0\boldsymbol{\alpha}.$$

在上式两端同时取转置，可得

$$(A\boldsymbol{\alpha})^{\mathrm{T}}=(\lambda_0\boldsymbol{\alpha})^{\mathrm{T}},$$

即

$$\boldsymbol{\alpha}^{\mathrm{T}}A^{\mathrm{T}}=\lambda_0\boldsymbol{\alpha}^{\mathrm{T}},$$

又因为 A 是对称矩阵，故

$$\boldsymbol{\alpha}^{\mathrm{T}}A=\lambda_0\boldsymbol{\alpha}^{\mathrm{T}}.$$

两端同时取共轭，得

$$\overline{\boldsymbol{\alpha}}^{\mathrm{T}}A=\overline{\lambda}_0\overline{\boldsymbol{\alpha}}^{\mathrm{T}},$$

上式两端再右乘 $\boldsymbol{\alpha}$，得

$$\overline{\boldsymbol{\alpha}}^{\mathrm{T}}A\boldsymbol{\alpha}=\overline{\lambda}_0\overline{\boldsymbol{\alpha}}^{\mathrm{T}}\boldsymbol{\alpha},$$

进而有

$$\lambda_0\overline{\boldsymbol{\alpha}}^{\mathrm{T}}\boldsymbol{\alpha}=\overline{\lambda}_0\overline{\boldsymbol{\alpha}}^{\mathrm{T}}\boldsymbol{\alpha},$$

即

$$(\lambda_0-\overline{\lambda}_0)\overline{\boldsymbol{\alpha}}^{\mathrm{T}}\boldsymbol{\alpha}=0.$$

因为 $\boldsymbol{\alpha}$ 为 λ_0 对应的特征向量，所以 $\boldsymbol{\alpha}\neq\boldsymbol{0}$，而

$$\overline{\boldsymbol{\alpha}}^{\mathrm{T}}\boldsymbol{\alpha}=\overline{a}_1a_1+\overline{a}_2a_2+\cdots+\overline{a}_na_n=a_1^2+a_2^2+\cdots+a_n^2>0,$$

故

$$\lambda_0=\overline{\lambda}_0.$$

由 λ_0 的任意性知，对称矩阵的特征值全为实数.

例 1　设

$$A=\begin{pmatrix}0&0&1\\2&1&1\\-1&0&0\end{pmatrix},$$

求矩阵 A 的特征值.

解　因为

$$|A-\lambda E|=\begin{vmatrix}-\lambda&0&1\\2&1-\lambda&1\\-1&0&-\lambda\end{vmatrix}=(1-\lambda)\begin{vmatrix}-\lambda&1\\-1&-\lambda\end{vmatrix}=(1-\lambda)(\lambda^2+1),$$

故 A 的特征值为 $\lambda_1=1,\lambda_2=i,\lambda_3=-i$.

例 2　设对称矩阵

$$A=\begin{pmatrix}0&-1&1\\-1&0&1\\1&1&0\end{pmatrix},$$

求 $\boldsymbol{A}$ 的特征值.

解 因为

$$|\boldsymbol{A}-\lambda\boldsymbol{E}|=\begin{vmatrix}-\lambda & -1 & 1\\ -1 & -\lambda & 1\\ 1 & 1 & -\lambda\end{vmatrix}\xlongequal{r_2+r_3}\begin{vmatrix}\lambda & 1 & -1\\ 1 & \lambda & -1\\ 0 & 1-\lambda & 1-\lambda\end{vmatrix}$$

$$\xlongequal{(-1)c_3+c_2}\begin{vmatrix}\lambda & 2 & -1\\ 1 & \lambda+1 & -1\\ 0 & 0 & 1-\lambda\end{vmatrix}=(1-\lambda)\begin{vmatrix}\lambda & 2\\ 1 & \lambda+1\end{vmatrix}=-(\lambda-1)^2(\lambda+2),$$

故矩阵 $\boldsymbol{A}$ 的特征值为 $\lambda_1=\lambda_2=1,\lambda_3=-2$.

定理 2 设 $\boldsymbol{A}$ 为对称矩阵,则 $\boldsymbol{A}$ 的属于不同特征值的特征向量是正交的.

证明 设 λ_1,λ_2 为 $\boldsymbol{A}$ 的两个互异的特征值,它们对应的特征向量分别为 $\boldsymbol{\alpha}_1,\boldsymbol{\alpha}_2$,则

$$\boldsymbol{A}\boldsymbol{\alpha}_1=\lambda_1\boldsymbol{\alpha}_1,\quad \boldsymbol{A}\boldsymbol{\alpha}_2=\lambda_2\boldsymbol{\alpha}_2.$$

由定理 1 知,λ_1,λ_2 为实数.因 $\boldsymbol{A}$ 对称,故

$$(\boldsymbol{A}\boldsymbol{\alpha}_1)^{\mathrm{T}}=\boldsymbol{\alpha}_1^{\mathrm{T}}\boldsymbol{A}^{\mathrm{T}}=\boldsymbol{\alpha}_1^{\mathrm{T}}\boldsymbol{A}=(\lambda_1\boldsymbol{\alpha}_1)^{\mathrm{T}}=\lambda_1\boldsymbol{\alpha}_1^{\mathrm{T}},$$

上式两端同时右乘 $\boldsymbol{\alpha}_2$,分别为

$$(\boldsymbol{A}\boldsymbol{\alpha}_1)^{\mathrm{T}}\boldsymbol{\alpha}_2=\boldsymbol{\alpha}_1^{\mathrm{T}}\boldsymbol{A}^{\mathrm{T}}\boldsymbol{\alpha}_2=\boldsymbol{\alpha}_1^{\mathrm{T}}\boldsymbol{A}\boldsymbol{\alpha}_2=\boldsymbol{\alpha}_1^{\mathrm{T}}\lambda_2\boldsymbol{\alpha}_2=\lambda_2\boldsymbol{\alpha}_1^{\mathrm{T}}\boldsymbol{\alpha}_2,$$

$$(\lambda_1\boldsymbol{\alpha}_1)^{\mathrm{T}}\boldsymbol{\alpha}_2=\lambda_1\boldsymbol{\alpha}_1^{\mathrm{T}}\boldsymbol{\alpha}_2,$$

从而得

$$\lambda_2\boldsymbol{\alpha}_1^{\mathrm{T}}\boldsymbol{\alpha}_2=\lambda_1\boldsymbol{\alpha}_1^{\mathrm{T}}\boldsymbol{\alpha}_2,$$

即

$$(\lambda_2-\lambda_1)\boldsymbol{\alpha}_1^{\mathrm{T}}\boldsymbol{\alpha}_2=0.$$

而 $\lambda_1\neq\lambda_2$,故 $\boldsymbol{\alpha}_1^{\mathrm{T}}\boldsymbol{\alpha}_2=0$,即 $\boldsymbol{\alpha}_1$ 与 $\boldsymbol{\alpha}_2$ 正交.

例 3 设 n 阶矩阵 $\boldsymbol{A}$ 为正交矩阵,且 $|\boldsymbol{A}|<0$.证明:

(1) $|\boldsymbol{A}|=-1$;

(2) -1 是 $\boldsymbol{A}$ 的一个特征值.

证明 由 $\boldsymbol{A}$ 为正交矩阵知

$$\boldsymbol{A}\boldsymbol{A}^{\mathrm{T}}=\boldsymbol{E},$$

两端同时取行列式,有

$$|\boldsymbol{A}\boldsymbol{A}^{\mathrm{T}}|=|\boldsymbol{A}||\boldsymbol{A}^{\mathrm{T}}|=|\boldsymbol{E}|,$$

即

$$|\boldsymbol{A}|^2=1.$$

又因为 $|\boldsymbol{A}|<0$,故 $|\boldsymbol{A}|=-1$.

(2)由于

$$|\boldsymbol{A}+\boldsymbol{E}|=|\boldsymbol{A}+\boldsymbol{A}\boldsymbol{A}^{\mathrm{T}}|=|\boldsymbol{A}(\boldsymbol{E}+\boldsymbol{A}^{\mathrm{T}})|=|\boldsymbol{A}||\boldsymbol{E}+\boldsymbol{A}^{\mathrm{T}}|$$

$$= -|(A+E)^{T}| = -|A+E|,$$

故 $|A+E|=0$. 从而知 -1 是 A 的一个特征值.

3.3.2 对称矩阵的对角化

定理3 设 A 为 n 阶对称矩阵,则存在正交矩阵 $Q=(q_1,q_2,\cdots,q_n)$,使得

$$Q^{-1}AQ = Q^{T}AQ = \begin{pmatrix} \lambda_1 & & & \\ & \lambda_2 & & \\ & & \ddots & \\ & & & \lambda_n \end{pmatrix}$$

其中 $\lambda_1,\lambda_2,\cdots,\lambda_n$ 是 A 的 n 个特征值,q_i 为 λ_i 所对应的特征向量.

证明从略.

设 A 为 n 阶对称矩阵,依据定理3下面给出求正交矩阵 Q,使得 $Q^{-1}AQ=\Lambda$ 的步骤:

(1)由 $|A-\lambda E|=0$,求出 A 的互不相等的特征值 $\lambda_1,\lambda_2,\cdots,\lambda_s$;

(2)对每个特征值,求出它所对应的线性无关的特征向量;

(3)将特征向量正交化、单位化.

当特征值 λ_i 为单根时,它所对应的特征向量只有一个,并且与其他特征值所对应的特征向量正交,此时,只需将此特征向量单位化;

当特征值 λ_i 为 $k(k>1)$ 重根时,它所对应的线性无关的特征向量必为 k 个,将这 k 个特征向量先进行施密特正交化,再单位化.

(4)将单位化后的 n 个两两正交的特征向量排列成矩阵 Q,则 Q 为所求的正交矩阵,并使得 $Q^{-1}AQ=\Lambda$,其中对角矩阵 Λ 对角线上的元素的排列次序应与矩阵 Q 中的列向量的排列次序对应.

例4 设

$$A=\begin{pmatrix} 2 & -2 & 0 \\ -2 & 1 & -2 \\ 0 & -2 & 0 \end{pmatrix},$$

求正交矩阵 Q,使 $Q^{-1}AQ$ 为对角矩阵.

解 因为

$$|A-\lambda E| = \begin{vmatrix} 2-\lambda & -2 & 0 \\ -2 & 1-\lambda & -2 \\ 0 & -2 & -\lambda \end{vmatrix} = (\lambda-1)(4-\lambda)(\lambda+2),$$

所以 A 的特征值为 $\lambda_1=1,\lambda_2=-2,\lambda_3=4$.

当 $\lambda=1$ 时，解方程组 $(\boldsymbol{A}-\boldsymbol{E})\boldsymbol{x}=\boldsymbol{0}$，由于

$$\boldsymbol{A}-\boldsymbol{E}=\begin{pmatrix}1&-2&0\\-2&0&-2\\0&-2&-1\end{pmatrix}\longrightarrow\begin{pmatrix}1&-2&0\\0&2&1\\0&0&0\end{pmatrix},$$

故基础解系为

$$\boldsymbol{\xi}_1=\begin{pmatrix}-1\\-\dfrac{1}{2}\\1\end{pmatrix}.$$

此向量即为 $\lambda=1$ 所对应的线性无关的特征向量.

当 $\lambda=-2$ 时，求解方程组 $(\boldsymbol{A}+2\boldsymbol{E})\boldsymbol{x}=\boldsymbol{0}$. 由于

$$\boldsymbol{A}+2\boldsymbol{E}=\begin{pmatrix}4&-2&0\\-2&3&-2\\0&-2&2\end{pmatrix}\longrightarrow\begin{pmatrix}2&-1&0\\0&1&-1\\0&0&0\end{pmatrix},$$

故基础解系为

$$\boldsymbol{\xi}_2=\begin{pmatrix}\dfrac{1}{2}\\1\\1\end{pmatrix}.$$

此向量即为 $\lambda=-2$ 所对应的线性无关的特征向量.

类似地，当 $\lambda_3=4$ 时，求解方程组 $(\boldsymbol{A}-4\boldsymbol{E})\boldsymbol{x}=\boldsymbol{0}$，可得基础解系为

$$\boldsymbol{\xi}_3=\begin{pmatrix}-1\\1\\-\dfrac{1}{2}\end{pmatrix}.$$

因为 $\boldsymbol{A}$ 是实对称矩阵，且 $\lambda=1,-2,4$ 均为单根，所以，$\boldsymbol{\xi}_1,\boldsymbol{\xi}_2,\boldsymbol{\xi}_3$ 必两两正交，因此，只需将它们单位化，故有

$$\boldsymbol{q}_1=\frac{\boldsymbol{\xi}_1}{\|\boldsymbol{\xi}_1\|}=\begin{pmatrix}-\dfrac{2}{3}\\-\dfrac{1}{3}\\\dfrac{2}{3}\end{pmatrix},\ \boldsymbol{q}_2=\frac{\boldsymbol{\xi}_2}{\|\boldsymbol{\xi}_2\|}=\begin{pmatrix}\dfrac{1}{3}\\\dfrac{2}{3}\\\dfrac{2}{3}\end{pmatrix},\ \boldsymbol{q}_3=\frac{\boldsymbol{\xi}_3}{\|\boldsymbol{\xi}_3\|}=\begin{pmatrix}-\dfrac{2}{3}\\\dfrac{2}{3}\\-\dfrac{1}{3}\end{pmatrix}.$$

于是，得正交矩阵

$$Q=(q_1,q_2,q_3)=\frac{1}{3}\begin{pmatrix}-2 & 1 & -2\\ -1 & 2 & 2\\ 2 & 2 & -1\end{pmatrix},$$

使得

$$Q^{-1}AQ=\begin{pmatrix}1 & 0 & 0\\ 0 & -2 & 0\\ 0 & 0 & 4\end{pmatrix}.$$

例 5　求一正交矩阵 Q，将矩阵

$$A=\begin{pmatrix}0 & -1 & 1\\ -1 & 0 & 1\\ 1 & 1 & 0\end{pmatrix}$$

相似变换为对角矩阵.

解　由本节例 2，可知 A 的特征值为：

$$\lambda_1=\lambda_2=1,\lambda_3=-2.$$

当 $\lambda_1=\lambda_2=1$ 时，求解方程组 $(A-E)x=0$，可得基础解系

$$\xi_1=\begin{pmatrix}1\\0\\1\end{pmatrix},\ \xi_2=\begin{pmatrix}0\\1\\1\end{pmatrix}.$$

由于 ξ_1,ξ_2 不正交，因此要将 ξ_1,ξ_2 正交化. 令

$$\eta_1=\xi_1,$$

$$\eta_2=\xi_2-\frac{(\eta_1,\xi_2)}{(\eta_1,\eta_1)}\eta_1=\begin{pmatrix}0\\1\\1\end{pmatrix}-\frac{1}{2}\begin{pmatrix}1\\0\\1\end{pmatrix}=\frac{1}{2}\begin{pmatrix}-1\\2\\1\end{pmatrix}.$$

再将 η_1,η_2 单位化，得

$$\theta_1=\frac{\eta_1}{\|\eta_1\|}=\frac{1}{\sqrt{2}}\begin{pmatrix}1\\0\\1\end{pmatrix},$$

$$\theta_2=\frac{\eta_2}{\|\eta_2\|}=\frac{1}{\sqrt{6}}\begin{pmatrix}-1\\2\\1\end{pmatrix}.$$

当 $\lambda_3=-2$ 时，求解方程组 $(A+2E)x=0$，可得基础解系

$$\boldsymbol{\xi}_3=\begin{pmatrix}-1\\-1\\1\end{pmatrix}.$$

再将 $\boldsymbol{\xi}_3$ 单位化，得

$$\boldsymbol{\theta}_3=\frac{\boldsymbol{\xi}_3}{\|\boldsymbol{\xi}_3\|}=\frac{1}{\sqrt{3}}\begin{pmatrix}-1\\-1\\1\end{pmatrix}.$$

于是，得正交矩阵

$$\boldsymbol{Q}=(\boldsymbol{\theta}_1,\boldsymbol{\theta}_2,\boldsymbol{\theta}_3)=\begin{pmatrix}\frac{1}{\sqrt{2}} & \frac{1}{-\sqrt{6}} & \frac{1}{-\sqrt{3}}\\ 0 & \frac{2}{\sqrt{6}} & -\frac{1}{\sqrt{3}}\\ \frac{1}{\sqrt{2}} & \frac{1}{\sqrt{6}} & \frac{1}{\sqrt{3}}\end{pmatrix},$$

使得

$$\boldsymbol{Q}^{-1}\boldsymbol{A}\boldsymbol{Q}=\begin{pmatrix}1&0&0\\0&1&0\\0&0&-2\end{pmatrix}.$$

例 6 设三阶对称矩阵 $\boldsymbol{A}$ 的特征值为 $\lambda_1=-1,\lambda_2=\lambda_3=1$，且对应于 $\lambda_1=-1$ 的特征向量为 $\boldsymbol{\xi}_1=\begin{pmatrix}0\\1\\1\end{pmatrix}$，求矩阵 $\boldsymbol{A}$.

解 设对应于 $\lambda=1$ 的特征向量为 $\boldsymbol{\xi}=\begin{pmatrix}x_1\\x_2\\x_3\end{pmatrix}$. 由于对称矩阵的不同特征值所对应的特征向量必相互正交，从而有 $(\boldsymbol{\xi}_1,\boldsymbol{\xi})=0$. 即

$$\boldsymbol{\xi}_1^{\mathrm{T}}\boldsymbol{\xi}=x_2+x_3=0.$$

求解此方程，得基础解系

$$\boldsymbol{\xi}_2=\begin{pmatrix}1\\0\\0\end{pmatrix},\ \boldsymbol{\xi}_3=\begin{pmatrix}0\\1\\-1\end{pmatrix}.$$

故 $\lambda=1$ 所对应的线性无关的特征向量分别为 $\boldsymbol{\xi}_2,\boldsymbol{\xi}_3$. 由 $\boldsymbol{\xi}_1,\boldsymbol{\xi}_2,\boldsymbol{\xi}_3$ 构成可逆矩阵，

$$\boldsymbol{P}=(\boldsymbol{\xi}_1,\boldsymbol{\xi}_2,\boldsymbol{\xi}_3)=\begin{pmatrix}0&1&0\\1&0&1\\1&0&-1\end{pmatrix},$$

使得

$$P^{-1}AP=\Lambda=\begin{pmatrix}-1&0&0\\0&1&0\\0&0&1\end{pmatrix}.$$

即

$$AP=P\Lambda.$$

从而

$$A=P\Lambda P^{-1},$$

由 P 可求得

$$P^{-1}=\begin{pmatrix}0&\frac{1}{2}&\frac{1}{2}\\1&0&0\\0&\frac{1}{2}&-\frac{1}{2}\end{pmatrix}.$$

故所求的三阶对称矩阵为

$$A=\begin{pmatrix}0&1&0\\1&0&1\\1&0&-1\end{pmatrix}\begin{pmatrix}-1&0&0\\0&1&0\\0&0&1\end{pmatrix}\begin{pmatrix}0&\frac{1}{2}&\frac{1}{2}\\1&0&0\\0&\frac{1}{2}&-\frac{1}{2}\end{pmatrix}=\begin{pmatrix}1&0&0\\0&0&-1\\0&-1&0\end{pmatrix}.$$

习题三

1. 求下列矩阵的特征值与特征向量.

(1) $\begin{pmatrix}1&2\\-1&4\end{pmatrix}$;　　(2) $\begin{pmatrix}-2&1&1\\0&2&0\\-4&1&3\end{pmatrix}$;

(3) $\begin{pmatrix}1&1&1\\0&5&1\\0&-3&1\end{pmatrix}$;　　(4) $\begin{pmatrix}0&0&1\\0&1&0\\1&0&0\end{pmatrix}$;

(5) $\begin{pmatrix}3&2&-1\\-2&-2&2\\3&6&-1\end{pmatrix}$;　　(6) $\begin{pmatrix}4&2&-5\\6&4&-9\\5&3&-7\end{pmatrix}$.

2. 设 n 阶矩阵 $A=(a_{ij})_{n\times n}$ 的特征值为 $\lambda_1,\lambda_2,\cdots,\lambda_n$，求 $\sum_{i=1}^{n}\lambda_i^2$.

3. 已知四阶矩阵 $\boldsymbol{A}$ 的特征值分别为 1,2,-1,3,试求:

(1) $|\boldsymbol{A}^2-\boldsymbol{A}+\boldsymbol{E}|$;

(2) $\operatorname{tr}(\boldsymbol{A}^*)$.

4. 设 $\boldsymbol{A}=\begin{pmatrix}2&0&2\\0&1&0\\1&0&a\end{pmatrix}$, 0 是 a 的一个特征值,求 a 的值及 $\boldsymbol{A}$ 的其它特征值.

5. 设 n 阶矩阵 $\boldsymbol{A}$ 满足 $2\boldsymbol{A}^2-5\boldsymbol{A}-4\boldsymbol{E}=0$,证明:$2\boldsymbol{A}+\boldsymbol{E}$ 的特征值不能为零.

6. 设 $\boldsymbol{A}$ 为奇数阶正交矩阵,且 $|\boldsymbol{A}|=1$,试证 1 是 $\boldsymbol{A}$ 的一个特征值.

7. 设 $\boldsymbol{A}$ 为三阶矩阵,$\boldsymbol{E}$ 是单位矩阵,满足 $|\boldsymbol{A}+3\boldsymbol{E}|=|\boldsymbol{A}-2\boldsymbol{E}|=|2\boldsymbol{A}+4\boldsymbol{E}|=0$,求 $|\boldsymbol{A}|$.

8. 设 $\boldsymbol{A}=\begin{pmatrix}3&a&-2\\1&2&3\\-1&1&b\end{pmatrix}$有一个特征向量 $\boldsymbol{\alpha}=\begin{pmatrix}2\\1\\-1\end{pmatrix}$,求 a,b 的值及向量 $\boldsymbol{\alpha}$ 对应的特征值.

9. 设 n 阶矩阵 $\boldsymbol{A}$ 的 n 个特征值分别为 $0,1,2,\cdots,n-1$,已知 n 阶矩阵 $\boldsymbol{A}$ 与 $\boldsymbol{B}$ 相似,求 $|\boldsymbol{B}+\boldsymbol{E}|$.

10. 若 $\boldsymbol{A}$ 是正交矩阵,λ 是 $\boldsymbol{A}$ 的特征值,试证 $\frac{1}{\lambda}$ 也是 $\boldsymbol{A}$ 的特征值.

11. 若矩阵 $\boldsymbol{A}$ 满足 $\boldsymbol{A}^2=\boldsymbol{A}$,证明 $\boldsymbol{A}+\boldsymbol{E}$ 是可逆矩阵.

12. 设 $\boldsymbol{A}$ 为二阶矩阵,$\boldsymbol{\alpha}_1,\boldsymbol{\alpha}_2$,为线性无关的二维列向量,且 $\boldsymbol{A}\boldsymbol{\alpha}_1=2\boldsymbol{\alpha}_1,\boldsymbol{A}\boldsymbol{\alpha}_2=2\boldsymbol{\alpha}_1+\boldsymbol{\alpha}_2$,求矩阵 $\boldsymbol{A}$ 的特征值.

13. 若矩阵 $\boldsymbol{A}=\begin{pmatrix}-2&0&0\\2&a&2\\3&1&b\end{pmatrix}$与矩阵 $\boldsymbol{\Lambda}=\begin{pmatrix}-1&&\\&2&\\&&c\end{pmatrix}$相似,求 a,b,c 的值.

14. 设 $\boldsymbol{A}=\begin{pmatrix}1&0&1\\0&2&0\\1&0&1\end{pmatrix}$,证 $(\boldsymbol{A}+2\boldsymbol{E})^2$ 相似于对角矩阵$\begin{pmatrix}16&&\\&16&\\&&4\end{pmatrix}$.

15. 设 $\boldsymbol{A}=\begin{pmatrix}1&-2&2\\-2&-2&4\\2&4&-2\end{pmatrix}$,求可逆矩阵 $\boldsymbol{P}$,使得 $\boldsymbol{P}^{-1}\boldsymbol{A}\boldsymbol{P}$ 为对角矩阵.

16. 设 $\boldsymbol{A}=\begin{pmatrix}-2&0&0\\2&x&2\\3&1&1\end{pmatrix}$与 $\boldsymbol{\Lambda}=\begin{pmatrix}-1&&\\&2&\\&&y\end{pmatrix}$相似,

(1) 求 x,y 的值;

(2) 求可逆矩阵 $\boldsymbol{P}$，使得 $\boldsymbol{P}^{-1}\boldsymbol{A}\boldsymbol{P}=\boldsymbol{\Lambda}$.

17. 设三阶矩阵 $\boldsymbol{A}$ 的特征值为 $\lambda_1=1,\lambda_2=0,\lambda_3=-1$，对应的特征向量依次为

$$\boldsymbol{P}_1=\begin{pmatrix}1\\2\\2\end{pmatrix},\quad \boldsymbol{P}_2=\begin{pmatrix}2\\-2\\1\end{pmatrix},\quad \boldsymbol{P}_3=\begin{pmatrix}-2\\-1\\2\end{pmatrix},$$

求矩阵 $\boldsymbol{A}$.

18. 设矩阵 $\boldsymbol{A}=\begin{pmatrix}a & -1 & c\\5 & b & 3\\1-c & 0 & -a\end{pmatrix}$，$|\boldsymbol{A}|=-1$，又 $\boldsymbol{A}^*$ 有特征值 λ_0. 其对应的特征向量为 $\boldsymbol{\alpha}=\begin{pmatrix}-1\\-1\\1\end{pmatrix}$，求 a,b,c 和 λ_0 的值.

19. 试求一正交矩阵，将下列对称矩阵化为对角矩阵.

(1) $\begin{pmatrix}1 & 2 & 2\\2 & 1 & 2\\2 & 2 & 1\end{pmatrix}$；　　(2) $\begin{pmatrix}-1 & 0 & 2\\0 & 1 & 2\\2 & 2 & 0\end{pmatrix}$.

20. 设 $\boldsymbol{A}=\begin{pmatrix}3 & -2\\-2 & 3\end{pmatrix}$，求 $\varphi(\boldsymbol{A})=\boldsymbol{A}^{10}-5\boldsymbol{A}^9$.

21. 设 $\boldsymbol{A}=\begin{pmatrix}4 & 6 & 0\\-3 & -5 & 0\\-3 & -6 & 1\end{pmatrix}$，求 $\boldsymbol{A}^{100}$.

22. 设矩阵 $\boldsymbol{A}=\begin{pmatrix}1 & -2 & -4\\-2 & x & -2\\-4 & -2 & 1\end{pmatrix}$ 与 $\boldsymbol{\Lambda}=\begin{pmatrix}5 & & \\ & -4 & \\ & & y\end{pmatrix}$ 相似，

(1) 求 x 与 y 的值；

(2) 求一个正交矩阵 $\boldsymbol{P}$，使得 $\boldsymbol{P}^{-1}\boldsymbol{A}\boldsymbol{P}=\boldsymbol{\Lambda}$.

23. 设 $\boldsymbol{A}$ 为三阶矩阵，$\boldsymbol{\alpha}_1,\boldsymbol{\alpha}_2$ 为 $\boldsymbol{A}$ 的分别属于特征值 $-1,1$ 的特征向量，向量 $\boldsymbol{\alpha}_3$ 满足 $\boldsymbol{A}\boldsymbol{\alpha}_3=\boldsymbol{\alpha}_2+\boldsymbol{\alpha}_3$，

(1) 证明 $\boldsymbol{\alpha}_1,\boldsymbol{\alpha}_2,\boldsymbol{\alpha}_3$ 线性无关；

(2) 设 $\boldsymbol{P}=(\boldsymbol{\alpha}_1,\boldsymbol{\alpha}_2,\boldsymbol{\alpha}_3)$，求 $\boldsymbol{P}^{-1}\boldsymbol{A}\boldsymbol{P}$.

第4章　二　次　型

思想方法与内容提要

关于二次型问题的研究起源于解析几何中化二次曲线和二次曲面的方程为标准形的问题.在解析几何中,当坐标原点与中心重合时,有心二次曲线的一般方程为

$$ax^2+2bxy+cy^2=f.$$

为了便于研究这类二次曲线,可以将坐标轴适当旋转,把上述二次曲线化为标准形

$$AX^2+BY^2=D.$$

从而据此判定二次曲线的类型,且便于研究曲线的性质.在二次曲面的研究中,也有类似的情形.事实上,这类方程的左边是一个二次齐次多项式,即所谓的"二次型".

从本质上分析,对二次型问题的讨论,体现了用代数方法解决几何问题的思想与方法,从而将线性代数与解析几何两门课程有机地结合起来.近几年来,一些著名的高等学校编写并出版了诸如《线性代数与解析几何》等教材,就是适应当今大学数学教育中将代数与几何统一起来的新的教学思想的发展与实践的要求.

必须指出,二次型不仅在几何问题中经常出现,在统计学中的方差、协方差,在物理学中的动能、势能以及在工程技术、网络计算中都有着广泛的应用。

本章从介绍二次型的定义出发,讨论了几种化二次型为标准形的常用方法,最后给出了正定二次型的定义以及判定二次型有定性的定理.

4.1　二次型及其标准形

4.1.1　二次型的定义

定义 1　含有 n 个变量 $x_1, x_2, \cdots, x_n$ 的二次齐次多项式

$$\begin{aligned} f(x_1, x_2, \cdots, x_n) = & a_{11}x_1^2 + 2a_{12}x_1x_2 + \cdots + 2a_{1n}x_1x_n + \\ & a_{22}x_2^2 + 2a_{23}x_2x_3 + \cdots + 2a_{2n}x_2x_n + \\ & \cdots + a_{nn}x_n^2 \end{aligned} \tag{4-1}$$

称为**二次型**.

令 $a_{ij} = a_{ji}$，则 $2a_{ij}x_ix_j = a_{ij}x_ix_j + a_{ji}x_jx_i \quad (i, j = 1, 2, \cdots, n)$，从而式(4-1)可以写为

$$\begin{aligned} f(x_1, x_2, \cdots, x_n) = & a_{11}x_1^2 + a_{12}x_1x_2 + \cdots + a_{1n}x_1x_n + \\ & a_{21}x_2x_1 + a_{22}x_2^2 + \cdots + a_{2n}x_2x_n + \cdots + \\ & a_{i1}x_ix_1 + a_{i2}x_ix_2 + \cdots + a_{in}x_ix_n + \cdots + \\ & a_{n1}x_nx_1 + a_{n2}x_nx_2 + \cdots + a_{nn}x_n^2 \end{aligned} \tag{4-2}$$

注意到式(4-2)第 i 行均含有 x_i，因此，可进一步写成

$$\begin{aligned} f(x_1, x_2, \cdots, x_n) = & x_1(a_{11}x_1 + a_{12}x_2 + \cdots + a_{1n}x_n) + \\ & x_2(a_{21}x_1 + a_{22}x_2 + \cdots + a_{2n}x_n) + \\ & \cdots\cdots \quad + \quad \cdots\cdots \\ & x_n(a_{n1}x_1 + a_{n2}x_2 + \cdots + a_{nn}x_n) \\ = & (x_1, x_2, \cdots, x_n)\begin{pmatrix} a_{11}x_1 + a_{12}x_2 + \cdots + a_{1n}x_n \\ a_{21}x_1 + a_{22}x_2 + \cdots + a_{2n}x_n \\ \vdots \quad \vdots \quad \vdots \\ a_{n1}x_1 + a_{n2}x_2 + \cdots + a_{nn}x_n \end{pmatrix} \\ = & (x_1, x_2, \cdots, x_n)\begin{pmatrix} a_{11} & a_{12} & \cdots & a_{1n} \\ a_{21} & a_{22} & \cdots & a_{2n} \\ \vdots & \vdots & & \vdots \\ a_{n1} & a_{n2} & \cdots & a_{nn} \end{pmatrix}\begin{pmatrix} x_1 \\ x_2 \\ \vdots \\ x_n \end{pmatrix} \end{aligned} \tag{4-3}$$

式(4-3)称为二次型 $f(x_1, x_2, \cdots, x_n)$（简记为 f）的矩阵表达式.

记

$$\boldsymbol{A} = \begin{pmatrix} a_{11} & a_{12} & \cdots & a_{1n} \\ a_{21} & a_{22} & \cdots & a_{2n} \\ \vdots & \vdots & & \vdots \\ a_{n1} & a_{n2} & \cdots & a_{nn} \end{pmatrix}, \ \boldsymbol{x} = \begin{pmatrix} x_1 \\ x_2 \\ \vdots \\ x_n \end{pmatrix},$$

从而式(4-3)可以表示为 $\boldsymbol{x}^{\mathrm{T}}\boldsymbol{A}\boldsymbol{x}$,即二次型可以简单的表示为

$$f(\boldsymbol{x})=\boldsymbol{x}^{\mathrm{T}}\boldsymbol{A}\boldsymbol{x}.$$

当 a_{ij} 为复数时,f 称为**复二次型**;当 a_{ij} 为实数时,f 称为**实二次型**. 这里,仅讨论实二次型. 由于 $a_{ij}=a_{ji}(i,j=1,2,\cdots,n)$,故 $\boldsymbol{A}$ 为对称矩阵. 因此,二次型与对称矩阵有着紧密联系. 事实上,任意给定一个二次型,也可唯一地确定了对称矩阵 $\boldsymbol{A}$;反之,任意给定一对称矩阵 $\boldsymbol{A}$,也可唯一地得到一个二次型 $f(\boldsymbol{x})=\boldsymbol{x}^{\mathrm{T}}\boldsymbol{A}\boldsymbol{x}$. 这样,二次型与对称矩阵 $\boldsymbol{A}$ 之间存在一一对应的关系. 因此,称 $\boldsymbol{A}$ 为二次型 f 的矩阵,f 为 $\boldsymbol{A}$ 的二次型.

定义 2 设二次型 $f(\boldsymbol{x})=\boldsymbol{x}^{\mathrm{T}}\boldsymbol{A}\boldsymbol{x}$,$\boldsymbol{A}$ 为对称矩阵,称 $\boldsymbol{A}$ 的秩为**二次型 f 的秩**.

例 1 (1)将二次型

$$f(x_1,x_2,x_3)=2x_1^2+4x_1x_2+2x_1x_3+2x_2^2+6x_2x_3+7x_3^2$$

写成矩阵的形式.

(2)将对称矩阵

$$\boldsymbol{A}=\begin{pmatrix}1&2&3\\2&1&0\\3&0&5\end{pmatrix}$$

写成二次型的形式.

(3)已知

$$f(x_1,x_2,x_3)=(x_1,x_2,x_3)\begin{pmatrix}1&4&3\\2&2&-5\\-1&1&3\end{pmatrix}\begin{pmatrix}x_1\\x_2\\x_3\end{pmatrix}.$$

求此二次型对应的矩阵.

解 (1)$f(x_1,x_2,x_3)=2x_1^2+2x_1x_2+x_1x_3+2x_1x_2+2x_2^2+3x_2x_3+x_1x_3+3x_2x_3+7x_3^2$

$$=(x_1,x_2,x_3)\begin{pmatrix}2&2&1\\2&2&3\\1&3&7\end{pmatrix}\begin{pmatrix}x_1\\x_2\\x_3\end{pmatrix}.$$

(2)对称矩阵 A 对应的二次型为 $f(x)=\boldsymbol{x}^{\mathrm{T}}\boldsymbol{A}\boldsymbol{x}$,即

$$f(x_1,x_2,x_3)=(x_1,x_2,x_3)\begin{pmatrix}1&2&3\\2&1&0\\3&0&5\end{pmatrix}\begin{pmatrix}x_1\\x_2\\x_3\end{pmatrix}$$

$$=x_1^2+4x_1x_2+6x_1x_3+x_2^2+5x_3^2.$$

(3)设

$$\boldsymbol{A}=\begin{pmatrix}1&4&3\\2&2&-5\\-1&1&3\end{pmatrix},$$

因为 $\boldsymbol{A}$ 不是对称矩阵，故不是二次型对应的矩阵. 先将二次型写成多项式形成，即

$$f(x_1,x_2,x_3)=(x_1,x_2,x_3)\begin{pmatrix}1&4&3\\2&2&-5\\-1&1&3\end{pmatrix}\begin{pmatrix}x_1\\x_2\\x_3\end{pmatrix}$$

$$=x_1^2+2x_2^2+3x_3{}^2+6x_1x_2+2x_1x_3-4x_2x_3.$$

从而得二次型 f 对应的矩阵为

$$\boldsymbol{B}=\begin{pmatrix}1&3&1\\3&2&-2\\1&-2&3\end{pmatrix}.$$

定义 3　若二次型只含平方项，则此二次型称为**标准形**.

标准形的一般形式为 $f(y_1,y_2,\cdots,y_n)=d_1y_1^2+d_2y_2^2+\cdots+d_ny_n^2$. 此时，$f$ 对应的矩阵为对角阵，即

$$f=(y_1,y_2,\cdots,y_n)\begin{pmatrix}d_1&&&\\&d_2&&\\&&\ddots&\\&&&d_n\end{pmatrix}\begin{pmatrix}y_1\\y_2\\\vdots\\y_n\end{pmatrix}.$$

特别地，若标准形中系数 $d_1,d_2,\cdots,d_n$ 的取值仅为 $1,-1,0$，则此标准形称为**规范形**.

4.1.2　正交变换化二次型为标准形

对于二次型 $f(\boldsymbol{x})=\boldsymbol{x}^{\mathrm{T}}\boldsymbol{A}\boldsymbol{x}$，能否找到一个可逆变换，使得二次型经此可逆变换后变成标准形？下面将探讨此问题.

假设存在可逆变换 $\boldsymbol{x}=\boldsymbol{P}\boldsymbol{y}$，使得 $f(\boldsymbol{x})=\boldsymbol{x}^{\mathrm{T}}\boldsymbol{A}\boldsymbol{x}$ 经此变换后

$$f(\boldsymbol{y})=(\boldsymbol{P}\boldsymbol{y})^{\mathrm{T}}\boldsymbol{A}(\boldsymbol{P}\boldsymbol{y})=\boldsymbol{y}^{\mathrm{T}}(\boldsymbol{P}^{\mathrm{T}}\boldsymbol{A}\boldsymbol{P})\boldsymbol{y}$$

为标准形，则要求 $\boldsymbol{P}^{\mathrm{T}}\boldsymbol{A}\boldsymbol{P}$ 为对角阵. 这是矩阵之间的一种新的关系，于是给出下面的定义.

定义 4　设 $\boldsymbol{A}$ 与 $\boldsymbol{B}$ 均为 n 阶矩阵，若存在可逆矩阵 $\boldsymbol{P}$，使得 $\boldsymbol{P}^{\mathrm{T}}\boldsymbol{A}\boldsymbol{P}=\boldsymbol{B}$，则称 $\boldsymbol{A}$ 与 $\boldsymbol{B}$ **合同**.

矩阵的合同与相似、等价类似，具有自反性、对称性与传递性. 从定义 4 可看出，若矩阵 $\boldsymbol{A}$ 与 $\boldsymbol{B}$ 合同，则 $\boldsymbol{A}$ 与 $\boldsymbol{B}$ 等价. 但在一般情况下，由 $\boldsymbol{A}$ 与 $\boldsymbol{B}$ 合同不能推得 $\boldsymbol{A}$ 与 $\boldsymbol{B}$ 相似，也不能由它们相似推得它们合同. 然而，当可逆矩阵 P 为正交矩阵时，即有 $\boldsymbol{P}^{\mathrm{T}}=\boldsymbol{P}^{-1}$，由于 $\boldsymbol{B}=\boldsymbol{P}^{-1}\boldsymbol{A}\boldsymbol{P}=\boldsymbol{P}^{\mathrm{T}}\boldsymbol{A}\boldsymbol{P}$，此时 $\boldsymbol{A}$ 与 $\boldsymbol{B}$ 合同就是 $\boldsymbol{A}$ 与 $\boldsymbol{B}$ 相似了.

再回到中心问题上，将二次型化为标准形的可逆变换 $\boldsymbol{x}=\boldsymbol{P}\boldsymbol{y}$ 是否存在？

注意到二次型 $f(\boldsymbol{x})=\boldsymbol{x}^{\mathrm{T}}\boldsymbol{A}\boldsymbol{x}$ 的矩阵 $\boldsymbol{A}$ 为对称矩阵，由 3.3 节定理 3 知，对于对称矩

阵，必存在正交矩阵 $\boldsymbol{Q}$，使得 $\boldsymbol{Q}^{-1}\boldsymbol{A}\boldsymbol{Q}$ 为对角矩阵，从而使得 $\boldsymbol{Q}^{\mathrm{T}}\boldsymbol{A}\boldsymbol{Q}$ 为对角矩阵. 于是有

定理 任给二次型 $f=\sum\limits_{i,j=1}^{n}a_{ij}x_ix_j(a_{ij}=a_{ji})$，总有正交变换 $x=\boldsymbol{Q}y$，使得 f 化为标准形

$$f=\lambda_1y_1^2+\lambda_2y_2^2+\cdots+\lambda_ny_n^2,$$

其中 $\lambda_1,\lambda_2,\cdots,\lambda_n$ 是 f 的矩阵 $\boldsymbol{A}=(a_{ij})$ 的特征值，正交矩阵 $\boldsymbol{Q}$ 的列向量 $\boldsymbol{q}_1,\boldsymbol{q}_2,\cdots,\boldsymbol{q}_n$ 分别对应于 $\lambda_1,\lambda_2,\cdots,\lambda_n$ 的正交化、单位化后的特征向量.

此定理不予证明. 值得读者注意的是正交矩阵不是唯一的.

例 2 求一个正交变换，化二次型

$$f(x_1,x_2,x_3)=x_1^2+4x_2^2+4x_3^2-4x_1x_2+4x_1x_3-8x_2x_3$$

为标准形.

解 二次型的矩阵为

$$\boldsymbol{A}=\begin{pmatrix}1&-2&2\\-2&4&-4\\2&-4&4\end{pmatrix},$$

所以特征多项式为

$$|\boldsymbol{A}-\lambda\boldsymbol{E}|=\begin{vmatrix}1-\lambda&-2&2\\-2&4-\lambda&-4\\2&-4&4-\lambda\end{vmatrix}=\lambda^2(9-\lambda).$$

故 A 的特征值为 $\lambda_1=\lambda_2=0,\lambda_3=9$.

当 $\lambda_1=\lambda_2=0$ 时，求解方程组 $(\boldsymbol{A}-0\boldsymbol{E})\boldsymbol{x}=\boldsymbol{0}$，即 $\boldsymbol{A}\boldsymbol{x}=\boldsymbol{0}$. 由于

$$\boldsymbol{A}=\begin{pmatrix}1&-2&2\\-2&4&-4\\2&-4&4\end{pmatrix}\xrightarrow{r}\begin{pmatrix}1&-2&2\\0&0&0\\0&0&0\end{pmatrix},$$

解之，得基础解系为

$$\boldsymbol{\alpha}_1=\begin{pmatrix}2\\1\\0\end{pmatrix},\boldsymbol{\alpha}_2=\begin{pmatrix}-2\\0\\1\end{pmatrix}.$$

此即为属于特征值 $\lambda=0$ 的线性无关的特征向量.

对于 $\lambda_3=9$，求解方程 $(\boldsymbol{A}-9\boldsymbol{E})\boldsymbol{x}=\boldsymbol{0}$，由于

$$\boldsymbol{A}-9\boldsymbol{E}=\begin{pmatrix}-8&-2&2\\-2&-5&-4\\2&-4&-5\end{pmatrix}\xrightarrow{r}\begin{pmatrix}2&5&4\\0&1&1\\0&0&0\end{pmatrix},$$

解之，得基础解系

$$\boldsymbol{\alpha}=\begin{pmatrix}1\\-2\\2\end{pmatrix},$$

此即为 $\lambda_3=9$ 对应的线性无关的特征向量.

由于对称矩阵 $\boldsymbol{A}$ 的不同特征值对应的特征向量是正交的,故只需对 $\boldsymbol{\alpha}_1,\boldsymbol{\alpha}_2$ 进行正交化. 利用施密特正交化过程,得

$$\boldsymbol{\beta}_1=\boldsymbol{\alpha}_1=\begin{pmatrix}2\\1\\0\end{pmatrix},$$

$$\boldsymbol{\beta}_2=\boldsymbol{\alpha}_2-\frac{(\boldsymbol{\alpha}_2,\boldsymbol{\beta}_1)}{(\boldsymbol{\beta}_1,\boldsymbol{\beta}_1)}\boldsymbol{\beta}_1=\frac{1}{5}\begin{pmatrix}-2\\4\\5\end{pmatrix}.$$

再将 $\boldsymbol{\beta}_1,\boldsymbol{\beta}_2,\boldsymbol{\alpha}_3$ 单位化,得

$$\boldsymbol{q}_1=\frac{\boldsymbol{\beta}_1}{\|\boldsymbol{\beta}_1\|}=\begin{pmatrix}\frac{2}{\sqrt5}\\\frac{1}{\sqrt5}\\0\end{pmatrix},\ \boldsymbol{q}_2=\frac{\boldsymbol{\beta}_2}{\|\boldsymbol{\beta}_2\|}=\begin{pmatrix}-\frac{2}{3\sqrt5}\\-\frac{4}{3\sqrt5}\\-\frac{5}{3\sqrt5}\end{pmatrix},\ \boldsymbol{q}_3=\frac{\boldsymbol{\alpha}_3}{\|\boldsymbol{\alpha}_3\|}=\begin{pmatrix}\frac{1}{3}\\-\frac{2}{3}\\\frac{2}{3}\end{pmatrix}.$$

故,正交矩阵为

$$\boldsymbol{Q}=\begin{pmatrix}\frac{2}{\sqrt5}&\frac{2}{-3\sqrt5}&\frac{1}{3}\\\frac{1}{\sqrt5}&\frac{4}{-3\sqrt5}&-\frac{2}{3}\\0&\frac{5}{-3\sqrt5}&\frac{2}{3}\end{pmatrix},$$

所求的正交变换为 $\boldsymbol{x}=\boldsymbol{Q}\boldsymbol{y}$,它将二次型 f 化为标准形 $f=9y_3^2$.

例3　已知二次型

$$f(x_1,x_2,x_3)=2x_1^2+3x_2^2+3x_2^2+2ax_2x_3\ (a>0)$$

通过正交变换后,化成标准形 $f=y_1^2+2y_2^2+5y_3^2$,求参数 a 及所用的正交变换矩阵.

解　二次型 f 对应的矩阵为

$$\boldsymbol{A}=\begin{pmatrix}2&0&0\\0&3&a\\0&a&3\end{pmatrix},$$

其对应的特征多项式为

$$|A-\lambda E|=\begin{vmatrix}2-\lambda & 0 & 0\\ 0 & 3-\lambda & a\\ 0 & a & 3-\lambda\end{vmatrix}=(2-\lambda)(\lambda^2-6\lambda+9-a^2).$$

又因为f经正交变换后，化成标准形$f=y_1^2+2y_2^2+5y_3^2$，故1，2，5为$\boldsymbol{A}$的特征值. 将$\lambda=1$代入$|\boldsymbol{A}-\lambda\boldsymbol{E}|=0$中，得

$$a^2-4=0.$$

由$a>0$知$a=2$. 故

$$\boldsymbol{A}=\begin{pmatrix}2 & 0 & 0\\ 0 & 3 & 2\\ 0 & 2 & 3\end{pmatrix}.$$

当$\lambda_1=1$时，解$(\boldsymbol{A}-\boldsymbol{E})\boldsymbol{x}=\boldsymbol{0}$，得基础解系$\boldsymbol{\alpha}_1=\begin{pmatrix}0\\ 1\\ -1\end{pmatrix}$.

当$\lambda_2=2$时，解$(\boldsymbol{A}-2\boldsymbol{E})\boldsymbol{x}=\boldsymbol{0}$，得基础解系$\boldsymbol{\alpha}_2=\begin{pmatrix}1\\ 0\\ 0\end{pmatrix}$.

当$\lambda_3=5$时，解$(\boldsymbol{A}-5\boldsymbol{E})\boldsymbol{x}=\boldsymbol{0}$，得基础解系$\boldsymbol{\alpha}_3=\begin{pmatrix}0\\ 1\\ 1\end{pmatrix}$.

因为$\boldsymbol{\alpha}_1,\boldsymbol{\alpha}_2,\boldsymbol{\alpha}_3$已正交化，故只需单位化，即

$$\boldsymbol{q}_1=\frac{\boldsymbol{\alpha}_1}{\|\boldsymbol{\alpha}_1\|}=\frac{1}{\sqrt{2}}\begin{pmatrix}0\\ 1\\ -1\end{pmatrix},\ \boldsymbol{q}_2=\frac{\boldsymbol{\alpha}_2}{\|\boldsymbol{\alpha}_2\|}=\begin{pmatrix}1\\ 0\\ 0\end{pmatrix},\ \boldsymbol{q}_3=\frac{\boldsymbol{\alpha}_3}{\|\boldsymbol{\alpha}_3\|}=\frac{1}{\sqrt{2}}\begin{pmatrix}0\\ 1\\ 1\end{pmatrix}.$$

故所求的正交矩阵为

$$\boldsymbol{Q}=\begin{pmatrix}0 & 1 & 0\\ \frac{1}{\sqrt{2}} & 0 & \frac{1}{\sqrt{2}}\\ -\frac{1}{\sqrt{2}} & 0 & \frac{1}{\sqrt{2}}\end{pmatrix}.$$

二次型化为标准形后，可进一步化为规范形. 设二次型$f=\boldsymbol{x}^{\mathrm{T}}\boldsymbol{A}\boldsymbol{x}$经过可逆变换$\boldsymbol{x}=\boldsymbol{P}\boldsymbol{y}$后，化为标准形

$$f = d_1 y_1^2 + d_2 y_2^2 + \cdots + d_n y_n^2,$$

其中 $d_i (i = 1, 2, \cdots, n)$ 可能为正，可能为负，也可能为零. 为叙述方便，重新排列变量的次序（即作一个可逆的线性变换），使得所有的正项在前，所有负项在后，并省略零项，即

$$f = c_1 y_1^2 + c_2 y_2^2 + \cdots + c_k y_k^2 - c_{k+1} y_{k+1}^2 - \cdots - c_r y_r^2,$$

其中 $c_i > 0 (i = 1, 2, \cdots, r)$.

再作下列可逆线性变换

$$\begin{cases} y_1 = \dfrac{1}{\sqrt{c_1}} z_1 \\ y_2 = \dfrac{1}{\sqrt{c_2}} z_2 \\ \quad\vdots \\ y_r = \dfrac{1}{\sqrt{c_r}} z_r \\ y_{r+1} = z_{r+1} \\ \quad\vdots \\ y_n = z_n \end{cases}$$

可将上述二次型化为规范形

$$f = z_1^2 + z_2^2 + \cdots + z_k^2 - z_{k+1}^2 - \cdots - z_r^2.$$

例 4　设二次型 $f(y_1, y_2, y_3) = \boldsymbol{y}^{\mathrm{T}} \boldsymbol{A} \boldsymbol{y} = 2y_1^2 + 3y_2^2 - 6y_3^2$，令

$$\boldsymbol{T} = \begin{pmatrix} \dfrac{1}{\sqrt{2}} & 0 & 0 \\ 0 & \dfrac{1}{\sqrt{3}} & 0 \\ 0 & 0 & \dfrac{1}{\sqrt{6}} \end{pmatrix},$$

经可逆变换 $\begin{pmatrix} y_1 \\ y_2 \\ y_3 \end{pmatrix} = \boldsymbol{T} \begin{pmatrix} z_1 \\ z_2 \\ z_3 \end{pmatrix}$ 后，得

$$f(z) = (\boldsymbol{T}z)^{\mathrm{T}} \boldsymbol{A} (\boldsymbol{T}z) = z^{\mathrm{T}} \boldsymbol{T}^{\mathrm{T}} \begin{pmatrix} 2 & & \\ & 3 & \\ & & 6 \end{pmatrix} \boldsymbol{T}z$$

$$=z^{\mathrm{T}}\begin{pmatrix}1&&\\&1&\\&&-1\end{pmatrix}z$$

$$=z_1^2+z_2^2-z_3^2.$$

值得读者注意的是，由于二次型的规范形是标准形的一种特殊形式，因此，二次型的标准形不唯一. 例如本节例 3 中，二次型的标准形为

$$f=y_1^2+2y_2^2+5y_3^2.$$

可进一步作变换

$$\begin{cases}z_1=y_1\\ z_2=\dfrac{1}{\sqrt{2}}y_2\\ z_3=\dfrac{1}{\sqrt{5}}y_3\end{cases}$$

可得该二次型的规范形

$$f(z_1,z_2,z_3)=z_1^2+z_2^2-z_3^2.$$

4.2 用配方法化二次型为标准形

用正交变换化二次型为标准形，具有保持几何形状不变的特点. 实际上，还有很多种方法(对应有多个可逆的线性变换)将二次型化为标准形. 限于篇幅这里只介绍用拉格朗日配方法化二次型为标准形. 下面通过举例来说明这种配方法.

例 1 用配方法化二次型

$$f(x_1,x_2,x_3)=x_1^2+5x_2^2+2x_3^2+4x_1x_2+2x_1x_3+2x_2x_3$$

为标准形，并求所用的线性变换.

解 由于二次型中含有变量 x_1 的平方项，故将含 x_1 的项合并起来，并配方可得

$$\begin{aligned}f&=(x_1^2+4x_1x_2+2x_1x_3)+5x_2^2+2x_3^2+2x_2x_3\\&=(x_1+2x_2+x_3)^2-4x_2^2-x_3^2-4x_2x_3+5x_2^2+2x_3^2+2x_2x_3\\&=(x_1+2x_2+x_3)^2+x_2^2+x_3^2-2x_2x_3.\end{aligned}$$

上式右端除第一项外已不再含 x_1，于是，除第一项外，将其余各项中含有 x_2 的项合并，并配方，得

$$f=(x_1+2x_2+x_3)^2+(x_2-x_3)^2.$$

令

$$\begin{cases} y_1 = x_1 + 2x_2 + x_3, \\ y_2 = x_2 - x_3, \\ y_3 = x_3, \end{cases}$$

即

$$\begin{cases} x_1 = y_1 - 2y_2 - 3y_3, \\ x_2 = y_2 + y_3, \\ x_3 = y_3, \end{cases}$$

从而将 f 化成标准形

$$f = y_1^2 + y_2^2.$$

所用的线性变换为 $\boldsymbol{x} = \boldsymbol{P}\boldsymbol{y}$,其中

$$\boldsymbol{P} = \begin{pmatrix} 1 & -2 & -3 \\ 0 & 1 & 1 \\ 0 & 0 & 1 \end{pmatrix}.$$

因为 $|\boldsymbol{P}| = 1 \neq 0$,所以 $\boldsymbol{P}$ 可逆.

例 2 化二次型

$$f = 2x_1x_2 + 6x_1x_3 - 2x_2x_3$$

为标准形,并求所用的线性变换.

解 显然,此二次型 f 中不含平方项. 由于 f 中含 x_1 与 x_2 的交叉项 x_1x_2,故可先作变换

$$\begin{cases} x_1 = y_1 + y_2 \\ x_2 = y_1 - y_2. \\ x_3 = y_3 \end{cases}$$

即 $\boldsymbol{x} = \boldsymbol{P}_1\boldsymbol{y}$,其中

$$\boldsymbol{P} = \begin{pmatrix} 1 & 1 & 0 \\ 1 & -1 & 0 \\ 0 & 0 & 1 \end{pmatrix}.$$

由于 $|\boldsymbol{P}_1| = 1 \neq 0$,所以 $\boldsymbol{P}_1$ 可逆. 经上述线性变换后,得 $f = 2y_1^2 - 2y_2^2 + 4y_1y_3 + 8y_2y_3$.

再按例 1 的方法进行配方,得

$$f = 2(y_1 + y_3)^2 - 2(y_2 - 2y_3)^2 + 6y_3^2.$$

令

$$\begin{cases} z_1 = y_1 + y_3 \\ z_2 = y_2 - 2y_3, \\ z_3 = y_3 \end{cases}$$

即

$$\begin{cases} y_1 = z_1 - z_3 \\ y_2 = z_2 + 2z_3. \\ y_3 = z_3 \end{cases}$$

记 $\boldsymbol{y} = \boldsymbol{P}_2\boldsymbol{z}$，其中

$$\boldsymbol{P}_2 = \begin{pmatrix} 1 & 0 & -1 \\ 0 & 1 & 2 \\ 0 & 0 & 1 \end{pmatrix}.$$

由于 $|\boldsymbol{P}_2| = 1 \neq 0$，故 $\boldsymbol{P}_2$ 可逆. 此时，二次型 f 化为标准形

$$f = 2z_1^2 - 2z_2^2 + 6z_3^2,$$

所作的线性变换为

$$\boldsymbol{x} = \boldsymbol{P}_1\boldsymbol{y} = \boldsymbol{P}_1\boldsymbol{P}_2\boldsymbol{z},$$

其中

$$\boldsymbol{P}_1\boldsymbol{P}_2 = \begin{pmatrix} 1 & 1 & 0 \\ 1 & -1 & 0 \\ 0 & 0 & 1 \end{pmatrix}\begin{pmatrix} 0 & 0 & -1 \\ 0 & 1 & 2 \\ 0 & 0 & 1 \end{pmatrix} = \begin{pmatrix} 1 & 1 & 1 \\ 1 & -1 & -3 \\ 0 & 0 & 1 \end{pmatrix},$$

即

$$\boldsymbol{x} = \begin{pmatrix} 1 & 1 & 1 \\ 1 & -1 & -3 \\ 0 & 0 & 1 \end{pmatrix}\boldsymbol{z}.$$

关于用配方法化二次型为标准形，有几点值得读者注意：

(1) 任意二次型 $f = \boldsymbol{x}^{\mathrm{T}}\boldsymbol{A}\boldsymbol{x}$，一定可以用配方法求出可逆矩阵 $\boldsymbol{P}$，使得作可逆变换 $\boldsymbol{x} = \boldsymbol{P}\boldsymbol{y}$ 后，二次型 f 可化为标准形

$$f(y_1, y_2, \cdots, y_n) = d_1y_1^2 + d_2y_2^2 + \cdots + d_ny_n^2.$$

(2) 上述标准形中的系数 $d_1, d_2, \cdots, d_n$ 不一定是对称矩阵 $\boldsymbol{A}$ 的特征值. 这一点说明用配方法与用正交变换化二次型为标准形的结果可以是不一样的. 换句话说，二次型的标准形的系数 $d_1, d_2, \cdots, d_n$ 不唯一.

(3) 对于同一个二次型，还可以有多种配方法，因此，求出的可逆变换矩阵 $\boldsymbol{P}$ 也不唯一.

(4) 在二次型的标准形中，其系数 $d_i(i = 1, 2, \cdots, n)$ 非零的个数为该二次型的秩.

(5) 二次型的标准形虽然不唯一，但标准形的非零系数的个数一定是唯一的，且系数 $d_1, d_2, \cdots, d_n$ 中正系数的个数（称为**正惯性指数**）是确定的，负系数的个数（称为**负惯性指数**）也是确定的，这是就是著名的**"惯性定理"**.

4.3 正定二次型

定义1 设二次型$f(\boldsymbol{x})=\boldsymbol{x}^{\mathrm{T}}\boldsymbol{A}\boldsymbol{x}$,若对于任意$\boldsymbol{x}\neq\boldsymbol{0}$,都有$f(\boldsymbol{x})>0$,则称$f$为**正定二次型**,并称对称矩阵$\boldsymbol{A}$是**正定的**;若对于任意$\boldsymbol{x}\neq\boldsymbol{0}$,都有$f(\boldsymbol{x})<0$,则称$f$为**负定二次型**,并称对称矩阵$\boldsymbol{A}$是**负定的**.

若对任意非零的$\boldsymbol{x}$,有$f(\boldsymbol{x})=\boldsymbol{x}^{\mathrm{T}}\boldsymbol{A}\boldsymbol{x}\geqslant 0$(或$\leqslant 0$),则称$f$为**半正定**的(或**半负定**).

若对某些向量$\boldsymbol{x}$,有$f(\boldsymbol{x})=\boldsymbol{x}^{\mathrm{T}}\boldsymbol{A}\boldsymbol{x}>0$;若对另一些向量$\boldsymbol{y}$,有$f(\boldsymbol{y})=\boldsymbol{y}^{\mathrm{T}}\boldsymbol{A}\boldsymbol{y}^2<0$,则称此二次型是**不定的**.

定理1 可逆变换不改变二次型的正定性.

证明 设二次型$f(\boldsymbol{x})=\boldsymbol{x}^{\mathrm{T}}\boldsymbol{A}\boldsymbol{x}$为正定的,经过可逆变换$\boldsymbol{x}=\boldsymbol{P}\boldsymbol{y}$后,化成二次型

$$f(\boldsymbol{y})=(\boldsymbol{P}\boldsymbol{y})^{\mathrm{T}}\boldsymbol{A}(\boldsymbol{P}\boldsymbol{y})=\boldsymbol{y}^{\mathrm{T}}(\boldsymbol{P}^{\mathrm{T}}\boldsymbol{A}\boldsymbol{P})\boldsymbol{y}.$$

下面证明$f(\boldsymbol{y})$也是正定的,即证$\boldsymbol{P}^{\mathrm{T}}\boldsymbol{A}\boldsymbol{P}$正定.

对任意给定的非零向量z,有

$$z^{\mathrm{T}}(\boldsymbol{P}^{\mathrm{T}}\boldsymbol{A}\boldsymbol{P})z=(\boldsymbol{P}z)^{\mathrm{T}}\boldsymbol{A}(\boldsymbol{P}z).$$

因为$\boldsymbol{P}$是可逆矩阵,当$z\neq 0$时,有$\boldsymbol{P}z\neq 0$. 再由z的任意性,知$\boldsymbol{P}z$也是任意给定的. 由于$\boldsymbol{A}$是正定矩阵,所以

$$(\boldsymbol{P}z)^{\mathrm{T}}\boldsymbol{A}(\boldsymbol{P}z)>0,$$

即

$$z^{\mathrm{T}}(\boldsymbol{P}^{\mathrm{T}}\boldsymbol{A}\boldsymbol{P})z>0.$$

因此,$\boldsymbol{P}^{\mathrm{T}}\boldsymbol{A}\boldsymbol{P}$是正定的.

该定理说明合同变换不改变矩阵的正定性.

定理2 n阶对称矩阵$\boldsymbol{A}$是正定的,与下列结论等价:

(1)对任意给定的向量$\boldsymbol{x}\neq\boldsymbol{0}$,恒有$\boldsymbol{x}^{\mathrm{T}}\boldsymbol{A}\boldsymbol{x}>0$;

(2)矩阵$\boldsymbol{A}$的全部特征值$\lambda_1,\lambda_2,\cdots,\lambda_n$均大于零;

(3)$\boldsymbol{A}$与单位阵合同;

(4)存在可逆矩阵$\boldsymbol{P}$,使得$\boldsymbol{A}=\boldsymbol{P}^{\mathrm{T}}\boldsymbol{P}$.

证明 先证(1)⇒(2):

因为$\boldsymbol{A}$为对称矩阵,故存在正交矩阵$\boldsymbol{Q}$,使得二次型$f(\boldsymbol{x})=\boldsymbol{x}^{\mathrm{T}}\boldsymbol{A}\boldsymbol{x}$经变换$\boldsymbol{x}=\boldsymbol{Q}\boldsymbol{y}$后,变为

$$f(\boldsymbol{y})=\boldsymbol{y}^{\mathrm{T}}(\boldsymbol{Q}^{\mathrm{T}}\boldsymbol{A}\boldsymbol{Q})\boldsymbol{y}=\boldsymbol{y}^{\mathrm{T}}\begin{pmatrix}\lambda_1 & & & \\ & \lambda_2 & & \\ & & \ddots & \\ & & & \lambda_n\end{pmatrix}\boldsymbol{y}=\lambda_1y_1^2+\lambda_2y_2^2+\cdots+\lambda_ny_n^2,$$

其中 $\lambda_1,\lambda_2,\cdots,\lambda_n$ 为矩阵 $\boldsymbol{A}$ 的 n 个特征值.

已知二次型 $f(\boldsymbol{x})$ 正定,由定理 1 知 $f(\boldsymbol{y})$ 也正定. 即任给 $\boldsymbol{y}\neq\boldsymbol{0}$,必有

$$\lambda_1y_1^2+\lambda_2y_2^2+\cdots+\lambda_ny_n^2>0,$$

从而有 $\lambda_1,\lambda_2,\cdots,\lambda_n$ 全大于 0.

再证(2)⇒(3):

二次型 $f(\boldsymbol{x})=\boldsymbol{x}^{\mathrm{T}}\boldsymbol{A}\boldsymbol{x}$ 经正交变换 $\boldsymbol{x}=\boldsymbol{Q}\boldsymbol{y}$ 后,变为

$$f(\boldsymbol{y})=\boldsymbol{y}^{\mathrm{T}}\begin{pmatrix}\lambda_1&&&\\&\lambda_2&&\\&&\ddots&\\&&&\lambda_n\end{pmatrix}\boldsymbol{y}=\boldsymbol{y}^{\mathrm{T}}\boldsymbol{B}\boldsymbol{y},$$

其中 $\boldsymbol{B}=\boldsymbol{Q}^{\mathrm{T}}\boldsymbol{A}\boldsymbol{Q}$. 又因 $\boldsymbol{A}$ 的所有特征值 $\lambda_1,\lambda_2,\cdots,\lambda_n$ 全大于零,故可作变换 $\boldsymbol{y}=\boldsymbol{P}\boldsymbol{z}$,其中

$$\boldsymbol{P}=\begin{pmatrix}\frac{1}{\sqrt{\lambda_1}}&&&\\&\frac{1}{\sqrt{\lambda_2}}&&\\&&\ddots&\\&&&\frac{1}{\sqrt{\lambda_n}}\end{pmatrix}.$$

将二次型 $f(\boldsymbol{y})$ 变为

$$f(\boldsymbol{z})=(\boldsymbol{P}\boldsymbol{z})^{\mathrm{T}}\boldsymbol{B}(\boldsymbol{P}\boldsymbol{z})=\boldsymbol{z}^{\mathrm{T}}(\boldsymbol{P}^{\mathrm{T}}\boldsymbol{B}\boldsymbol{P})\boldsymbol{z}=\boldsymbol{z}^{\mathrm{T}}\begin{pmatrix}1&&&\\&1&&\\&&\ddots&\\&&&1\end{pmatrix}\boldsymbol{z}$$

即

$$\boldsymbol{P}^{\mathrm{T}}\boldsymbol{B}\boldsymbol{P}=\boldsymbol{P}^{\mathrm{T}}(\boldsymbol{Q}^{\mathrm{T}}\boldsymbol{A}\boldsymbol{Q})\boldsymbol{P}=(\boldsymbol{Q}\boldsymbol{P})^{\mathrm{T}}\boldsymbol{A}(\boldsymbol{Q}\boldsymbol{P})=\boldsymbol{E}.$$

其中 $\boldsymbol{Q}$ 为正交矩阵,$\boldsymbol{P}$ 显然可逆,故 $\boldsymbol{Q}\boldsymbol{P}$ 是可逆矩阵,因此 $\boldsymbol{A}$ 与 $\boldsymbol{E}$ 合同.

再证(3)⇒(4):

已知 $\boldsymbol{A}$ 与 $\boldsymbol{E}$ 合同,故存在可逆矩阵 $\boldsymbol{Q}$,使得 $\boldsymbol{Q}^{\mathrm{T}}\boldsymbol{A}\boldsymbol{Q}=\boldsymbol{E}$,从而

$$\boldsymbol{A}=(\boldsymbol{Q}^{\mathrm{T}})^{-1}\boldsymbol{Q}^{-1}=(\boldsymbol{Q}^{-1})^{\mathrm{T}}\boldsymbol{Q}^{-1}.$$

记 $\boldsymbol{P}=\boldsymbol{Q}^{-1}$,则有

$$\boldsymbol{A}=\boldsymbol{P}^{\mathrm{T}}\boldsymbol{P}.$$

最后证(4)⇒(1):

已知存在可逆矩阵 $\boldsymbol{P}$，使得 $\boldsymbol{A}=\boldsymbol{P}^{\mathrm{T}}\boldsymbol{P}$. 于是，对任意给定的非零向量 $\boldsymbol{x}$，有

$$\boldsymbol{x}^{\mathrm{T}}\boldsymbol{A}\boldsymbol{x}=\boldsymbol{x}^{\mathrm{T}}\boldsymbol{P}^{\mathrm{T}}\boldsymbol{P}\boldsymbol{x}=(\boldsymbol{P}\boldsymbol{x})^{\mathrm{T}}(\boldsymbol{P}\boldsymbol{x}).$$

因为 $\boldsymbol{P}$ 是可逆的，故 $\boldsymbol{P}\boldsymbol{x}\neq\boldsymbol{0}$，从而

$$(\boldsymbol{P}\boldsymbol{x})^{\mathrm{T}}(\boldsymbol{P}\boldsymbol{x})>0.$$

即对任意给定的向量 $\boldsymbol{x}\neq\boldsymbol{0}$，有 $\boldsymbol{x}^{\mathrm{T}}\boldsymbol{A}\boldsymbol{x}>0$.

下面给出正定矩阵的几个性质：

(1)若 $\boldsymbol{A}$ 与 $\boldsymbol{B}$ 均是正定矩阵，则 $\boldsymbol{A}+\boldsymbol{B}$ 也是正定矩阵；

(2)若 $\boldsymbol{A}$ 是正定矩阵，则 $|\boldsymbol{A}|>0$；

(3)若 $\boldsymbol{A}$ 是正定矩阵，则 $\boldsymbol{A}^{\mathrm{T}},\boldsymbol{A}^{-1},\boldsymbol{A}^{n},\boldsymbol{A}^{*}$ 都是正定矩阵；

(4)若 $\boldsymbol{A}$ 是 n 阶正定矩阵，则 $\boldsymbol{A}$ 的对角线上的元素 $a_{ii}(i=1,2,\cdots,n)$ 均大于零.

利用定理2中几个等价命题来判定二次型或矩阵的正定性均比较烦琐. 下面介绍一种简单的方法——利用行列式来判定二次型或矩阵的正定性. 为叙述方便先介绍顺序主子式的概念.

定义2 设 $\boldsymbol{A}$ 为 n 阶矩阵，记为

$$\boldsymbol{A}=\begin{pmatrix}a_{11}&a_{12}&\cdots&a_{1n}\\a_{21}&a_{22}&\cdots&a_{2n}\\\vdots&\vdots&&\vdots\\a_{n1}&a_{n2}&\cdots&a_{nn}\end{pmatrix},$$

称

$$|\boldsymbol{A}_k|=\begin{vmatrix}a_{11}&a_{12}&\cdots&a_{1k}\\a_{21}&a_{22}&\cdots&a_{2k}\\\vdots&\vdots&&\vdots\\a_{k1}&a_{k2}&\cdots&a_{kk}\end{vmatrix}$$

为矩阵 $\boldsymbol{A}$ 的 $k(k\leqslant n)$ 阶顺序主子式.

定理3 对称矩阵 $\boldsymbol{A}$ 为正定的充分必要条件是 $\boldsymbol{A}$ 的各阶顺序主子式都大于零；对称矩阵 $\boldsymbol{A}$ 为负定的充分必要条件是 $\boldsymbol{A}$ 的奇数阶顺序主子式全小于0，而偶数阶的顺序主子式全大于零.

这个定理称为**霍尔维茨定理**. 证明从略.

例1 判定二次型

$$f(x_1,x_2x_3)=4x_1^2+4x_2^2+4x_3^2+2x_1x_2+2x_1x_3+2x_2x_3$$

是否正定.

解法1 用特征值法判定.

由于该二次型对应的矩阵为

$$A=\begin{pmatrix}4&1&1\\1&4&1\\1&1&4\end{pmatrix},$$

其特征多项式为

$$|A-\lambda z|=\begin{vmatrix}4-\lambda&1&1\\1&4-\lambda&1\\1&1&4-\lambda\end{vmatrix}=(\lambda-3)^2(6-\lambda),$$

故特征值为 $\lambda_1=\lambda_2=3,\lambda_3=6$. 因为特征值全大于零,所以二次型 f 是正定的.

解法 2 用顺序主子式法判定.

该二次型的各阶顺序主子式分别为

$$|A_1|=4,\ |A_2|=\begin{vmatrix}4&1\\1&4\end{vmatrix}=15,\ |A_3|=|A|=54.$$

由于 A 的各阶顺序主子式均大于 0,因此二次型 f 是正定的.

事实上,除了利用上述两种方法判定二次型的正定性外,还可以用配方法来判定之.

例 2 判定二次型

$$f(x_1,x_2,x_3)=x_1^2+2x_1x_2+2x_1x_3+2x_2^2+4x_3^2$$

是否正定.

解 用配方法得

$$f(x_1,x_2,x_3)=(x_1+x_2+x_3)^2+(x_2-x_3)^2+2x_3^2\geqslant 0.$$

易知,等号成立的充分必要条件是

$$\begin{cases}x_1+x_2+x_3=0\\ \quad x_2-x_3=0,\\ \qquad x_3=0\end{cases}$$

即

$$x_1=x_2=x_3=0.$$

故二次型 f 是正定的.

例 3 试问 t 满足什么条件时,二次型

$$f(x_1,x_2,x_3)=tx_1^2+tx_2^2+tx_3^2+2x_1x_2+2x_1x_3-2x_2x_3$$

是正定的.

解 设二次型对应的矩阵为

$$A=\begin{pmatrix}t&1&1\\1&t&-1\\1&-1&t\end{pmatrix}.$$

它的各阶顺序主子式分别为

$$|A_1| = t;$$

$$|A_2| = \begin{vmatrix} t & 1 \\ 1 & t \end{vmatrix} = t^2 - 1;$$

$$|A_3| = |A| = \begin{vmatrix} t & 1 & 1 \\ 1 & t & -1 \\ 1 & -1 & t \end{vmatrix} \xlongequal{(-1)r_3 + r_2} \begin{vmatrix} t & 1 & 1 \\ 0 & t+1 & -1-t \\ 1 & -1 & t \end{vmatrix}$$

$$\xlongequal[c_2 + c_3]{} \begin{vmatrix} t & 1 & 2 \\ 0 & t+1 & 0 \\ 1 & -1 & t-1 \end{vmatrix} = (t+1)^2(t-2).$$

又因为f是正定的,所以

$$\begin{cases} |A_1| > 0 \\ |A_2| > 0. \\ |A_3| > 0 \end{cases}$$

即

$$\begin{cases} t > 0 \\ t^2 - 1 > 0. \\ (t+1)^2(t-2) > 0 \end{cases}$$

解此不等式组,求得$t > 2$.

故当$t > 2$时,二次型f是正定的.

例4 已知$\boldsymbol{A}$为n阶可逆矩阵,证明:$\boldsymbol{A}^{\mathrm{T}}\boldsymbol{A}$是正定矩阵.

证法1 设$\boldsymbol{x}$为任意非零向量,因为$\boldsymbol{A}$是可逆矩阵,所以$\boldsymbol{Ax} \neq \boldsymbol{0}$,从而

$$\boldsymbol{x}^{\mathrm{T}}(\boldsymbol{A}^{\mathrm{T}}\boldsymbol{A})\boldsymbol{x} = (\boldsymbol{Ax})^{\mathrm{T}}(\boldsymbol{Ax}) > 0,$$

故$\boldsymbol{A}^{\mathrm{T}}\boldsymbol{A}$是正定矩阵.

证法2 因为$(\boldsymbol{A}^{\mathrm{T}}\boldsymbol{A})^{\mathrm{T}} = \boldsymbol{A}^{\mathrm{T}}\boldsymbol{A}$,所以$\boldsymbol{A}^{\mathrm{T}}\boldsymbol{A}$是对称矩阵. 又因为$\boldsymbol{A}^{\mathrm{T}}\boldsymbol{A} = \boldsymbol{A}^{\mathrm{T}}\boldsymbol{EA}$,且$\boldsymbol{A}$为可逆矩阵,故$\boldsymbol{A}^{\mathrm{T}}\boldsymbol{A}$与$\boldsymbol{E}$合同. 由定理2知,$\boldsymbol{A}^{\mathrm{T}}\boldsymbol{A}$是正定矩阵.

习题四

1. 判断下列函数是否为二次型.

(1) $x_1^2 + 3x_1x_2 + 6x_1$;

(2) $x_1^2 - x_2{}^2 + 4x_4^2 - 8x_6^2$;

(3) $2x_1^2 - 3x_2^2 + 6$.

2. 写出下列二次型的矩阵表达式.

(1) $f(x_1, x_2, x_3) = 2x_1^2 - 6x_1x_2 + x_2^2 + 2x_2x_3$;

(2) $f(x,y,z)=x^2+4xy-2xz+z^2$;

(3) $f(x_1,x_2,x_3,x_4)=x_1x_3-x_2x_4$;

(4) $f(x_1,x_2,x_3)=(x_1,x_2,x_3)\begin{pmatrix}1&5&3\\3&2&1\\1&1&1\end{pmatrix}\begin{pmatrix}x_1\\x_2\\x_3\end{pmatrix}$.

3. 求一个正交变换,化下列二次型为标准形:

(1) $f(x_1,x_2,x_3)=2x_1^2+x_2^2-4x_1x_2-4x_2x_3$;

(2) $f(x_1,x_2,x_3,x_4)=2x_1x_2+2x_1x_3-2x_1x_4-2x_2x_3+2x_2x_4+2x_3x_4$.

4. 用配方法化下列二次型为标准形.

(1) $f(x_1,x_2,x_3)=x_1^2+2x_2^2+5x_3^2+2x_1x_2+2x_1x_3+6x_2x_3$;

(2) $f(x_1,x_2,x_3)=x_1x_2+x_2x_3$.

5. 用配方法化二次型

$$f(x_1,x_2,x_3)=2x_1x_2+2x_1x_3-4x_2x_3$$

为规范型.

6. 设二次型 $f(x_1,x_2,x_3)=x_1^2+x_2^2+x_3^2-2kx_1x_2+2x_2x_3+2lx_1x_3$ 经过正交变换 $\boldsymbol{x}=\boldsymbol{Q}\boldsymbol{y}$ 后,化为标准形 $f=y_2^2+2y_3^2$,求:

(1) k 与 l 的值;

(2) 矩阵 $\boldsymbol{Q}$.

7. 设 $\boldsymbol{A}$、$\boldsymbol{B}$ 为同阶正定矩阵,证明 $\boldsymbol{A}+\boldsymbol{B}$ 为正定矩阵.

8. 判定下列二次型的正定性.

(1) $f(x_1,x_2,x_3)=x_1^2+2x_2^2+2x_3^2+2x_1x_2+2x_2x_3$;

(2) $f(x_1,x_2,x_3)=-5x_1^2-6x_2^2-4x_3^2+4x_1x_2+4x_1x_3$;

(3) $f(x_1,x_2,x_3)=x_1^2-2x_1x_2-4x_1x_3+2x_2x_3+2x_3^2$.

9. 已知对称矩阵 $\boldsymbol{A}$ 满足 $\boldsymbol{A}^3-4\boldsymbol{A}^2+5\boldsymbol{A}-2\boldsymbol{E}=\boldsymbol{0}$,证明 $\boldsymbol{A}$ 正定.

10. λ 取何值时下列二次型是正定二次型?

(1) $f(x_1,x_2,x_3)=x_1^2+x_2^2+5x_3^2+2\lambda x_1x_2-2x_1x_3+4x_2x_3$;

(2) $f(x_1,x_2,x_3)=2x_1^2+x_2^2+x_3^2+2x_1x_2+\lambda x_1x_3$;

(3) $f(x_1,x_2,x_3)=x_1^2+x_2^2+x_3^2+2x_1x_2+2\lambda x_3x_3$;

(4) $f(x_1,x_2,x_3)=x_1^2+4x_2^2+x_3^2+2\lambda x_1x_2+10x_1x_3+6x_2x_3$.

11. 证明对称矩阵 $\boldsymbol{A}$ 是正定的充要条件是存在可逆矩阵 $\boldsymbol{P}$,使得 $\boldsymbol{A}=\boldsymbol{P}^{\mathrm{T}}\boldsymbol{P}$.

12. 已知二次型 $f(x_1,x_2,x_3)=(1-a)x_1^2+(1-a)x_2^2+2(1+a)x_1x_2$ 的秩为 2,

(1) 求 a 的值;

(2) 求正交变换 $\boldsymbol{x}=\boldsymbol{Q}\boldsymbol{y}$,将 $f(x_1,x_2,x_3)$ 化为标准形;

(3) 求方程 $f(x_1,x_2,x_3)=0$ 的解.

第5章　MATLAB 数学实验

MATLAB 是 Matrix Laboratory 的缩写，是一个集数值计算、图形处理、符号运算、文字处理、数学建模、实时控制、动态仿真和信号处理等功能为一体的数学应用软件. 而且该系统的基本数据结构是矩阵，又具有数量巨大的内部函数和多个工具箱，因而该系统迅速普及到各个领域. 尤其在大学校园里，许多学生借助它来学习大学数学和计算方法等课程，并用它做数值计算和图形处理等工作. 我们在这里介绍它的基本功能，并用它做与线性代数相关的数学实验.

在安装 MATLAB 软件之后，直接双击系统桌面上的 MATLAB 图标，启动 MATLAB，进入 MATLAB 默认的用户主界面. 该界面有三个主要的窗口：命令窗口（Command Window），当前目录窗口（Current Directory）. 工作间管理窗口（Workspace），如图 5-1所示.

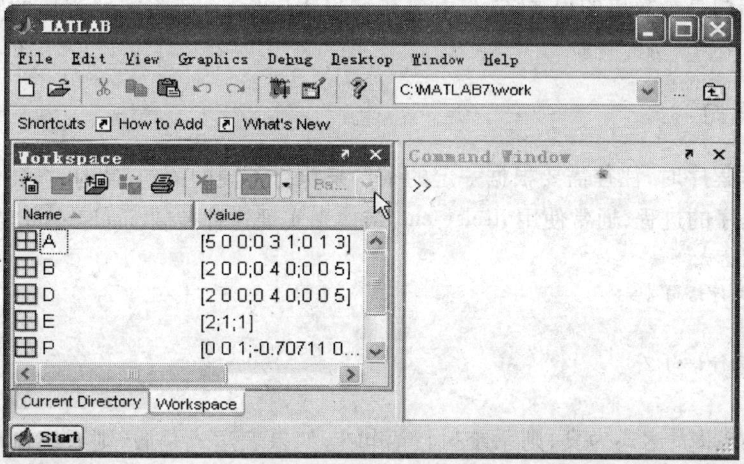

图 5-1　MATLAB 主界面

命令窗口是和 MATLAB 编译器连接的主要窗口，“ >> ”为运算提示符，表示 MATLAB 处于准备状态. 在提示符后输入一段正确的运算式后，只需按【Enter】键，命令窗口中就会直接显示运算结果，如图 5-2 所示.

数据的默认格式有五位有效数字，可用 format 命令改变输出格式. help 是获取帮助的命令，在它之后应该跟一个主题词. 例如，help format，系统就会对 format 的用法提供说明，因此它对初学者是非常有用的.

当需要编写比较复杂的程序时，就需要用到 M 文件. 用户只需将所有命令按顺序放到一个扩展名为 M 的文本文件下，每次运行只需输入该 M 文件的文件名即可. 下面介绍MATLAB程序设计中常用的程序控制语句和命令.

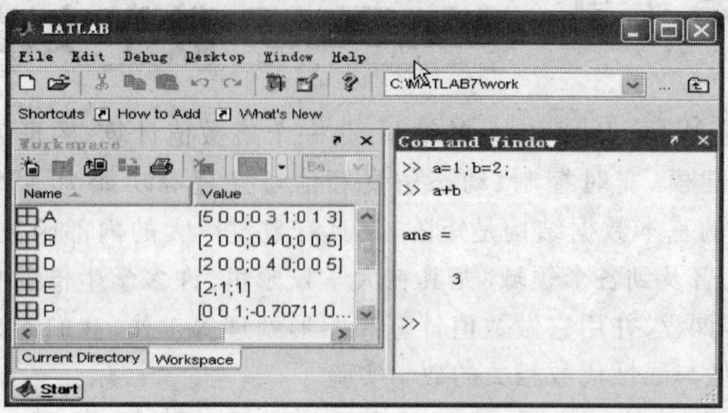

图 5-2 MATLAB 运算结果

1 顺序结构

顺序结构是最简单的程序结构，用户在编写程序后，系统将按照程序的物理位置顺序执行.

2 选择语句

在编写程序时，往往需要根据一定的条件来执行不同的语句，此时，需要使用分支语句来控制程序的进程，通常使用 if-else-end 结构来实现这种控制. if-else-end 结构如下：

```
if  表达式
    执行语句 1
else
    执行语句 2
end
```

此时，如果表达式为真，则系统执行语句 1；如果表达式是假，则系统执行语句 2.

例 1 比较 a,b 的大小，其中 $a=40,b=10$.

程序设计：

```
clear
a=40;
b=10;
if a<b
  disp('b>a')
else
  disp('a>b')
```

```
end
```

运行结果:

```
a>b
```

3 分支语句

另外 MATLAB 语言中还提供了 switch-case-otherwise-end 分支语句,其使用格式如下:

```
switch 开关语句
     case 条件语句,
       执行语句,…,执行语句
     case{条件语句 1,条件语句 2, 条件语句 3,…}
       执行语句,…,执行语句
     …
       otherwise,
       执行语句,…,执行语句
end
```

在上面的分支结构中,当某个条件语句的内容与开关语句的内容相匹配时,系统将执行其后的语句;如果所有的条件语句与开关条件都不相符合,系统将执行 otherwise 后的语句.

4 循环语句

当遇到许多有规律的重复运算时,可以方便地使用以下两种循环语句.

(1) for 循环

基本格式如下:

```
for i=表达式,
   执行语句,…,执行语句
end
```

上述结构是对循环次数的控制.

例 2 求 1+2+…+100 的值.

程序设计:

```
>>sum=0;
>>for i=1:100
sum=sum+i;
end
>>sum
sum=
     5050
```

for 循环可以重复使用,即可以多次嵌套.

(2) while 循环

while 循环的判断控制可以是逻辑判断语句,因此,它的循环次数可以是一个不定数,这样就赋予了它较 for 循环更广泛的用途. 其使用格式如下:

```
while 表达式,
    执行语句,…,执行语句
end
```

5 常用指令

终止命令 break 语句一般用在循环控制中,通过 if 使用语句. 当 if 语句满足一定条件时,break 语句将被调用,系统将在循环尚未结束时跳出当前循环. 在多层嵌套循环中,break 语句只能跳出包含它的最内层的循环.

继续命令 continue 一般也用在循环控制中,通过 if 使用语句. 当 if 语句满足一定条件时,continue 语句将被调用,系统将不再执行相关的执行语句,并且不会跳出当前循环.

等待用户反应命令 pause 用于使程序暂时终止运行,等待用户按任意键后继续运行. 该语句适合于用户在调试程序时需要查看中间结果的情况.

除了在程序设计中需要经常用到上述命令外,还有一些常用命令在其他操作中也经常使用,比如 clc 可以清除工作窗口,type 可以显示文件内容,quit 可以退出 MATLAB 等.

实验 1 矩阵的输入与特殊矩阵的生成

1 矩阵的输入

MATLAB 是以矩阵为基本变量单元的,因此矩阵的输入非常方便. 输入时,矩阵的元素用方括号括起来,行内元素用逗号分隔或空格分隔,各行之间用分号分隔或直接回车.

例 1 输入矩阵 $\boldsymbol{A}=\begin{pmatrix}1 & 1 & 2\\ -1 & 0 & 3\\ 4 & -5 & 6\end{pmatrix}$.

```
>>A=[1  1  2;-1  0  3;4   -5  6]
  A=
      1    1   2
     -1    0   3
      4   -5   6
```

2 矩阵的结构操作

输入矩阵后,可以对矩阵进行的主要操作包括矩阵的扩充,矩阵元素的提取,矩阵元素的部分删除等,下面对其作简单的介绍.

(1)矩阵的扩充

例如,用下述命令可以在上述矩阵 **A** 下面再加上一个行向量:

```
>>A(4,:)=[1  3  2]
A =
    1    1   2
   -1    0   3
    4   -5   6
    1    3   2
```

下述命令可以在上述矩阵 **A** 下面再加上一个列向量:

```
>>A(:,4)=[-1  0  3  2]
  A =
       1    1   2  -1
      -1    0   3   0
       4   -5   6   3
       1    3   2   2
```

(2)矩阵元素的提取

可以用下述命令提取上述矩阵 **A** 的第3行第1列的元素:

```
>>A(3,1)
ans =
   4
```

可以用下述命令提取上述矩阵 **A** 的第1列和第3列的元素:

```
>>A(:,[1,3])
ans =
     1   2
    -1   3
     4   6
     1   2
```

可以用下述命令提取矩阵的上三角和下三角部分和对角线元素:

```
triu(A)           提取矩阵 A 的上三角部分
tril(A)           提取矩阵 A 的下三角部分
diag(A)           提取矩阵 A 的对角线元素
```

(3)矩阵元素的删除

可以用下述命令删除上述矩阵 **A** 的第2行的元素:

```
>>A(2,:)=[]
ans =1    1
     4   -5
     1    3
```

3 特殊矩阵的生成

某些特殊矩阵可以直接调用相应的函数得到,例如:

```
zeros(m,n)        生成一个m行n列的零矩阵
ones(m,n)         生成一个m行n列元素都是1的矩阵
eye(n)            生成一个n阶的单位矩阵
rand(m,n)         生成一个m行n列的随机矩阵
```

例 2 随机生成一个 6×7 的矩阵.

```
>>rand(6,7)
ans =
    0.1365  0.2844  0.5155  0.5298  0.4611  0.4154  0.9901
    0.0118  0.4692  0.3340  0.6405  0.5678  0.3050  0.7889
    0.8939  0.0648  0.4329  0.2091  0.7942  0.8744  0.4387
    0.1991  0.9883  0.2259  0.3798  0.0592  0.0150  0.4983
    0.2987  0.5828  0.5798  0.7833  0.6029  0.7680  0.2140
    0.6614  0.4235  0.7604  0.6808  0.0503  0.9708  0.6435
```

实验题目

1. 输入矩阵 $\boldsymbol{A}=\begin{pmatrix}3 & -7 & 8 & 15 & 67\\0 & 5 & 8 & -10 & 11\\5 & -7 & 6 & 18 & 29\end{pmatrix}$,并提取矩阵 $\boldsymbol{A}$ 的第 3 列和第 2 行元素.

2. 生成一个 10×12 的随机矩阵.

实验 2　矩阵的运算

1 矩阵的代数运算

如果已经输入矩阵 $\boldsymbol{A}$ 和 $\boldsymbol{B}$,则可由下述命令对其进行运算:

A′	A 的转置	A+B	加法
k* A	数 k 乘 A	A* B	乘法
inv(A)	A 的逆阵	A^x	A 的 x 次方
A/B	$A^{-1}B$	A\B	BA^{-1}

例 1 设 $\boldsymbol{A}=\begin{pmatrix}1 & 2 & -1\\0 & 1 & 2\\-3 & 6 & 4\end{pmatrix}$,$\boldsymbol{B}=\begin{pmatrix}-1 & 0 & 1\\0 & 2 & 2\\3 & 5 & 1\end{pmatrix}$,求 $\boldsymbol{A}',\boldsymbol{A}+\boldsymbol{B},\boldsymbol{AB},\boldsymbol{A}^2,\boldsymbol{A}^{-1}\boldsymbol{B}$.

程序设计结果如下：

```
>>A=[1 2  -1;0 1 2;-3 6 4]
A=
    1   2  -1
    0   1   2
   -3   6   4
>>B=[-1 0 1;0 2 2;3 5 1]
B=
   -1  0  1
    0   2  2
    3   5  1
>>A'
ans=
     1   0   -3
     2   1   6
    -1   2   4
>>A+B
ans=
     0   2   0
     0   3   4
     0  11   5
>>A*B
ans=
    -4   -1   4
     6   12   4
    15   32   13
>>A^2
ans=
      4    -2   -1
     -6   13   10
    -15   24   31
>>inv(A)*B
ans=
    -1.0000   0.1304   1.3478
          0   0.3478   0.2609
          0   0.8261   0.8696
```

2 矩阵的特征参数运算

在进行科学运算时，常常要用到矩阵的特征参数，如矩阵的行列式、秩、迹、条件数等，在 MATLAB 中用下述命令轻松地进行这些运算.

```
det(A)              A的行列式
rank(A)             A的秩
trace(A)            A的迹
```

```
cond(A)            A的条件数
size(A)            输出A的行数和列数
```

例 2 求向量组$(0,-1,2,3)^T,(1,4,0,-1)^T,(3,1,4,2)^T,(-2,2,-2,0)^T$的秩.

程序运行结果如下:

```
>>A=[0 1 3  -2;-1  4  1  2;2  0  4  -2  ;3  -1  2  0]
A=
    0   1   3  -2
   -1   4   1   2
    2   0   4  -2
    3  -1   2   0
>>rank(A)
ans=
     3
```

故可知向量组的秩为3.

实验题目

1. 设$\boldsymbol{A}=\begin{pmatrix}10&5&-1\\0&1&2\\-6&8&15\end{pmatrix},\boldsymbol{B}=\begin{pmatrix}1&0&7\\-5&2&4\\3&12&-9\end{pmatrix}$,求$\boldsymbol{A}',\boldsymbol{A}+\boldsymbol{B},\boldsymbol{AB},\boldsymbol{A}^2,\boldsymbol{A}^{-1}\boldsymbol{B}$.

2. 求向量组$(0,-1,3,-4)^T,(3,4,8,-1)^T,(7,1,5,-4)^T,(-2,12,-2,0)^T$ $(5,-5,6,10)^T$的秩.

实验3 线性方程组的求解

在MATLAB中,求解线性方程组的方法有很多,本实验介绍用以下命令来直接求解.在实验5中可用程序设计的方法来求解线性方程组.

```
rref(A)            A的最简行阶梯形矩阵
```

例 1 将矩阵$\boldsymbol{A}=\begin{pmatrix}7&1&-1&10&1\\4&8&-2&4&3\\12&1&-1&-1&5\end{pmatrix}$化为最简行阶梯形矩阵.

程序运行结果:

```
A=[7  1  -1  10  1;4  8  -2  4  3;12  1  -1  -1  5];
rref(A)
ans=
    1.0000        0        0   -2.2000   0.8000
         0   1.0000        0   -6.3333   1.5000
         0        0   1.0000  -31.7333   6.1000
```

例 2　求解线性方程组$\begin{cases} x_1+3x_2-2x_3+4x_4+x_5=7 \\ 2x_1+6x_2+5x_4+2x_5=5 \\ 4x_1+11x_2+8x_3+5x_5=3 \\ x_1+3x_2+2x_3+x_4+x_5=-2 \end{cases}$.

程序结果如下：

```
>>B=[1  3  -2  4  1  7;2  6  0  5  2  5;4  11  8  0  5  3;1  3  2  1  1
-2]
  rref(B)
  B=
     1   3   -2  4  1   7
     2   6   0   5  2   5
     4   11  8   0  5   3
     1   3   2   1  1  -2
  ans=
       1.0000     0         0        -9.5000    4.0000     35.5000
          0     1.0000      0         4.0000   -1.0000    -11.0000
          0       0       1.0000     -0.7500     0         -2.2500
          0       0         0          0         0           0
```

所以原方程组等价于方程组

$$\begin{cases} x_1-9.5x_4+4x_5=35.5 \\ x_2+4x_4-x_5=-11. \\ x_3-0.75x_4=-2.25 \end{cases}$$

故方程组的通解为

$$X=c_1\begin{pmatrix} 9.5 \\ -4 \\ 0.75 \\ 1 \\ 0 \end{pmatrix}+c_2\begin{pmatrix} -4 \\ 1 \\ 0 \\ 0 \\ 1 \end{pmatrix}+\begin{pmatrix} 35.5 \\ -11 \\ -2.25 \\ 0 \\ 0 \end{pmatrix},\text{其中 } c_1,c_2\in\mathbf{R}.$$

实验题目

1. 将矩阵 $\boldsymbol{A}=\begin{pmatrix} 2 & 1 & -1 & 1 & 1 \\ 4 & 2 & -2 & 1 & 2 \\ 2 & 1 & -1 & -1 & 1 \end{pmatrix}$化为最简行阶梯形矩阵.

2. 求解线性方程组$\begin{cases} x_1+x_2+x_3+x_4+x_5=7; \\ 3x_1+2x_2+x_3+x_4-3x_5=-2; \\ x_2+2x_3+2x_4+6x_5=23; \\ 5x_1+4x_2+3x_3+3x_4-x_5=12. \end{cases}$

实验4 特征值与特征向量

方阵的特征值与特征向量在矩阵对角化中和微分方程组等问题中有着广泛的应用.在 MATLAB 中可以用下述命令直接求得特征值与特征向量.

```
Poly(A)            A的特征多项式
E=eig(A)           A的特征值
[V,U]=eig(A)       A的特征值与特征向量
```

例1 求矩阵 $A=\begin{pmatrix}-1&1&0\\-4&3&0\\1&0&2\end{pmatrix}$ 的特征值与特征向量.

程序运行结果如下:

```
>>A=[-1  1  0;-4  3  0;1  0  2]
A=
   -1  1  0
   -4  3  0
    1  0  2
>>E=eig(A)
E=
   2
   1
   1
>>[V,D]=eig(A)
V=
        0     0.4082    0.4082
        0     0.8165    0.8165
   1.0000    -0.4082   -0.4082
D=
   2  0  0
   0  1  0
   0  0  1
```

例2 将矩阵 $A=\begin{pmatrix}5&0&0\\0&3&1\\0&1&3\end{pmatrix}$ 对角化.

程序运行结果如下:

```
>>A=[5  0  0;0  3  1;0  1  3]
A=
   5  0  0
   0  3  1
   0  1  3
```

```
>>[P,D]=eig(A)
P =
       0          0      1.0000
   -0.7071   0.7071        0
    0.7071   0.7071        0
D =
   2  0  0
   0  4  0
   0  0  5
>>B=inv(P)*A*P
B =
   2.0000      0         0
      0     4.0000       0
      0        0     5.0000
```

实验题目

1. 求矩阵 $A=\begin{pmatrix}-2 & 1 & 1\\ 2 & 1 & 2\\ -1 & 2 & 1\end{pmatrix}$的特征值与特征向量.

2. 将矩阵 $A=\begin{pmatrix}5 & 1 & 4\\ 1 & 8 & 1\\ 4 & 1 & 3\end{pmatrix}$对角化.

3. 判断二次型 $f(x_1,x_2,x_3)=2x_1^2+4x_2^2+5x_3^2-4x_1x_2$ 的正定性.(提示:可以考虑利用特征值)

实验 5 综合实验

例 1 利用编程的方法求解非齐次线性方程组

$$\begin{cases}2x_1+x_2-x_3+x_4=1\\ 4x_1+2x_2-2x_3+x_4=2.\\ 2x_1+x_2-x_3-x_4=1\end{cases}$$

程序设计如下:

```
>>clear
>> A=[2 1 -1 1;4 2 -2 1;2 1 -1 -1];
>>b=[1 2 1]';
>>B=[A b];
>>n=4;
>>RA=rank(A)
```

```
RA =
    2
>>RB = rank(B)
RB =
    2
>>if(RA = =RB&RA = =n)
X = A\b
else if(RA = =RB&RA < n)
C = A\b                     % Ax = b 的特解
D = null(A,'r')             % 对应齐次线性方程组 Ax = 0 的解空间的基础解系
else
fprintf('方程组无解')
end
end
Warning:Rank deficient,rank = 2,tol = 4.3512e - 015.
C =
   0.5000
      0
      0
   0.0000
D =
-0.5000  0.5000
1.0000      0
   0    1.0000
   0       0
```

故原方程组的通解为：$X = c_1\begin{pmatrix}-0.5\\1\\0\\0\end{pmatrix} + c_2\begin{pmatrix}0.5\\0\\1\\0\end{pmatrix} + \begin{pmatrix}0.5\\0\\0\\0\end{pmatrix}$，其中 c_1,c_2 是任意常数.

例 2 利用顺序主子式判定二次型 $f(x_1,x_2,\cdots,x_7) = \sum_{i=1}^{7} x_i^2 + \sum_{i=1}^{6} x_i x_{i+1}$ 的正定性.

程序设计如下：

```
>>v = [0.5,0.5,0.5,0.5,0.5,0.5];
>>diag(v,1);
diag(v, -1);
eye(7);
A = diag(v,1) + eye(7) + diag(v, -1)                % 生成二次型的矩阵
A =
```

```
   1.0000  0.50000    0        0        0        0        0
   0.5000  1.0000   0.5000     0        0        0        0
     0     0.5000   1.0000   0.5000     0        0        0
     0       0      0.5000   1.0000   0.5000     0        0
     0       0        0      0.5000   1.0000   0.5000     0
     0       0        0        0      0.5000   1.0000   0.5000
     0       0        0        0        0      0.5000   1.0000
>>for i=1:7
B=A(1:i,1:i);
fprintf('第%d阶主子式的值为',i)
det(B)
if(det(B)<0)
 fprintf('二次型非正定')
break;
end
fprintf('二次型正定')
end
第1阶主子式的值为
ans =
     1
二次型正定第2阶主子式的值为
ans =
     0.7500
二次型正定第3阶主子式的值为
ans =
     0.5000
二次型正定第4阶主子式的值为
ans =
     0.3125
二次型正定第5阶主子式的值为
ans =
     0.1875
二次型正定第6阶主子式的值为
ans =
     0.1094
二次型正定第7阶主子式的值为
ans =
     0.0625
```

得出结果：
二次型正定

实验题目

1. 利用 help 帮助命令查询 null(A)并利用它来求解齐次线性方程组

$$\begin{cases} x_1 + x_2 - x_3 = 0 \\ 2x_1 - x_2 + 4x_3 = 0. \\ x_1 + 4x_2 - 7x_3 = 0 \end{cases}$$

2. 利用 help 帮助命令查询 orth(A)并利用它来将向量组
$\boldsymbol{\alpha}_1 = (1, -1, 3, 10)^{\mathrm{T}}, \boldsymbol{\alpha}_2 = (-20, 4, 9, -11)^{\mathrm{T}}, \boldsymbol{\alpha}_3 = (8, 1, 56, 14)^{\mathrm{T}}, \boldsymbol{\alpha}_4 = (-8, 12, 0, 15)^{\mathrm{T}}$
标准正交化.

3. 设可逆矩阵 $\boldsymbol{A} = \begin{pmatrix} 1 & 0 & 1 \\ -1 & 2 & 1 \\ 0 & 3 & -1 \end{pmatrix}$,试利用编程的方法将其表示成为一系列初等矩阵的乘积.

习题答案或提示

习　题　一

1. $x=-4, y=-1, z=1, u=-2$.

2. (1) $A+B=\begin{pmatrix}2&0&1\\1&4&0\end{pmatrix}$;　(2) $A-B=\begin{pmatrix}8&-4&1\\5&4&-2\end{pmatrix}$;

(3) $2A+5B=\begin{pmatrix}-5&6&2\\-4&8&3\end{pmatrix}$;　(4) $3A-4B=\begin{pmatrix}27&-14&3\\17&12&-17\end{pmatrix}$.

3. (1) $X=\begin{pmatrix}-3&-2&-2\\-2&-1&-3\end{pmatrix}$;　(2) $X=\begin{pmatrix}\frac{4}{3}&-1&1\\-\frac{1}{3}&\frac{1}{3}&1\end{pmatrix}$.

4. (1) $3AB-2A=\begin{pmatrix}-2&13&22\\-2&-17&20\\4&29&-2\end{pmatrix}$;　(2) $A^{\mathrm{T}}B=\begin{pmatrix}0&5&8\\0&-5&6\\2&9&0\end{pmatrix}$.

5. (1) $f(A)=\begin{pmatrix}0&0\\0&0\end{pmatrix}$;　(2) $f(A)=\begin{pmatrix}9&2&4\\11&0&3\\-1&1&-2\end{pmatrix}$.

6. (1) $\begin{pmatrix}35\\6\\49\end{pmatrix}$;　(2) (10);

(3) $\begin{pmatrix}-2&4\\-1&2\\-3&6\end{pmatrix}$;　(4) $\begin{pmatrix}6&-7&8\\20&-5&-6\end{pmatrix}$;

(5) $(a_1b_1+a_2b_2+\cdots+a_nb_n)$;　(6) $\begin{pmatrix}a_1b_1&a_1b_2&\cdots&a_1b_m\\a_2b_1&a_2b_2&\cdots&a_2b_m\\\vdots&\vdots&&\vdots\\a_mb_1&a_mb_2&\cdots&a_mb_m\end{pmatrix}$;

(7) $(a_{11}x_1^{\ 2}+a_{22}x_2^{\ 2}+a_{33}x_3^{\ 2}+2a_{12}x_1x_2+2a_{13}x_1x_3+2a_{23}x_2x_3)$.

7. (1) $E+C=\begin{pmatrix}0&3&3\\1&5&0\\1&2&4\end{pmatrix}$;　(2) $AB=\begin{pmatrix}6&1\\0&10\end{pmatrix}$, $BA=\begin{pmatrix}1&3&1\\2&6&2\\-1&2&9\end{pmatrix}$;

(3) $B^{\mathrm{T}}C+A=\begin{pmatrix}1&11&-1\\5&20&17\end{pmatrix}$.

8. (1) $\begin{pmatrix} 3 & -2 \\ 4 & 8 \end{pmatrix}$; (2) $\begin{pmatrix} 1 & n \\ 0 & 1 \end{pmatrix}$;

(3) $\begin{pmatrix} \cos n\theta & \sin n\theta \\ -\sin n\theta & \cos n\theta \end{pmatrix}$; (4) $\begin{pmatrix} 2^n & 0 & n2^{n-1} \\ 0 & 2^n & 0 \\ 0 & 0 & 2^n \end{pmatrix}$.

9. 提示:先求出 A^2, A^3,找出规律,再用数学归纳法.

$$A^n = \begin{pmatrix} \lambda^n & n\lambda^{n-1} & \frac{n(n-1)}{2}\lambda^{n-2} \\ 0 & \lambda^n & n\lambda^{n-1} \\ 0 & 0 & \lambda^n \end{pmatrix}.$$

10. (1) $AB = \begin{pmatrix} 0 & 0 \\ 0 & 0 \end{pmatrix}, BA = \begin{pmatrix} 0 & 0 \\ -11 & 0 \end{pmatrix}$;

(2) $AB \neq BA$,矩阵乘法一般不满足交换律;

当 $A \neq 0, B \neq 0$ 时,其乘积 AB 可能是零矩阵.

11. (1) $AB = \begin{pmatrix} 3 & 4 \\ 4 & 6 \end{pmatrix}, BA = \begin{pmatrix} 1 & 2 \\ 3 & 8 \end{pmatrix}, AB \neq BA$.因为矩阵乘法一般不满足交换律;

(2) $(A+B)^2 = \begin{pmatrix} 8 & 14 \\ 14 & 29 \end{pmatrix}, A^2 + 2AB + B^2 = \begin{pmatrix} 10 & 16 \\ 15 & 27 \end{pmatrix}, (A+B)^2 \neq A^2 + 2AB + B^2$.因为矩阵乘法一般不满足交换律;

(3) $(A+B)(A-B) \neq A^2 - B^2$,理由同上.

12. (1) 取 $A = \begin{pmatrix} 1 & 1 \\ -1 & -1 \end{pmatrix}$,显然 $A \neq 0$,但 $A^2 = 0$;

(2) 取 $A = \begin{pmatrix} 1 & 0 \\ 0 & 0 \end{pmatrix}$,显然有 $A \neq 0, A \neq E$,但 $A^2 = A$;

(3) 取 $A = \begin{pmatrix} 1 & 0 \\ 0 & 0 \end{pmatrix}, X = \begin{pmatrix} 1 & 0 \\ 0 & 0 \end{pmatrix}, Y = \begin{pmatrix} 1 & 0 \\ 0 & 1 \end{pmatrix}$,显然有 $X \neq Y$,但 $AX = AY$.

13. (1) -10; (2) a;

(3) $3abc - a^2 - b^2 - c^2$; (4) $(x-y)(y-z)(z-x)$;

(5) $-2(x^3 + y^3)$; (6) $a(y-x)(z-x)(z-y)$.

14. (1) -7; (2) 0;

(3) $abcd + ab + ad + cd + 1$; (4) 0;

(5) $4abcdef$; (6) x^2y^2.

15. 证明略.

16. (1) 当 $n=1$ 时,$D_1 = 1$;当 $n \geqslant 2$ 时,$D_n = -2(n-2)!$;

(2) $D_n = [x + (n-1)a](x-a)^{n-1}$;

(3) $D_n = x^n + (-1)^{n-1}y^n$;

(4) 提示:对 D_{2n} 按第一行展开,有

$$D_{2n}=a\begin{vmatrix} D_{2(n-1)} & 0 \\ & \vdots \\ & 0 \\ 0 \cdots 0 & d \end{vmatrix}+(-1)^{2n+1}b\begin{vmatrix} 0 & D_{2(n-1)} \\ \vdots & \\ 0 & \\ c & 0 \cdots 0 \end{vmatrix},$$

再对两个$(2n-1)$阶行列式各按最后一行展开，得

$$\begin{aligned} D_{2n} &= adD_{2(n-1} - bc\cdot(-1)^{(2n-1)+1}D_{2(n-1)} \\ &= (ad-bc)D_{2(n-1)}, \end{aligned}$$

这是一个递推公式，顺次用$n,n-1,\cdots,2$代入，可得$(n-1)$个等式. 将这列等式两边相加，由于每一个等式的右端与下一个等式的左边相消，故得

$$D_{2n}=(ad-bc)^n.$$

17. 提示：利用数学归纳法. 因为

$$D_2=\begin{vmatrix} 1 & 1 \\ x_2 & x_1 \end{vmatrix}=x_1-x_2=\prod_{2\geqslant i\geqslant j\geqslant 1}(x_i-x_j),$$

所以当$n=2$时，该行列式成立；

假设该行列式对于$n-1$阶时成立，经证n阶时该行列式成立.

18. (1) $x_1=1,x_2=-1,x_3=-1,x_4=1$；

(2) $x_1=\frac{11}{4},x_2=\frac{7}{4},x_3=\frac{3}{4},x_4=-\frac{1}{4},x_5=-\frac{5}{4}$.

19. $\lambda=2,\lambda=5$，或$\lambda=8$.

20. $\lambda=1$或$\mu=0$.

21. $\lambda=0,\lambda=2$，或$\lambda=3$.

***22.** 当$\lambda\neq 1,-2$时，有唯一解；

当$\lambda=-2$时，无解；

当$\lambda=1$时，有无限多解.

23. (1) $\begin{pmatrix} 1 & -2 \\ -2 & 5 \end{pmatrix}$；　(2) $\begin{pmatrix} \cos\theta & -\sin\theta \\ \sin\theta & \cos\theta \end{pmatrix}$；

(3) $\begin{pmatrix} \frac{7}{6} & \frac{4}{6} & -\frac{9}{6} \\ -1 & -1 & 2 \\ -\frac{3}{6} & 0 & \frac{3}{6} \end{pmatrix}$；　(4) $\begin{pmatrix} \frac{1}{a_1} & & & \\ & \frac{1}{a_2} & & \\ & & \ddots & \\ & & & \frac{1}{a_n} \end{pmatrix}$.

24. (1) $\begin{pmatrix} 0 & \frac{1}{3} & \frac{1}{3} \\ 0 & \frac{1}{3} & -\frac{2}{3} \\ -1 & \frac{2}{3} & -\frac{1}{3} \end{pmatrix}$；　(2) $\begin{pmatrix} \frac{1}{4} & \frac{1}{4} & \frac{1}{4} & \frac{1}{4} \\ \frac{1}{4} & \frac{1}{4} & -\frac{1}{4} & -\frac{1}{4} \\ \frac{1}{4} & -\frac{1}{4} & \frac{1}{4} & -\frac{1}{4} \\ \frac{1}{4} & -\frac{1}{4} & -\frac{1}{4} & \frac{1}{4} \end{pmatrix}$；

(3) $\begin{pmatrix} 22 & -6 & -26 & 17 \\ -17 & 5 & 20 & -13 \\ -1 & 0 & 2 & -1 \\ 4 & -1 & -5 & 3 \end{pmatrix}$.　　(4) $\begin{pmatrix} 2 & -1 & 0 & 0 \\ -3 & 2 & 0 & 0 \\ -5 & 7 & -3 & -4 \\ 2 & -2 & \frac{1}{2} & \frac{1}{2} \end{pmatrix}$.

25. (1) $X=\begin{pmatrix} 2 & -23 \\ 0 & 8 \end{pmatrix}$;　　(2) $X=\begin{pmatrix} -2 & 2 & 1 \\ -\frac{8}{3} & 5 & -\frac{2}{3} \end{pmatrix}$;

(3) $X=\begin{pmatrix} \frac{4}{5} & 1 \\ \frac{3}{10} & 0 \end{pmatrix}$;　　(4) $X=\begin{pmatrix} 2 & -1 & 0 \\ 1 & 3 & -4 \\ 1 & 0 & -2 \end{pmatrix}$.

26. (1) $x_1=1, x_2=0, x_3=0$;　　(2) $x_1=5, x_2=0, x_3=3$.

27. ~**29.** 略.

30. $A^{-1}=\frac{1}{2}(A-E)$, $(A+2E)^{-1}=-\frac{1}{4}(A-3E)$.

31. $A^{-1}=A^2+A+2E$, $(E-A)^{-1}=A^2+2E$.

32. $(A-E)^{-1}=B-E$.

33. ~**35.** 略.

36. (1) $R(A)=2$,其一个最高阶的非零子式为 $\begin{vmatrix} 1 & -2 \\ 3 & -1 \end{vmatrix} \neq 0$;

(2) $R(A)=2$,其一个最高阶的非零子式为 $\begin{vmatrix} 3 & 1 \\ 1 & -1 \end{vmatrix} \neq 0$;

(3) $R(A)=3$,其一个最高阶的非零子式为 $\begin{vmatrix} -1 & 2 & 2 \\ 1 & 1 & 0 \\ 3 & 2 & 0 \end{vmatrix} \neq 0$;

(4) $R(A)=3$,其一个最高阶的非零子式为 $\begin{vmatrix} 2 & 1 & 7 \\ 2 & -3 & -5 \\ 1 & 0 & 0 \end{vmatrix} \neq 0$.

37. (1) $\begin{pmatrix} 1 & 0 & 0 & 5 \\ 0 & 0 & 1 & -3 \\ 0 & 0 & 0 & 0 \end{pmatrix}$;　　(2) $\begin{pmatrix} 0 & 1 & 0 & 5 \\ 0 & 0 & 1 & 3 \\ 0 & 0 & 0 & 0 \end{pmatrix}$;

(3) $\begin{pmatrix} 1 & -1 & 0 & 2 & -3 \\ 0 & 0 & 1 & -2 & 2 \\ 0 & 0 & 0 & 0 & 0 \\ 0 & 0 & 0 & 0 & 0 \end{pmatrix}$;　　(4) $\begin{pmatrix} 1 & 0 & 2 & 0 & -2 \\ 0 & 1 & -1 & 0 & 3 \\ 0 & 0 & 0 & 1 & 4 \\ 0 & 0 & 0 & 0 & 0 \end{pmatrix}$.

38. (1)有;(2)有;(3)没有.

39. $R(A) \geqslant R(B) \geqslant R(A)-1$.

40. $\begin{pmatrix}1&0&1&0&0\\1&-1&0&0&0\\0&0&1&0&0\\0&0&0&1&0\\0&0&0&0&0\end{pmatrix}$.

41. 略.

42. (1) $k=1$; (2) $k=-2$; (3) $k\neq 1$ 且 $k\neq -2$.

43. (1) $\left(\begin{array}{c|c}-2&1\\1&-2\\\hline 3&-2\end{array}\right)$; (2) $\left(\begin{array}{cc|cc}a&0&ac&0\\0&0&0&0\\\hline 1&0&c+bd&0\\0&1&0&c+bd\end{array}\right)$.

44. (1) $\begin{pmatrix}1&-2&1&0\\0&1&-2&1\\0&0&1&-2\\0&0&0&1\end{pmatrix}$; (2) $\begin{pmatrix}2&-1&0&0\\-3&2&0&0\\31&-19&3&-4\\-23&14&-2&3\end{pmatrix}$;

(3) $\begin{pmatrix}4&-\frac{3}{2}&0&0&0\\-1&\frac{1}{2}&0&0&0\\0&0&-\frac{1}{6}&-\frac{1}{6}&\frac{1}{2}\\0&0&-\frac{2}{3}&\frac{1}{3}&0\\0&0&\frac{7}{6}&\frac{1}{6}&-\frac{1}{2}\end{pmatrix}$.

45. $|\boldsymbol{A}^8|=10^{16}$, $\boldsymbol{A}^4=\begin{pmatrix}5^4&0&&\\0&5^4&&\\&&2^4&0\\&&2^6&2^4\end{pmatrix}$.

习　题　二

1. (1) 唯一零解;

(2) 唯一零解;

(3) 有非零解, $\boldsymbol{x}=\begin{pmatrix}3k\\4k\\k\end{pmatrix}$, k 为任意常数;

(4) 有非零解, $\boldsymbol{x}=\begin{pmatrix}-3k\\-3k\\10k\\k\end{pmatrix}$, k 为任意常数.

2. (1)唯一解，$\boldsymbol{x}=\begin{pmatrix}1\\-2\\-3\\-1\end{pmatrix}$；

(2)唯一解，$\boldsymbol{x}=\begin{pmatrix}1\\2\\4\end{pmatrix}$；

(3)无解；

(4)无解；

(5)有无穷多解，$\boldsymbol{x}=\begin{pmatrix}4-3k\\k\\1\end{pmatrix}$，$k$ 为任意常数；

(6)有无穷多解，$\boldsymbol{x}=\begin{pmatrix}\frac{7}{2}-\frac{1}{2}k\\1-k\\k\end{pmatrix}$，$k$ 为任意常数.

3. 当 $\lambda=0$ 时，无解；

当 $\lambda=-3$ 时，有无穷多解，其解为 $\boldsymbol{x}=\begin{pmatrix}-1+k\\-2+k\\k\end{pmatrix}$，$k$ 为任意常数；

当 $\lambda\neq0$ 且 $\lambda\neq-3$ 时，有唯一解，其解为 $\boldsymbol{x}=\begin{pmatrix}-\frac{1}{\lambda}\\-\frac{2}{\lambda}\\\frac{\lambda-1}{\lambda}\end{pmatrix}$.

4. 当 $b=1$ 且 $a\neq0$ 和 $a=-1$ 且 $b\neq-2$ 时，方程组无解；

当 $b=1$ 且 $a=0$ 时，方程组有无穷多解，其解为 $\boldsymbol{x}=\begin{pmatrix}0\\1+k\\k\end{pmatrix}$，$k$ 为任意常数；

当 $b=2$ 且 $a=-1$ 时，方程组有无穷多解，其解为 $\boldsymbol{x}=\begin{pmatrix}-k\\k\\1\end{pmatrix}$，$k$ 为任意常数；

当 $a\neq-1$ 且 $b\neq1$ 时，方程组有唯一解，其解为 $\boldsymbol{x}=\begin{pmatrix}\frac{ab-a+a^2}{(b-1)(a+1)}\\\frac{b-1+a}{(b-1)(a+1)}\\\frac{a}{b-1}\end{pmatrix}$.

5. 略.

6. $\boldsymbol{\beta}=2\alpha_1-\alpha_2$.

7. $x=\begin{pmatrix}1\\2\\3\\4\end{pmatrix}$.

8. ~**9.** 略.

10. (1)线性相关;

(2)线性相关;

(3)线性无关;

(4)线性相关.

11. 当 $a=9$ 时,线性相关;当 $a\neq9$ 时,线性无关.

12. 略.

13. (1)$\boldsymbol{\alpha}_1,\boldsymbol{\alpha}_2,\boldsymbol{\alpha}_3$ 是一个极大无关组,且 $\boldsymbol{\alpha}_4=\boldsymbol{\alpha}_1+3\boldsymbol{\alpha}_2-\boldsymbol{\alpha}_3,\boldsymbol{\alpha}_5=\boldsymbol{\alpha}_3-\boldsymbol{\alpha}_2$;

(2)$\boldsymbol{\alpha}_1,\boldsymbol{\alpha}_2,\boldsymbol{\alpha}_3,\boldsymbol{\alpha}_4$ 就是极大无关组;

(3)$\boldsymbol{\alpha}_1,\boldsymbol{\alpha}_2$ 是一个极大无关组,且 $\boldsymbol{\alpha}_3=\frac{1}{2}\boldsymbol{\alpha}_1+\boldsymbol{\alpha}_2,\boldsymbol{\alpha}_4=\boldsymbol{\alpha}_1+\boldsymbol{\alpha}_2$.

14. $a=2,b=5$.

15. 略.

16. (1)基础解系为 $\boldsymbol{\xi}_1=\begin{pmatrix}3\\-4\\1\\0\end{pmatrix},\boldsymbol{\xi}_2=\begin{pmatrix}-4\\5\\0\\1\end{pmatrix}$,通解为 $\boldsymbol{x}=k_1\boldsymbol{\xi}_1+k_2\boldsymbol{\xi}_2,k_1,k_2$ 为任意常数;

(2)基础解系为 $\boldsymbol{\xi}_1=\begin{pmatrix}-1\\1\\0\\0\\0\end{pmatrix},\boldsymbol{\xi}_2=\begin{pmatrix}0\\0\\1\\0\\1\end{pmatrix}$,通解为 $\boldsymbol{x}=k_1\boldsymbol{\xi}_1+k_2\boldsymbol{\xi}_2,k_1,k_2$ 为任意常数.

17. (1)$\boldsymbol{x}=\begin{pmatrix}\frac{1}{2}\\0\\\frac{1}{2}\\0\end{pmatrix}+k_1\begin{pmatrix}1\\1\\0\\0\end{pmatrix}+k_2\begin{pmatrix}1\\0\\2\\1\end{pmatrix},k_1,k_2$ 是任意常数;

(2)$\boldsymbol{x}=\begin{pmatrix}3\\0\\0\\-1\\2\end{pmatrix}+k_1\begin{pmatrix}-2\\1\\0\\0\\0\end{pmatrix}+k_2\begin{pmatrix}1\\0\\1\\0\\0\end{pmatrix},k_1,k_2$ 为任意常数;

(3) $x=\begin{pmatrix}0\\16\\-9\\0\\0\end{pmatrix}+k\begin{pmatrix}0\\-5\\4\\0\\1\end{pmatrix}$，$k$ 为任意常数.

18. $\begin{cases}x_1-2x_2+x_3=0\\2x_1-3x_2+x_4=0\end{cases}$.

19. $x=\begin{pmatrix}3\\-4\\1\\2\end{pmatrix}+k\begin{pmatrix}2\\-14\\-6\\4\end{pmatrix}$，$k$ 为任意常数.

23. (1)是，$\dim V_{XOY}=2$，基为 $e_1=\begin{pmatrix}1\\0\\0\end{pmatrix}$，$e_2=\begin{pmatrix}0\\1\\0\end{pmatrix}$；

(2)是，$\dim V_1=n-1$，基为 $\varepsilon_1=\begin{pmatrix}-1\\1\\0\\\vdots\\0\end{pmatrix}$，$\varepsilon_2=\begin{pmatrix}-1\\0\\1\\\vdots\\0\end{pmatrix}$，$\cdots$，$\varepsilon_{n-1}=\begin{pmatrix}-1\\0\\0\\\vdots\\1\end{pmatrix}$；

(3)不是；

(4)是，$\dim V_3=1$，基为 $\varepsilon=\begin{pmatrix}1\\1\end{pmatrix}$.

24. $\xi=(\alpha_1\ \alpha_2\ \alpha_3)\begin{pmatrix}2\\0\\-1\end{pmatrix}$.

25. 基为 $\alpha_1,\alpha_2,\alpha_3$，维数为 3.

26. (1) $P=\begin{pmatrix}5&-2&-2\\4&-3&-2\\-2&2&3\end{pmatrix}$；

(2) $\xi=(\alpha_1\ \alpha_2\ \alpha_3)\begin{pmatrix}1\\0\\1\end{pmatrix}=(\beta_1\ \beta_2\ \beta_3)\begin{pmatrix}\frac{7}{13}\\\frac{6}{13}\\\frac{5}{13}\end{pmatrix}$.

27. (1) $|\alpha|=5$，$|\beta|=4$，$<\alpha,\beta>=\arccos\frac{3-2\sqrt{3}}{10}$；

(2) $|\alpha|=\sqrt{6}$，$|\beta|=\sqrt{2}$，$<\alpha,\beta>=\frac{\pi}{6}$.

28. $\boldsymbol{\alpha}_3=\begin{pmatrix}1\\0\\-1\end{pmatrix}$.

29. $\boldsymbol{\alpha}_2=\begin{pmatrix}-1\\1\\0\end{pmatrix},\boldsymbol{\alpha}_3=\begin{pmatrix}-1\\-1\\2\end{pmatrix}$.

30. (1) $\boldsymbol{\gamma}_1=\begin{pmatrix}\frac{1}{\sqrt{3}}\\\frac{1}{\sqrt{3}}\\\frac{1}{\sqrt{3}}\end{pmatrix},\boldsymbol{\gamma}_2=\begin{pmatrix}-\frac{1}{\sqrt{2}}\\0\\\frac{1}{\sqrt{2}}\end{pmatrix},\boldsymbol{\gamma}_3=\begin{pmatrix}\frac{1}{\sqrt{6}}\\-\frac{2}{\sqrt{6}}\\\frac{1}{\sqrt{6}}\end{pmatrix}$;

(2) $\boldsymbol{\gamma}_1=\begin{pmatrix}\frac{1}{2}\\\frac{1}{2}\\\frac{1}{2}\\\frac{1}{2}\end{pmatrix},\boldsymbol{\gamma}_2=\begin{pmatrix}0\\-\frac{2}{\sqrt{14}}\\-\frac{1}{\sqrt{14}}\\\frac{3}{\sqrt{14}}\end{pmatrix},\boldsymbol{\gamma}_3=\begin{pmatrix}\frac{1}{\sqrt{6}}\\\frac{1}{\sqrt{6}}\\-\frac{2}{\sqrt{6}}\\0\end{pmatrix}$.

习 题 三

1. (1) $\lambda_1=2,\lambda_2=3,\boldsymbol{p}_1=\begin{pmatrix}2\\1\end{pmatrix},\boldsymbol{p}_2=\begin{pmatrix}1\\1\end{pmatrix}$;

(2) $\lambda_1=-1,\lambda_2=\lambda_3=2,\boldsymbol{p}_1=\begin{pmatrix}1\\0\\1\end{pmatrix},\boldsymbol{p}_2=\begin{pmatrix}0\\1\\-1\end{pmatrix};\boldsymbol{p}_3=\begin{pmatrix}1\\0\\4\end{pmatrix}$;

(3) $\lambda_1=1,\lambda_2=2,\lambda_3=4,\boldsymbol{p}_1=\begin{pmatrix}1\\0\\0\end{pmatrix},\boldsymbol{p}_2=\begin{pmatrix}2\\-1\\3\end{pmatrix};\boldsymbol{p}_3=\begin{pmatrix}0\\1\\-1\end{pmatrix}$;

(4) $\lambda_1=-1,\lambda_2=\lambda_3=1,\boldsymbol{p}_1=\begin{pmatrix}1\\0\\1\end{pmatrix},\boldsymbol{p}_2=\begin{pmatrix}0\\1\\0\end{pmatrix},\boldsymbol{p}_3=\begin{pmatrix}-1\\0\\1\end{pmatrix}$;

(5) $\lambda_1=\lambda_2=2,\lambda_3=-4,\boldsymbol{p}_1=\begin{pmatrix}-2\\1\\0\end{pmatrix},\boldsymbol{p}_2=\begin{pmatrix}1\\0\\1\end{pmatrix};\boldsymbol{p}_3=\begin{pmatrix}1\\-2\\3\end{pmatrix}$;

(6) $\lambda_1=1,\lambda_2=\lambda_3=0,\boldsymbol{p}_1=\begin{pmatrix}1\\1\\1\end{pmatrix},\boldsymbol{p}_2=\begin{pmatrix}1\\3\\2\end{pmatrix}$.

2. $\sum_{i=1}^{n} \lambda_i^2 = \sum_{i=1}^{n} \sum_{j=1}^{n} a_{ij}a_{ji}$.

3. $|\boldsymbol{A}^2 - \boldsymbol{A} + \boldsymbol{E}| = 63, \mathrm{tr}(\boldsymbol{A}^*) = -5$.

4. $a = 1, \lambda_2 = 1, \lambda_3 = 3$.

5. ~6. 略.

7. $|\boldsymbol{A}| = 12$.

8. $a = -3, b = 0, \lambda = 1$.

9. $|\boldsymbol{B} + \boldsymbol{E}| = n!$.

10. ~11. 略.

12. $\lambda_1 = 2, \lambda_2 = 1$.

13. $a = 0, b = 1$,或 $a = 1, b = 0, c = -2$.

14. 略.

15. $\boldsymbol{P} = \begin{pmatrix} -2 & 2 & 1 \\ 1 & 0 & 2 \\ 0 & 1 & -2 \end{pmatrix}, \boldsymbol{P}^{-1}\boldsymbol{A}\boldsymbol{P} = \begin{pmatrix} 2 & 0 & 0 \\ 0 & 2 & 0 \\ 0 & 0 & -7 \end{pmatrix}$.

16. $x = 0, y = -2, \boldsymbol{P} = \begin{pmatrix} 0 & 0 & -1 \\ 2 & 1 & 0 \\ -1 & 1 & 1 \end{pmatrix}$.

17. $\boldsymbol{A} = \frac{1}{3}\begin{pmatrix} -1 & 0 & 2 \\ 0 & 1 & 2 \\ -2 & 1 & 2 \end{pmatrix}$.

18. $a = c = 2, b = -3, \lambda_0 = 1$.

19. (1)$\boldsymbol{Q} = \begin{pmatrix} \frac{1}{\sqrt{2}} & \frac{1}{\sqrt{6}} & \frac{1}{\sqrt{3}} \\ -\frac{1}{\sqrt{2}} & \frac{1}{\sqrt{6}} & \frac{1}{\sqrt{3}} \\ 0 & -\frac{2}{\sqrt{6}} & \frac{1}{\sqrt{3}} \end{pmatrix}$; (2)$\boldsymbol{Q} = \begin{pmatrix} \frac{1}{3} & \frac{2}{3} & \frac{2}{3} \\ \frac{2}{3} & -\frac{2}{3} & \frac{1}{3} \\ \frac{2}{3} & \frac{1}{3} & \frac{-2}{3} \end{pmatrix}$.

20. $\boldsymbol{A}^{10} - 5\boldsymbol{A}^9 = \begin{pmatrix} -2 & -2 \\ -2 & -2 \end{pmatrix}$.

21. $\boldsymbol{A}^{100} = \begin{pmatrix} -2^{100}+2 & -2^{101}+2 & 0 \\ 2^{100}+1 & 2^{101}-1 & 0 \\ 2^{100}-1 & 2^{101}-2 & 1 \end{pmatrix}$.

22. $x = 4, y = 5, \boldsymbol{P} = \begin{pmatrix} \frac{1}{\sqrt{2}} & \frac{2}{3} & \frac{1}{3\sqrt{2}} \\ 0 & \frac{1}{3} & -\frac{4}{3\sqrt{2}} \\ \frac{1}{-\sqrt{2}} & \frac{2}{3} & \frac{1}{3\sqrt{2}} \end{pmatrix}$.

23. (1)略;(2)$P^{-1}AP=\begin{pmatrix}-1&0&0\\0&1&1\\0&0&1\end{pmatrix}$.

习　题　四

1. (1)否;(2)是;(3)否.

2. (1)$(x_1,x_2,x_3)\begin{pmatrix}2&-3&0\\-3&1&1\\0&1&0\end{pmatrix}\begin{pmatrix}x_1\\x_2\\x_3\end{pmatrix}$;　(2)$(x,y,z)\begin{pmatrix}1&2&-1\\2&0&0\\-1&0&1\end{pmatrix}\begin{pmatrix}x\\y\\z\end{pmatrix}$;

(3)$(x_1,x_2,x_3,x_4)\begin{pmatrix}0&0&\frac{1}{2}&0\\0&0&0&-\frac{1}{2}\\\frac{1}{2}&0&0&0\\0&-\frac{1}{2}&0&0\end{pmatrix}\begin{pmatrix}x_1\\x_2\\x_3\\x_4\end{pmatrix}$;(4)$(x_1,x_2,x_3)\begin{pmatrix}1&4&2\\4&2&1\\2&1&1\end{pmatrix}\begin{pmatrix}x_1\\x_2\\x_3\end{pmatrix}$.

3. (1)$\begin{pmatrix}x_1\\x_2\\x_3\end{pmatrix}=\begin{pmatrix}-\frac{2}{3}&\frac{1}{3}&\frac{2}{3}\\-\frac{1}{3}&\frac{1}{3}&-\frac{2}{3}\\\frac{2}{3}&\frac{2}{3}&\frac{1}{3}\end{pmatrix}\begin{pmatrix}y_1\\y_2\\y_3\end{pmatrix}$;　(2)$\begin{pmatrix}x_1\\x_2\\x_3\\x_4\end{pmatrix}=\begin{pmatrix}\frac{1}{2}&\frac{1}{\sqrt{2}}&0&\frac{1}{2}\\-\frac{1}{2}&\frac{1}{\sqrt{2}}&0&-\frac{1}{2}\\-\frac{1}{2}&0&\frac{1}{\sqrt{2}}&\frac{1}{2}\\\frac{1}{2}&0&\frac{1}{\sqrt{2}}&-\frac{1}{2}\end{pmatrix}\begin{pmatrix}y_1\\y_2\\y_3\\y_4\end{pmatrix}$.

4. (1)$f(\boldsymbol{Cy})=y_1^2+y_2^2,\boldsymbol{C}=\begin{pmatrix}1&-1&1\\0&1&-2\\0&0&1\end{pmatrix}$;　(2)$f(\boldsymbol{Cy})=y_1^2-y_2^2,\boldsymbol{C}=\begin{pmatrix}1&1&-1\\1&-1&0\\0&0&1\end{pmatrix}$.

5. $f(\boldsymbol{Cy})=y_1^2-y_2^2+y_3^2,\boldsymbol{C}=\begin{pmatrix}\frac{1}{\sqrt{2}}&\frac{1}{\sqrt{2}}&1\\\frac{1}{\sqrt{2}}&-\frac{1}{\sqrt{2}}&-\frac{1}{2}\\0&0&\frac{1}{\sqrt{2}}\end{pmatrix}$.

6. $k=0,l=0,\boldsymbol{Q}=\begin{pmatrix}0&1&1\\\frac{1}{\sqrt{2}}&0&\frac{1}{\sqrt{2}}\\-\frac{1}{\sqrt{2}}&0&\frac{1}{\sqrt{2}}\end{pmatrix}$.

7. 略.

8. (1)正定;(2)负定;(3)既不正定也不负定.

9. 略.

10. (1) $-\frac{4}{5}<\lambda<0$；　(2) $-\sqrt{2}<\lambda<\sqrt{2}$；

(3)无论 λ 为何值，f 都不正定；　(4)无论 λ 取何值，f 都不正定.

11. 略.

12. (1) $a=0$；　(2) $\begin{pmatrix} x_1 \\ x_2 \\ x_3 \end{pmatrix}=\begin{pmatrix} \frac{1}{\sqrt{2}} & \frac{1}{\sqrt{2}} & 0 \\ -\frac{1}{\sqrt{2}} & \frac{1}{\sqrt{2}} & 0 \\ 0 & 0 & 1 \end{pmatrix}\begin{pmatrix} y_1 \\ y_2 \\ y_3 \end{pmatrix}$；

(3) $\begin{pmatrix} x_1 \\ x_2 \\ x_3 \end{pmatrix}=k\begin{pmatrix} 1 \\ -1 \\ 0 \end{pmatrix}$，$k$ 为任意常数.

参 考 文 献

[1]同济大学应用数学系．线性代数[M]．北京:高等教育出版社,2004.

[2]谢国瑞．线性代数及其应用[M]．北京:高等教育出版社,1999.

[3]居余马,等．线性代数[M]．北京:清华大学出版社,2002.

[4]郝志峰,等．线性代数[M]．北京:高等教育出版社,2003.

[5]陈建华．经济应用数学——线性代数[M]．北京:高等教育出版社,2004.

[6]陈建华,等．线性代数[M]．北京:科学出版社,2007.

[7]陈克东．数学思想方法引论[M]．桂林:广西师范大学出版社,2003.